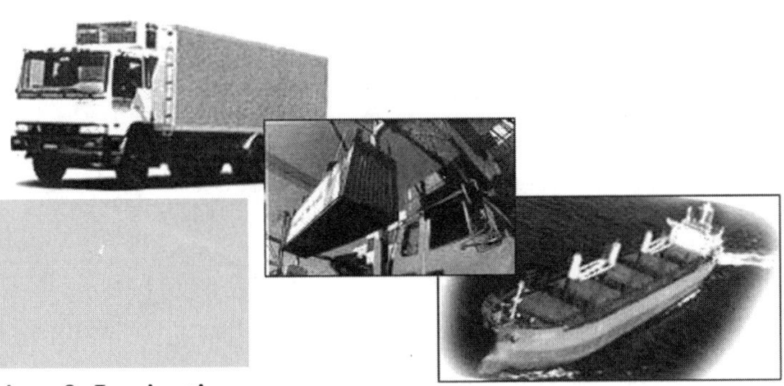

식품의 포장과 물류

Food Packaging & Logisstics

하 영 선 저

도서출판 효 일
www.hyoilco.co.kr

머리말

포장식품분야에서의 키워드는 건강, 안전 및 환경이다. 이들 키워드를 축으로 하여 차세대의 포장재료와 포장시스템이 개발되고 식품의 안전을 지키기 위한 포장기법과 미생물제어기술이 발전되고 있다.

인구의 노령화에 따라 활성산소에 의한 동맥경화나 당뇨병이 문제시되고 있으며 이들을 예방하기 위해 토코페롤(Vitamin E), 카로틴 등이 함유된 식품이 요망되고 있다. 그리고 의료식 택배산업이 클로즈업되고 있으며, 따라서 이들 식품의 포장재료, 포장방법과 저온배송 등이 검토되어 구체화되고 있다.

현대의 소비자는 식품을 구입하는 경우에 보다 편리하고 고품질이며 신선할 것, 그리고 보다 자연적이고 영양적으로 건강 지향이 충족되며 안전할 것 등을 기본적으로 요구하고 있다. 21C의 소비자는 새로운 가치, 만족, 즐거움과 정보를 식품업계에 요구하고 있다. 따라서 장래의 식생활은 신양풍화(新洋風化), 신건강식화(新健康食化)의 경향을 나타낼 것이다.

이와 같이 건강지향적이고 안전하며 친환경적인 포장식품을 소비자의 식탁에 안전하게 제공하기 위해서는 "식품의 포장과 물류"가 높은 수준에서 표준화되어야 한다.

포장의 기본적 기능은 보호기능, 편리기능, 정보기능 등이 있으며, 포장식품에는 포장이 일반적으로 담당해야 하는 기본적인 기능 이외에도 안전위생성, 사회환경성, 생산적성, 경제성 등의 구비요건이 추가적으로 요구되고 있다.

-"포장은 말없는 세일즈맨이며, 물류의 기본이고 물류의 시작이며 끝이다"-. 포장식품도 이제 소비자의 요구에 부응하는 포장을 함으로써 소비자에게 어필하는 상품으로서 다가가야 한다.

포장이 제대로의 기능과 규격기준을 갖춘다면 그야말로 수송, 보관, 하역의 물류 기본기능은 물론이고 상품에 대한 모든 정보를 소비자에게 제공할 수 있으며, 바코드시스템을 적용함으로써 POS, VAN 등으로 판매시점에 모든 상품유통정보를 공유할 수 있게 되어 경영의 합리화가 이루어질 뿐만 아니라 콜드체인시스템(Cold Chain System), ULS(Unit Load System)의 적용으로 물류합리화를 도모할 수 있다. 이로 인하여 소비자에게는 풍요롭고 신선한 식품을 식탁에 제공할 수 있으며, 생산자에게는 소득증대를, 그리고 유통업자에게는 부가가치창출을 통한 수익을 동시에 가져다줄 수 있으며, 국가는 국가신인도제고를 통한 수출증대를 동시에 도모할 수 있게 된다.

포장은 보유하는 기능으로 충분히 역할을 담당하는 것이 당연하지만, 포장에 대한 역할 기대가 점차 확대되어 더욱더 새로운 기능이 요구되고 있다. 따라서 추가적으로 요구되는 포장의 역할을 요약하여 보면 다음과 같다.

소비자포장에서는 단순히 내용물을 보호하는 역할로서의 포장에 그치지 않고 내용물과 일체를 이루어 상품을 형성해야 하는 역할이 요구되고 있다. 특히 소비단계를 중심으로 한 다양한 편리성과 다양한 특징을 지닌 상품이 요구되고 있다. 따라서 포장은 생활에 필요한 다양한 상품을 제공해야 하는 역할을 충실히 수행하여야 한다.

포장 그 자체는 에너지를 소비하지만 포장에 의해 상품의 수송효율과 보관효율을 높이는 효과가 더욱더 크기 때문에 물류(물적유통: logistics, physical distribution)를 위한 자원 및 에너지를 대폭 절약하는 역할이 중요시되고 있다. 식량자원 측면에서도 식품의 품질보존기술과 아울러 포장이 식량자원절약에 크나큰 역할을 하고 있다. 또한 의학기술이 진보되고 건강에 대한 관심이 더욱더 높아짐에 따라 포장식품의 품질보존과 안전성 확보가 매우 중요시되고 있다. 슈퍼마켓, 편의점, 대형할인매장 등 선진국형 신유통 형태의 발달로 인한 유통환경의 변화, 생활습관의 변화에 따른 식품에 대한 요구의 다양화, 여성의 사회진출과 활동의 다양화(고학력에 따른 자기실현 의욕 제고)로 인하여 조리식품이나 반조리식품, 1일분 또는 1회분 포장식품, 레토르트나 전자레인지에 대응가능한 포장식품 등 식품에 대한 요구가 매우 다양해졌으며, 오늘날의 식생활에 크게 영향을 미치고 있다.

대부분의 식품은 포장되고 있으며, 포장이 완전한 상태라는 것은 포장식품의 품질을 보증할 수 있다는 것이다. 또한 필요한 정보가 포장식품에 정확하게 표시됨으로써 내용식품을 정확하게 이해하고 선택하여 올바르게 사용할 수 있다. 포장이 제공하는 부가가치는 오늘날 인류생활의 풍요로움과 편리함에 크게 기여하고 있다.

고령화와 정보화가 더욱더 진전되어 배리어프리(barrier free), 유니버셜디자인(universal design)을 비롯하여 포장에 대한 역할기대가 한층 더 다양화, 고도화되고 있다.

또한 현대의 가장 심각한 문제인 환경대책과 안전성의 확보는 포장이 담당해야할 본질적인 과제이며, 피할 수 없는 숙제이다.

20년 전에 "식품포장공학"을 출판한 이후 "식품의 포장과 물류"의 출판을 항상 염두에 두고 있었으나 여러 가지 사정으로 출판이 지연되었다. 다행히 한국과학재단, 중소기업청, 농림부 등의 지원으로 우리나라를 비롯하여 미국, 일본, 중국, 유럽 등지의 포장과 물류 환경을 직접 조사, 연구할 수 있게 되어 월드컵 4강의 신화를 이룩한 2002년에 "식품의 포장과 물류"를 출판하게 되었다.

내용의 구성은 식품의 포장, 식품포장재료, 포장과 물류를 기본으로 하고, 그동안 심포지엄, 세미나, 워크샵 등에서 발표한 내용을 정리하여 소비자포장전략과 농식품포장전략을 작성하였으며, 농산물물류체계는 우리나라와 일본, 유럽의 경우를 비교하였다. 그리고 마지막으로 "품질검사와 선호도조사"를 위한 기초자료를 실었다.

"식품의 포장과 물류"가 대학에서 관련과목을 수강하는 학생은 물론이고, 식품의 포장과 물류분야에 종사하는 전문가에게도 도움이 되기를 바란다.

끝으로 출판에 최선을 다하여준 김홍용 사장님을 비롯한 도서출판 효일 가족 여러분과 이상덕 연구조교, 박혜란 학과조교, 그리고 전병선군과 식품포장학 교실 멤버 여러분의 도움에 진심으로 감사한다. "식품의 포장과 물류"의 집필을 위하여 밤낮으로 세계적으로 쫓아 다니는 것을 묵묵히 지켜 보아준 아내와 명절에 내려올 때마다 말없이 도와준 명균이, 유정이, 유인이 에게도 고맙게 생각한다.

河 永 鮮 著

차례

제 5 장 포장과 물류

제 6 장 농산물물류체계

제 7 장 품질검사 및 선호도조사

제 1 장 식품의 포장

제1절 포장식품의 전망 

21C 포장식품분야에서의 키워드(keyword)는 건강, 안전 및 환경이다. 이들 키워드 (keyword)를 축으로 하여 차세대의 포장재료와 포장시스템이 개발되고 식품의 안전을 지키기 위한 포장기법과 미생물제어기술이 발전되고 있다.

여기서는 21C 포장식품을 전망하기 위하여 장래에 인기식품과 환경대응포장재, 식품의 안전대책 및 포장기술에 대하여 기술하기로 한다.

1. 21C의 인기식품

식품업계에서는 21C에 어떤 식품이 인기식품으로 각광을 받게 될 것인지가 최대의 관심사이다. 신제품의 개발도 그 시기에 맞추어 연구개발이 진행되고 있다.

일본 언론에서 소비자 호감도(소비자인식 및 선호도조사)에 관한 설문조사를 실시 한 결과에 따르면 ① 공장생산 무농약야채, 57.5% (59.8%), ② 기능성식품, 53.7%(61.9%), ③ 고품질 레토르트식품 및 저온유통(chilled) 식품, 41.7.%(66.2%)의 결과가 얻어졌다(* ( )안의 숫자는 샐러리맨(salary man)의 응답 결과).

현대인은 건강과 안전성의 관점에서 무농약야채를 선호하고, 또한 식품첨가물이 가급적 첨가되지 않은 식품을 선호하는 경향이 있다. 따라서 기능성식품의 수요가 크게 증가되고 있으며, 특히 기능성식품에 대해서는 샐러리맨의 호감도가 높다. 또한 간편성과 전자레인지 조리가 가능한 레토르트식품이나 저온유통식품의 경우에는 보다 더 고품질의 식품이 요망되고 있다.

현대인은 자신의 건강을 스스로 지켜야한다는 생각이 강하기 때문에 암을 예방하기 위한 녹황색야채, 뼈를 튼튼하게 하는 칼슘함유식품이나 건조버섯 등의 섭취가 상식적으로 되어 있다.

인구의 노령화에 따라 활성산소에 의한 동맥경화나 당뇨병이 문제시되고 있으며 이들을 예방하기 위해 토코페롤(Vitamin E), 카로틴(carotin) 등이 함유된 식품이 요망되고 있으며, 나아가서는 현대인의 건강지향적인 사고로 인한 의료식 택배산업이 클로즈업(close up) 될 전망이다. 따라서 이들 식품의 포장재료, 포장방법과 저온배송 등에 대한 검토가 구체화되고 있다.

소비자는 식품을 구입하는 경우에 다음의 6가지 사항을 요구하고 있다.

① 보다 편리할 것 : 보존이 용이하고 충분한 유통기한(shelf life)을 가질 것
② 고품질일 것 : 풍미(flavor)나 조직감(texture)이 우수하고 외관이 양호할 것
③ 신선할 것
④ 보다 자연적일 것
⑤ 영양적으로 건강지향적일 것
⑥ 안전할 것

21C의 소비자는 새로운 가치, 만족, 즐거움과 정보를 식품업계에 요구하고 있다.

따라서 장래의 식생활은 신양풍화(新洋風化), 신건강식화(新健康食化)의 경향을 나타낼 것이다.

2. 환경시대에 적합한 기능성포장재

1) 환경대응 식품포장설계

지구환경과 산업폐기물을 고려한 식품포장재의 설계가 포장재 생산업체(maker)나 포장재 가공업체(converter)에 의해 행해지고 있다. 이들 회사에서 식품포장설계를 하는 경우 포장재료에 대하여 이자원화(易資源化), 이처리화(易處理化) 및 총량절감을 고려할 필요가 있다.

특히 포장재의 이처리(易處理)가 중요한 과제(thema)이며 ① 압착하기 쉬운 구조나 분해되기 쉬운 소재 등의 감용적화(減容積化), ② 연소칼로리가 낮은 소재, 유독물질을 발생하지 않는 소재 등의 이소각성(易燒却性)이 가장 중요한 과제이다.

2) 환경대응 기능성포장재

환경대응 기능성포장재는 사용 후 처리하기 쉬운 기능, 즉 이처리(易處理)기능이 우수한 포장재로 정의되고 있다.

환경시대에는 압착하기 쉬운 용기류를 비롯하여 매립이 용이한 연포장재(軟包裝材)가 각광을 받게 될 것이며, 특히 연포장재의 사용이 크게 증가될 것으로 예상된다.

기능성포장재에는 산소흡수성, 흡습성, 투명고차단성 및 기체선택투과성 등의 새로운 기능을 지닌 포장재가 있다.

산소흡수포장용기는 용기내부에 산소흡수제를 봉입포장하는 것으로 탈산소제봉입포장이라고도 하며, 식품용기내부 헤드스페이스(head space)의 용존산소나 외부로부터 투과하는 산소를 흡수하여 식품의 변색이나 갈변을 방지할 수 있다.

흡습성포장재는 라미네이트 포장재 내층면에 무기라이너(liner)가 첩합된 것으로 외부의 수분을 이 층에서 흡습하여 동결건조식품 등의 흡습이나 흡습으로 인한 고화(固化)를 방지할 수 있다.

고차단성투명증착포장재는 PET(polyethylene terephthalate)film에 silica증착을 시킨 것으로 외부로터의 산소투과를 방지할 수 있어 액체조미료의 스탠딩 파우치(standing pouch)에 사용될 가능성이 있다.

기체선택투과성포장재는 치즈의 숙성 중에 발생하는 탄산가스를 투과시키기 위해 개발된 것이다. 산소에 대한 탄산가스투과비율을 높인 것으로 포장 후 식품에서 발생하는 탄산가스를 포장재 외부로 투과시켜 식품의 팽창을 방지할 수 있어 김치, 숙성된장 등 발효식품의 포장에 널리 이용될 전망이다.

3) 생분해성 포장재

생분해성 플라스틱은 21C에 세계적으로 널리 사용될 전망이다. 이 포장재는 토양중의 미생물에 의해 분해하는 플라스틱으로 미생물이 생산하는 바이오 플라스틱(bio-plastic)을 이용하는 방법과 천연고분자 및 생분해성 합성고분자를 이용하는 방법으로 크게 분류할 수 있다.

미생물유래 바이오 플라스틱의 대표적인 것은 영국 ICI사에서 개발된 바이오폴(bio-pole)이며 이것은 수소세균에 플로피온산을 첨가하여 발효합성시킨 공중합 polyester로서 175~180℃에서 성형가공되는 열가소성플라스틱이다.

천연물유래로는 전분, 열가소성전분, cellulose, kitosan을 첨가한 필름이 만들어지고 있다.

합성고분자유래로는 지방족 polyester, polyglycolide, PVA(polyvinyl alcohol)계 필름 등이 연구되고 있다.

천연고분자 중에 융점이 높은 것은 미생물유래의 PHA(polyhydroxyalkanic-acid)뿐으로 생분해성과 열가소성을 동시에 지니고 있는 유일한 천연고분자소재로서 그 이용이 기대되고 있다.

생분해성플라스틱은 포장재의 폐기처리문제에서 크게 기대되고 있으나 토양 등에서 분해될 때 분해물질의 안전성확보와 원료가격의 절감 등 해결되지 않은 문제가 많다.

3. 포장식품의 안전성

1) 식품의 안전대책

수입식품원재료나 신선식품, 가공식품에는 여러가지 위해원인물질(危害原因物質)이 있으며, 이 위해원인물질을 제거하기 위한 대책이 수립되어야 할 것이다.

식중독균, 부패균, 곰팡이, 효모, 바이러스, 기생충 등의 생물균에 의한 위해를 배제하기 위한 대책으로 원재료의 세정·살균, 가공식품이나 기계설비 등의 가열살균, 신선식품과 가공식품의 포장, 포장식품의 냉장 등의 방법이 있다.

또한 곰팡이독이나 화학물질에 의한 위해물질에 대해서는 훈증살균을 하거나 화학분석·독성시험 등의 방법에 의해 수입식품원재료나 신선식품, 가공식품의 안전을 지킬 수 있다.

유리, 금속, 모발 등의 이물질은 세정이나 금속탐지기에 의해 제거되고 있다. 특히 식중독균, 부패균에 의한 위해를 방지하는 수단으로서 HACCP방식이 주목되고 있다.

2) HACCP 방식에 의한 식품위생관리

신선식품이나 가공식품의 제조, 포장에는 HACCP방식에 의한 식품위생관리가 행해지고 있다.

HACCP방식이란 Hazard Analysis Critical Control Point (inspection) System의 약칭으로 위해분석·중요관리점(관리 또는 감시)방식이다. 즉 HACCP방식은 위해분석(HA)과 중점관리점감시(CCP)의 두 가지 부분으로 구성되어 있다. 식품원재료의 생산에서 제품의 제조·가공, 보존, 유통을 거쳐 최종소비자의 손에 이를 때까지의 각 단계에서 발생할 우려가 있는 미생물 위해(병원미생물 및 부패·변패미생물), 화학적 위해 및 물리적 위해에 대하여 조사·분석하고 평가를 한다. 위해를 방지하기 위한 감시를 행함으로써 식품의 안전성(safety), 건전성(wholeness) 및 품질(quality)을 확인하는 계획적인 감시방식이다.

HACCP에 의한 품질관리는 ① 위해분석(HA), ② 중요관리점(CCP)의 결정, ③ 관리기준(CL)의 결정, ④ CCP의 감시, ⑤ CCP의 관리한계를 벗어난 경우의 개선조치, ⑥ 검토방법의 설정, ⑦ 기록 및 기록의 보관 등의 7가지 원칙에 기준하여 행해지고 있다.

유럽이나 미국, 일본 등의 선진국에서는 이미 HACCP방식을 도입한 식품위생법이 제정되어 우유·유제품, 식육·식육제품, 레토르트식품, 어육연제품과 청량음료수 등으로 구분하여 총합위생관리제조과정과 같은 승인제도가 시행되고 있으며 보다 광범위한 식품분야에 이 제도가 도입될 전망이다.

일본에서는 1998년 7월에 HACCP방식지원법이 법제화되어 식품공장의 시설, 설비의 정비가 이루어지고 식품제조기계, 식품포장기계나 포장재의 HACCP대응이 급속히 진전될 전망이다. 식품포장재생산업체에서는 포장재 제조에 직접 HACCP방식을 도입하는 것은 아니지만 포장재에 첨가되는 가소제, 안정제나 인쇄잉크, 접착제의 안전성 및 이물질 혼입에 주의를 기울이고 있다. 또한 1999년에 포장기계에 대한 위생규격기준이 작성되어 이 기준에 합격한 포장기계는 HACCP대응기계로 인정받고 있다. 식품제조기계, 식품포장기계에 대해서도 식품위생 특히 식품미생물의 생육과 이물질 혼입에 관심이 모아져 HACCP방식에 따른 관리기준이 작성되고 있다.

유럽에서는 EHEDG(European Hygienic Eqiupment Design Group)가 식품제조기계에 대한 HACCP을 도입하기 위한 가이드라인(guide line)으로 지침서를 작성하고 있다. 이에 따르면 식품에 접촉하는 부분은 화학물질이 용출되지 않고 미생물이 부착되지 않은 재질을 사용하도록 규정하고 있다. 또한 볼트(bolt)부위나 용접부위는 다른 물질로 매립하여 기계유가 식품에 유입되지 않도록 매립할 것 등이 상세하게 규정되어 있다.

또한 미국이나 캐나다에서는 식품제조기계의 위생기준으로서 3-A규격 등이 제정되어있다.

4. 포장식품의 품질보존기술

식품의 품질보존성은 진공포장 등의 포장기법과 미생물제어기술에 의하여 결정된다고 할 수 있다. 따라서 식품의 품질보존성은 포장재, 포장시스템, 포장기법, 미생물제어와 밀접한 관계를 지니고 있다.

21세기에는 새로운 포장재와 포장기법이 발전되어 지금까지 없었던 미생물살균장치가 개발됨으로써 식품의 보존성도 향상되어 보다 안전한 식품이 생산될 수 있게 되었다.

1) 식품포장기법

식품을 보존하기 위해 각종 포장기법이 사용되고 있다.

진공포장은 용기 중의 공기를 탈기하여 밀봉하는 방식으로 진공포장 후에 재가열하는 경우가 많다. 로스햄 등의 가공식품, 게맛살이나 어묵 등의 수산가공품, 유제품, 야채가공품, 김치 등에 진공포장기법이 되고 있다.

가스치환포장은 유럽에서 개발된 기술을 도입한 것으로 다양한 식품에 널리 이용되고 있다. 이 포장기법은 용기 중의 공기를 탈기시킨 후 질소, 탄산가스, 산소 등의 가스와 치환하여 밀봉하는 방식이다. 예를 들면 신선우육은 O_2 80%+CO_2 20%의 혼합가스로 치환포장시키고 있다. 또한 해외로 수출되는 신선어류는 차단성포장재에 넣어 N_2 80%+CO_2 20%의 혼합가스로 치환하여 저온에서 유통판매하고 있다.

레토르트 살균포장은 차단성 용기에 식품을 넣고 탈기, 밀봉시킨 후 120℃에서 4분 이상 고온, 고압 살균을 하는 것이다. 이 포장기법에는 카레, 햇반, 식육가공품, 어육연제품, 튀김류 등이 있으며, 30℃에서 3개월 이상의 유통기한(shelf-life)을 가지게 된다.

탈산소제봉입포장은 차단성용기에 식품을 넣고 완전밀봉하는 것으로 용기 중의 산소를 탈산소제가 흡수하여 탈기상태로 식품을 장기간 보존시킨다.

무균충전포장은 LL-milk(long shelf-life milk), 음료차 등의 제조에 적용되고 있으며 식품을 고온·단시간·살균하여 냉각 후 살균용기에 무균적으로 충전하는 방식이다.

무균화포장은 식품을 살균하거나 식품표면을 세정·살균한 것을 무균실(Bio clean room)내에서 살균된 포장용기에 무균적으로 충전포장하는 것이다. 무균화포장식품에는 슬라이스 햄(sliced ham), 슬라이스 치즈(sliced cheese), 무균화 햇반이나 어육연제품 등이 있다.

식품의 안전과 보존성을 높이기 위해서는 무균화포장과 진공포장, 가스치환포장과 무균화포장과 같이 2~3종의 포장기법을 병용할 수가 있으며 저온유통시스템을 적용시키면 더욱더 효과가 크다.

2) 식품의 미생물제어

식품의 부패방지 및 미생물제어를 위해서는 pH control, 유기산첨가 등의 정균작용을 이용하거나 가열, 화학적 합성살균제 등의 살균작용을 이용하는 방법이 적용되고 있다.

식품의 살균방법에는 '가열살균'과 '냉살균'의 2가지가 있다. '가열살균법'에는 수증기, 과열증기, 화염, 전기에 의한 경우와 초단파(micro wave), 적외선, 원적외선 등을 이용하는 경우가 있다.

식품의 무균충전포장에는 과열증기를 사용한 고온단시간(HTST)살균장치, 초고온단시간(UHT)살균장치가 사용되고 있다.

한편 발열시키지 않는 '냉살균법'에는 자외선 살균, 방사선 살균 및 화학적 살균이 있다. 화학적 살균제로서 화학합성살균제, 정균제, 천연항균제가 있으며, 가스나 오존 등도 이용되고 있다.

장래에 사용될 것으로 예상되는 살균방법으로서 전자레인지 식품에 사용되는 초단파(micro wave)살균, 통조림과 같은 고액혼합식품(固液混合食品)의 살균에 사용되는 통전가열(通電加熱), 향신료나 분말식품의 살균에 효과가 있는 전자선살균 등이 있다. 특히 미국에서는 O - 157 식중독균 대책으로서 포장우육의 γ-선조사, 섬광펄스법(섬광 pulse법)이나 펄스방전법에 의한 물이나 맥주의 살균이 성행될 것으로 예상된다.

식품보존을 위해 화학적살균제를 사용하는 것은 규제를 받고 있으나, 유기산이나 천연보존료를 사용하거나, 유통기한(shelf-life)의 연장을 위한 각종기술의 개발과 적용을 위한 노력은 점차 증가될 것으로 예상된다.

제2절 식품포장의 기본적 기능과 추가구비요건 

식품포장이 담당하는 역할은 일반적으로 기본적인 기능과 추가로 요구되는 구비요건으로 나눌 수 있다.

1. 식품포장의 기본적 기능

식품포장의 기본적 기능은 [표 1-1]에 나타낸 바와 같이 보호기능, 편리기능, 정보기능 등이 있다.

표 1-1 식품포장의 기본적 보유기능과 추가구비요건

기능 또는 요건		내 용
기본적 보유 기능	보호기능	• 물리적요인으로부터의 보호 : 유통중의 압축, 진동,낙하충격에 의한 파손, 외력에 의한 변형, 열, 전기, 습기, 수분 • 화학적요인으로부터의 보호 : 산화, 빛에 의한 열화(光劣化), 부식, 활성화학물질에 의한 작용, 냄새(臭氣) • 생물적요인으로부터의 보호 : 미생물(生菌, 곰팡이), 해충, 쥐 • 인위적요인으로부터의 보호 : 변조, 위조, 오용(誤用)
	편리기능	• 유통상의 편리 : 하역(운반편의성, 휴대편의성), 보관(적재편의성, 보관편의성), 소포장화 편의성, • 판매상의 편리 : 진열편의성, 판매단위의 편의성 • 소비상의 편리 : 개봉, 재봉, 휴대, 인스턴트(레토르트 및 전자레인지 대응) • 폐기상의 편리 : 분별성, 파괴용이성, 감용성(減容性)
	정보기능	• 소구성 : 상품의 어필, 미장효과, 디자인, 패션, 차별화, 로고 마크, 기본인쇄색 • 상품표시 : 식품위생법, KS규격 등에 근거한 표시 : 명칭, 품종, 식품첨가물, 원재료명, 내용량, 유통기한, 보존방법, 제조자, 원산지, 성분표시, 사용상의 주의, 조리방법, PL법대응, 취급상주의 • 하역표시 : 바코드, 하역상의 주의, 케어마크(care mark), 개봉방법 • 포장재료 : 재질표시, 폐기방법 등
추가구비요건	안전 위생성	• 식품위생성 : 식품위생법 대응 • 인체안전성의 확보 : PL법 대응 • 미생물 관리, 냄새관리, 이물관리, 방충방서 관리, GMP대응, HACCP 대응
	사회 환경성	• 자원절약목적 : 자원재이용, 재사용(reuse), 리사이클(recycle) 적성, 폐기성(소각 배출가스, 생분해성, 광분해성) • 적정포장 • 소비자보호법 적합성 • 다이옥신 등 환경호르몬 문제
	생산적성	• 포장작업성 : 포장기계 및 라인화 적성, 재료의 대량생산 및 공급안정성, 품질안정성(규격치수, 형태오차, 고유성능, 결점 등)
	경제성	• 재료가격 : 재료가격의 안정성, 조달용이성

2. 식품포장의 추가구비요건

포장식품에는 포장이 일반적으로 담당해야 하는 기본적인 기능 이외에도 안전위생성, 사회환경성, 생산적성, 경제성 등의 구비요건이 추가적으로 요구되고 있다.

제3절 포장의 역할

식품포장은 보유하는 기능으로 충분히 역할을 담당하는 것이 당연하지만, 포장식품에는 포장에 대한 역할 기대가 점차 확대되어 더욱더 새로운 기능이 요구되고 있다. 따라서 포장식품에 추가적으로 요구되는 포장의 역할을 요약하면 다음과 같다.

1. 다양한 상품의 제공

소비자포장에서는 내용물을 보호하는 역할로서의 포장에서 내용물과 일체를 이루어 상품을 형성해야 하는 역할이 요구되고 있다. 특히 소비단계를 중심으로 한 다양한 편리성과 다양한 특징을 지닌 상품이 요구되고 있다. 따라서 포장은 생활에 필요한 다양한 상품을 제공해야 하는 역할을 충실히 수행하지 않으면 안된다.

2. 자원·에너지의 절약

포장 그 자체는 에너지를 소비하지만 포장에 의해 상품의 수송효율과 보관효율을 높이는 효과가 더욱더 크기 때문에 물류(물적유통 : logistics, physical distribution)를 위한 자원 및 에너지를 대폭 절약하는 역할이 중요시되고 있다.

또한 식량자원 측면에서도 식품의 품질보존기술과 아울러 포장이 식량자원절약에 크나큰 역할을 하고 있다.

3. 생활에의 기여

의학기술이 진보되고 건강에 대한 관심이 더욱더 높아짐에 따라 포장식품의 품질보존과 안전성 확보가 매우 중요시되고 있다.

슈퍼마켓, 편의점의 발달에 의한 유통환경의 변화, 생활습관의 변화에 따른 식품에 대한 요구의 다양화, 여성의 사회진출과 활동의 다양화(고학력에 따른 자기실현의욕 제고)로 인해 조리식품이나 반조리식품, 1일분 또는 1회분 포장식품, 레토르트나 레인지에 대응가능한 포장식품 등 식품에 대한 요구가 매우 다양해졌으며, 오늘날의 식생활패턴에 크게 영향을 미치고 있다.

4. 상품의 품질보증

대부분의 상품은 포장되고 있으며, 포장이 완전한 상태라는 것은 포장식품의 품질을 보증할 수 있다는 것이다. 또한 필요한 정보가 포장식품에 정확하게 표시됨으로써 내용식품을 정확하게 이해하고 선택하여 올바르게 사용할 수 있다.

5. 생활 편의성 제공

포장이 제공하는 부가가치는 오늘날 인류생활의 풍요로움과 편리함에 크게 기여하고 있다.

고령화와 정보화가 더욱더 진전되어 생활편의성 제공을 위한 설계(barrier free, universal design)를 비롯하여 포장에 대한 역할기대가 한층 더 다양화, 고도화되고 있다.

또한 현대시대의 가장 심각한 문제인 환경대책과 안전성의 확보는 포장이 담당해야할 본질적인 과제이며, 피할 수 없는 숙제이다.

제4절 식품포장재료 및 용기의 분류 

1. 종이 · 종이제품 및 지기

1) 종이 · 종이제품

종이포장재는 매우 다종다양한 품종이 있으며 크게 나누면 종이단체(미가공지)와 가공지로 구분할 수 있다.

가공지(converted paper)란 특수용도에 사용하기 위해 특수기능을 부여한 종이로 도공(coating), 함침(dipping), 엠보싱(embossing), 첩합(laminating), 진공증착 등의 가공을 한 종이다. 종이의 가공에는 on machine가공과 off machine가공이 있으며 가공지는 포장산업이나 정보용지로 널리 사용되고 있다. 인쇄용 코팅지 등은 가공지의 구분에 들어가지 않는다.

가공원지는 가공지를 제조하는데 사용하는 원지(converting paper)이며, 제조공장에서 출하된 종이는 미가공지로 공급된 후 왁스(wax)처리나 polyethylene laminate 등의 처리를 하게 되면 가공지로 구별된다.

포장용 미가공지는 kraft지, roll지, 상질지, 중질지. glassine지, 비목재지 등으로 구분된다.

가공지 특히 식품포장용 가공지에는 파라핀(paraffin)왁스지, 라텍스함침지, PE가공지, PVDC가공지, 내유지(耐油紙), 파치멘트지(parchment paper), 박리지(剝離紙),

전자레인지용 가공지, 선도보존지, 항균지, 합성지, 부직포 등이 있다.

2) 지기(paper container)

지기(paper container)는 종이나 판지로 만든 용기의 총칭으로 외장용 골판지용기는 제외한다. 또한 카톤(carton)은 판지로 만든 상자로 판지 또는 골판지를 의미하지만 여기서는 지함(紙函)을 지칭한다.

지기에는 folding carton, setup carton, set box, special carton, combination carton 등이 있다.

2. 플라스틱과 포장용기

1) 플라스틱 포장재

플라스틱은 열가소성수지와 열경화성수지로 크게 구분되며, 열가소성수지는 결정성수지와 비결정성수지로 다시 구분된다.

포장재로 사용되는 주요한 결정성수지로서는 HDPE, LDPE, PP, PET, PVDC, EVOH 등이 있으며, 비결정성수지는 PVC, PS 등을 들 수 있다.

2) 플라스틱 포장용기

플라스틱성형용기는 압축성형 및 transfer성형, 주사성형, 사출성형, 압출성형, 중공성형, 열성형 등의 성형방법에 따라 구분된다.

3) 기능성포장재

기능성포장재는 고차단성 플라스틱(barrier plastic), 기체선택투과성 플라스틱, 투명증착필름, 대전방지필름, 투과성필름 등과 같이 보유기능에 따라 분류된다.

3. 복합용기

복합용기란 두가지 이상의 소재를 합하여 하나의 용기로 만든 것이다. 복합용기의 제조방법은 크게 두가지 방식으로 구분할 수 있는데 한가지는 2매 이상의 필름을 첩합시킨 라미네이트 필름(laminate film)을 사용한 용기와 첩합시키지 않고 중합시켜 만든 용기가 있다. 중합용기의 경우에는 필름을 중합시켜 측면만을 봉함(sealing)하여 일체화시킨 용기와 백(bag) 또는 컵(cup)을 중첩시킨 이중용기의 형식 등이 있다.

복합종이용기에는 가공지제 용기, 이중용기, 플라스틱과 종이의 일체성형용기, 컴포지트 캔(composite can), BIC(bag in carton), BIB(bag in box) 등이 있다.

4. 금속과 용기

식품포장용 금속용기는 그 소재에 따라 주석판(tinplate), TFS(tin free steel), 알루미늄(aluminum), Al-foil 등으로 구분된다.

1) 금속용기

금속캔은 3 piece can과 2 piece can으로 크게 분류된다. 3 piece can은 납땜관, 접착관, 용접관으로 구분되고, 2 piece can은 DI can, TULC(Toyo ultimate light-weigthing can), DRD can, 타발관, impact can 등을 들 수 있다.

2) Al-foil과 용기

Al-foil은 순도나 합금성분에 따라 분류하며, 또한 제조공정의 차이에 따라 경질박과 연질박, 편면박과 양면박 등으로 구분할 수 있다. 그리고 Al-foil은 첩합가공, 플라스틱코팅, 인쇄, 엠보싱(embossing)가공, 성형가공 등 가공방법의 차이에 따라서도 구분할 수 있다.

5. 유리와 용기

1) 유리

유리는 glass전이현상을 나타내는 비결정질고체이다. 따라서 비결정성 무기질, 비결정성 금속 등과 같은 비결정성물질의 대부분이 유리로 분류된다. 그러나 일반적으로 유리는 용융물을 결정화하는 것이 아니라 냉각하여 얻어지는 무기물이다. 즉, 좁은 의미의 유리는 규산염유리를 말하며, 유리에는 석영유리, 소다석회유리(soda line glass), 호규산유리, 납유리 등이 있다.

2) 유리용기

유리용기는 중량, 용량, 치수뿐만 아니라 강도에 따라 여러가지로 분류된다.

6. 환경대응용기

환경대응용기는 환경대응대책면에서 recycle형, reuse형, 감량화형(減量化形), 이소각형(易燒却形), 이감용화형(易減容化形) 의 5가지로 크게 구분된다.

제2장 식품포장재료

제1절 종이제품 및 지기 

현재 포장용지로 사용되고 있는 종이는 다종다양한 품종이 있으며 크게 구별하면 종이단체(未加工紙)와 가공지(converted paper)로 구분할 수 있다. 또한 가공지를 제조하기 위한 종이를 가공원지(converting paper)라 한다. 포장용지는 포장산업이나 정보용지로서 사용되는 것이 많다.

'종이펄프사전'에 의하면 가공지란 특정용도에 사용하기 위해 특수기능을 부여한 종이로 도공(coating), 함침(dipping), 앰보싱(embossing), 진공증착 등의 가공을 한 종이를 말하며, 가공에는 on machine 가공, off machine 가공이 있다. 단, 인쇄용 코팅지 등은 이 구분에 포함되지 않는다.

1. 포장용 미가공지

1) 크라프트지

크라프트지는 크라프트(kraft)법으로 펄프화시킨 원료(KP)로 제조한 종이의 총칭으로 포장을 목적으로 하여 제조되며, 강인한 지질을 지니고 있기 때문에 스웨덴어로 '강하다'는 뜻의 kraft에서 명명되었으며 '황산염 펄프'로도 불리고 있다.

kraft지는 원료로 사용되는 펄프의 종류에 따라 미표백 크라프트지, 반표백 크라프트지, 표백 크라프트지, 색 크라프트지로 구별하며 또한 용도에 따라서 중포장용 크라프트지와 경포장용 크라프트지로 구분된다. 그리고 제지기의 종류에 따라 장망초지기를 사용한 양경 크라프트지, 미국식초지기로 제조된 편면광택 크라프트지로 구분되는데 일반적으로 크라프트지란 미쇄의 양경 크라프트지를 말하는 수가 많다.

중포장용지는 중포장 크라프트지로도 불리며 침엽수목재를 원료로한 pulp로 제조한 강인한 종이이다. 주로 시멘트, 소금, 쌀, 비료 등의 분체나 입체의 포장용지대로 널리 사용되고 있다. 제조방법에 따라 양경 크라프트지, 편면광택 크라프트지, 보강 크라프트지, 쇄 크라프트지, 신장지 등이 있으며, 왁스, 아스팔트, 플라스틱 등에 함침, 도공, 첩합시킴으로서 다양한 포장지가 제조된다.

크라프트지는 내용물의 종류, 중량, 용도 등에 따라서 1겹에서 6겹까지 중첩된 지대로 제조되며, 내용물에 따라서는 종이 접착면과의 오염을 우려하여 플라스틱필름 백(bag)을 내부에 삽입하거나 첩합(lamination) 함으로써 목적을 달성시키고 있다.

2) roll 지

미국식 제지기로 제조된 종이로 편면은 광택을 지니고 다른면은 광택이 없는 거친 종이이다. 원료에 따라 순백 roll, S roll, G roll 등으로 구별되며, 인쇄용지, 포장용지 등으로 사용된다. 용도는 백화점이나 소매점의 포장지, 미니백, 광고지 및 carton 내첩지 등으로 이용된다.

순백 롤은 표백 크라프트 펄프를 원료로 한 편면광택지로 백색도가 높고 인쇄효과도 좋으며 지질 강도도 높은 특징이 있다. S roll은 미표백 또는 반표백의 황산펄프를 원료로한 편면광택지이다. G roll은 목재를 그대로 마쇄시킨 쇄목펄프와 화학펄프를 혼합한 원료를 사용한 편면광택지로 혼합비율에 따라서 품질이 크게 다르다.

3) 상질지

화학펄프 100%의 원료로 제조한 종이로 세계적으로는 wood free paper로 불린다. 일반인쇄용지로 널리 사용되고 있는데, 소비자 포장용지로 사용되는 경우도 많다.

4) 중질지

일반적으로 활엽수 크라프트 펄프와 고지 및 쇄목펄프를 혼합하여 제조한 종이로 고지 또는 쇄목 펄프의 혼합비율에 따라 품질이 좌우된다. 잡지나 서적의 본문용지, 전화부용지 등으로 사용되는데 포장용으로 사용되는 경우도 있다.

5) glassine 지

화학 펄프를 고도로 고해(叩解: 기계적으로 섬유를 압궤, 절단, 팽윤 등을 시키는 조작)하여 고밀도로 얇게 만들어 슈퍼 카렌더로 평활하게 만든 종이로서, 치밀성이 높고 공극이 없으며 핀홀이 적고 평활성이 우수하다. 또한 왁스처리, 래커처리, 라미네이트처리 등을 시행함으로써 수증기나 기체의 차단성을 향상시키고 내유성을 지니게 하여 각종 식품 및 의약품의 포장에 널리 사용되고 있다.

6) 비목재지

현재 세계적으로 종이 원료는 90%정도가 목재자원에 의존하고 있으나 산림자원이 부족한 개발도상국에서는 비목재자원에 의하여 종이를 생산하는 경우도 있는데 장래 지구환경과 산림보전의 관점에서 크게 주목될 것으로 예상된다.

제지원료로써 적합한 비목재원료로는 종래에 짚이나 버섯류, 사탕수수박 등이 이용되어 왔는데, 최근에는 cannab(학명 : Hibiscus cannabinus L.)이라 부르는 일년생 재배식물이 산림자원을 보완하는 역할을 담당하여 주목을 받고 있다.

cannab의 특징을 요약하면 아래와 같다.

- 동남아시아 지역의 일반농작물 경작부적지에서 재배가 가능하다.
- 우수한 광합성능력(CO_2 흡수성)이 있어 산림자원에 비해 3~5배의 대량생산이 가능하다.
- 목재펄프와 동등한 제지물성이 있다.
- 제지원료 이외에도 다양한 이용가능성이 있다.

현재 미국, 호주를 비롯하여 일본이나 동남아시아 각국에서 비목재지의 실용화가 검토되고 있으며, 최근의 포장재는 지구환경보존을 위해 자원순환형소재가 요망되고 있기 때문에 비목재지에 대한 관심이 매우 높아 장래에 크게 각광을 받을 것으로 예상된다.

비목재섬유를 이용한 환경대응형 종이용기로 식품포장용 포장지, 종이컵, 종이 tray 등이 시판되고 있으며, 또한 부직포, composite재료, bulknized fiber 등의 연구개발이 활발하게 진행되고 있다.

2. 식품포장용 가공지

식품포장용지는 골판지나 지기의 제조에 사용되는 판지와는 별도로 중요한 포장재이며, 특히 식품의 변패방지와 품질보존 및 위생성 보전 등 식품포장의 목적에 부응하는 특징을 지니도록 충분히 고려하여야 한다.

식품포장용 가공지에 요구되는 구비조건을 살펴보면 아래와 같다.

- 포장재료로서 가격이 적당하고 구하기 쉬울 것
- 가격대비 강도나 중량당 강도 등의 수치가 우수할 것
- 가공적성이 우수하여 가공기계에 적합할 것
- 온도물성 즉 고온이나 저온의 용도에 대한 물성변화가 적을 것
- 접착이나 인쇄 등의 가공이 용이할 것
- 사용 후의 폐기처리가 용이하고 recycle성이 우수할 것

포장재로서 종이의 특성은 거의 모든 내용물에 적응하는 성질을 지녔으나 흡습성이 크고 열봉합성이 없으며 불투명한 점 등의 단점을 지니고 있어 대상식품에 따라서는 보완이 필요하다. 종이재료의 용도를 더욱더 넓히기 위해서는 종이단체의 이용뿐만 아니라 최근에 개발된 각종 신소재와의 복합화에 의한 가공지의 개발이 필요하다. 여기서는 종이복합화의 기본이 되는 기재 및 용도에 대한 대표적인 사례를 살펴보기로 한다.

종이복합화 가공방식에는 함침(dipping), 도공(coating), 첩합(lamination), 진공증착(metallizing) 등이 있으며, 이들 양식에 적합한 복합화재료로서 각종 소재가 이용되고 있다. 기재는 물론 종이계재료이며 거의 모든 종이 품종이 기재로 사용되고 있다.

대표적인 식품포장용 가공지는 다음과 같이 12품종으로 구분된다.

1) paraffin wax paper

wax계 재료를 종이에 함침하거나 도포함으로서 제조한다. 가공방식에는 건식과 습식이 있는데, 건식은 종이내부에 용융왁스를 침투시켜 표면에 왁스층을 남기지 않는 방식이다. 습식은 종이 표면에 왁스를 도포하여 지층으로 침투시키는 방식이

다. 원래는 paraffin wax가 사용되었는데, 최근에는 가공지에 대한 요구가 고도화되어 micro crystaline wax, 저분자량 polyethylene 공중합체 등이 사용되고 있다.

  paraffin wax paper는 오래전부터 각종 포장재로 사용되어 왔는데 그 이유는 매우 위생적이고 값이 싸며 가공적성이 우수하고 쉽게 구할 수 있는 등의 장점이 있기 때문이다. 습식법은 원래 우유용 종이마개의 제조에 사용되어 왔는데 최근에는 cold drink용 종이컵이나 어류상자용 냉동carton 등에 사용된다. 건식법은 과자, 빵, 냉동식품 등에 널리 보급되고 있다. 또한 이 방식은 종이/종이, 종이/Al - foil과 같은 첩합포장재료를 이용한 chewing gum, 담배, 향신료 등의 포장에 이용되고 있다.

2) 라텍스 함침지

  라텍스 함침지는 종이층 내부에 각종 합성수지나 약품을 침투시켜 종이에 새로운 기능을 부여한 가공지이다. 함침액은 일반적으로 천연고무, 합성고무, 우레탄 등의 라텍스, 아크릴산 에스테르, poly초산vinly 등의 합성수지 emulsion, 페놀수지 등으로 대표되는 용제형, 석유계 왁스 등의 hot melt형, 아마인유(linseed oil) 등의 건성유와 같이 여러 가지가 있다.

  라텍스 함침지는 다음과 같이 물성이 개선되고 새로운 기능을 가지게 된다.

- 각종 강도의 개선(인장강도, 층간강도, 내절강도, 내마모성, 유연성, 치수안정성 등)
- 내성의 향상(내수성, 내열성, 내약품성, 내노화성 등)
- 신기능의 부여(신축성, 투명성, heat seal성 등)

3) polyethylene 가공지

  PE(polyethylene)로 대표되는 석유계 합성polymer의 출현은 종이계 포장재에 크나큰 변혁을 가져와 PE 뿐만 아니라 PP, PS 등의 각종 수지가 종이가공용으로 폭넓게 사용되고 있다. 이 중에서 PE가공지가 대표적으로 사용되고 있기 때문에 여기서는 PE가공지에 대하여 주로 살펴보기로 한다.

  PE가공지의 특성은 내수성, 방습성, 내한성, 신장성, 내화학약품성, 불투명성,

heat seal성, 내유성 등이 우수하고 산소나 탄산가스 등의 투과성이 있어 신선식료품 등의 포장에 널리 이용되고 있다. PE가공지는 사용목적에 따라 편면가공지, 양면가공지, sandwich가공지 등의 종류가 제조된다.

일반적으로 PE가공지라 총칭되지만 가공방법에 따라 wet laminate, dry laminate, hotmelt laminate, extrusion laminate 등이 있으며 가공목적에 따라 선택된다.

wet laminate paper는 종이/종이, 종이/film, 종이/Al‐foil 등을 전분, 초산 비닐 등의 emulsion계 접착제를 이용하여 kissroll coating machine이나 그라비아롤 coating machine으로 첩합시킨다.

dry laminate paper는 wet laminate에 이용되는 수용성접착제 대신에 용제형접착제를 사용하고 용제를 휘발시켜 종이와 필름을 첩합시키는 방법이다. hotmelt laminate paper는 열용융성수지의 compound, wax 등에 의해 2매의 기재를 첩합시키는 방식이다. extrusion laminate paper는 1948년에 미국 Du Pont사가 개발하여 현재는 laminate 가공지의 주류로 전세계에 보급되고 있다. 사용되는 기재는 종이, 판지 이외에도 셀로판, 섬유, 부직포, Al‐foil ,각종 플라스틱필름 등 매우 다양한 기재가 대상이 된다. 이 가공지의 제조법은 가열·용융시킨 수지를 압출기에서 T‐die로 필름상으로 유출시켜 기재위에 첩합(lamination)시킴으로서 완성된다. 여기

| 표 2-1 | 대표적인 laminate 가공지의 기본물성

대표적인 laminate 가공지	가공법	인장강도 (kg/15mm 폭)		신장도(%)		파열 강도	인열강도		두께	중량	투습도
원지	원 지 첩합가공	세로	가로	세로	가로	kg/m^2	gf		mm	g/m^2	$g/m^2/24h$
크라프트지	원 지 첩합가공	6.7 7.2	3.5 4.1	2.0 2.4	4.6 5.0	2.4 2.6	119 131	123 157	— 0.02	74.1 92.5	— 37
크라프트지 sandwich	원 지 첩합가공	7.7 18.0	3.2 8.3	2.6 3.4	5.7 7.5	3.1 8.8	137 323	148 365	— 0.02	76.6 171.6	— 40
상질지	원 지 첩합가공	6.0 6.4	3.0 3.2	2.1 2.4	6.6 6.8	2.2 2.4	41 65	47 67	— 0.015	67.5 81.3	— 40
parchment	원 지 첩합가공	3.0 4.0	0.6 1.2	1.6 1.7	5.2 5.5	1.0 1.2	13 35	16 45	— 0.02	35.9 54.3	— 32
glassine지	원 지 첩합가공	3.5 3.8	1.4 1.8	1.6 1.8	2.8 4.	0.8 1.0	13 49	15 54	— 0.019	27.2 45.1	— 34

에 사용되는 수지는 **LDPE**가 주체이고 **HDPE, PP, EVA** 등이 사용된다. 현재 거의 대부분의 종이에 적용되어 식품포장분야에의 용도가 매우 넓다.

대표적인 라미네이트 가공지의 기본물성을 [표 2-1]에 나타내었다.

4) PVDC 가공지

PVDC를 에멀전(emulsion)화하여 종이에 몇 차례 코팅하고 가열, 건조한 종이로 기체차단성과 내유성이 매우 우수하여 포장 재료로서 널리 사용되고 있다. 식품포장용으로는 분말치즈 등의 산화방지에 유효하며 향기의 소실이나 이취의 흡착 등이 문제시되는 식품의 포장재로서 사용되고 있다. 특히 파치멘트지에 가공한 것은 절목부(折目剖)의 내유성이 크게 개선되는 등의 특징이 있다. 각종 가공지의 투습도 비교 예를 [표 2-2]에 나타내었다.

5) 내유지

glassine 지를 기재로 하는 가공지는 오래전부터 사용되어 왔는데 과불화탄화수소유도체에서 출발한 각종 내유지가 개발되어 식품포장분야에서 버터, 프라이드 포테이토 등의 유지식품에 널리 사용되고 있다.

┃표 2-2┃ 각종 가공지의 투습도 비교 예 (35℃, RH 90%)

가공지의 종류	원지평량 (g/m^2)	도포량 (g/m^2)	투습도(g/m^2/24h)	
			kraft	carton
PVDC coating glassine paper	60	40	1.5	1.6
PVDC coating 표백kraft paper	90	30	2.5	2.5
PVDC coating 미표백 kraft paper	75	40	1.8	1.7
PVDC coating인쇄지	85	36	2.9	2.3
paraffin dipping paper	60	30	25.0	180.0
micro wax dipping paper	50	75	4.5	6.0
glassine paper /wax/glassine paper	40	12	4.5	6.0
polyethylene 압출coating paper	85	25	20.0	20.0
polypropylene 압출coating paper	85	25	10.0	10.0
Al - foil(9μm)	50	—	∞	3.5

6) parchment paper

화학펄프로 만든 원지를 황산용액으로 처리한 종이로 강인하고 내열성, 내유성 및 내수성이 우수하지만 차단성이 없기 때문에 wax나 수지 등으로 가공하여 기능을 향상시키고 있다. 'vegetable parchment'라 부르는 종이는 식육가공품(butter, margarine, ham, bacon)의 내부포장이나게 통조림의 갈변방지용 포장으로 오래전부터 사용되고 있다.

7) 박리지

실리콘(silicon)을 종이의 편면 또는 양면에 코팅하여 박리성을 부여한 가공지이다. 주로 점착테이프, 라벨, 시트, 캐스팅(casting) 공업 등에 사용되는데 식품분야에서도 베이킹트레이(baking tray), 쿠킹시트(cooking sheet) 만두의 대지 등의 용도가 있다.

8) 전자레인지용 가공지

전자레인지의 초단파(micro wave)는 비발열로 고온특성을 지니고 폐기성이 있는 소재로서 종이계 재료가 가장 적합하다. 더욱이 PET, PP, TPX(poly-4-methylpentene) 등을 처리함으로서 전자레인지용 식품가공지로서 보급되고 있다.

9) 선도보존지

식품 특히 청과물의 포장에는 내용물의 선도를 보존하는 것이 매우 중요하여 각종 고흡수성수지, 에틸렌가스흡착제 등이 개발되어 골판지 포장에 널리 적용되고 있으며 그 외의 종이계 재료에도 적용이 검토되고 있는데 상세한 것은 지기의 항에서 다루기로 한다.

10) 향균지, 방충지, 방서지

향균지는 종이를 향균제로 처리하고, 방충지는 각종 방충제, 살충제, 유인제를 종이에 처리한 가공지로 바퀴벌레용으로 보급되고 있다. 또한 쥐의 피해를 방지하기 위한 방서가공처리지가 있으며 주로 골판지 분야에 사용된다.

11) 합성지(synthetic paper)

합성지는 목재자원의 고갈과 자원보호의 측면에서 종이의 기능을 갖춘 플라스틱소재로서 포장분야에서도 특이한 위치를 차지하고 있다. 합성지는 PE, PP, PET 등의 석유계고분자재료를 필름상, 섬유상으로 가공하고 이것을 종이의 표면상태로 개질시킨 것으로 본래의 종이와는 다른 원리에 의해 제조된다.

합성지는 사용용도에 따라 일반인쇄용, 카드용, 라벨(label)용 등이 있으며, 포장용에는 봉투, 쇼핑백(shopping bag), 블리스트백(blister bag), 포장지 등의 보통지와의 차별화를 고려한 분야에 보급되고 있다.

12) 부직포

부직포란 섬유 또는 필라멘트 및 유공필름을 기계적, 화학적 또는 열적 수단으로 접착, 교락(交絡)시켜 만드는 sheet 또는 wrap상의 것을 말한다. 따라서 부직포 소재는 모피, 수피(樹皮), 제지용pulp 등이 있다.

부직포는 포장재를 비롯하여 산업용자재, 생활용자재, 의료자재 분야 등 폭넓은 분야에 널리 이용되고 있다.

3. 지기

1) 지기

지기는 종이, 판지로 만든 용기의 총칭으로 다만 외장용 골판지용기는 제외한다. 또한 함(函 : carton)은 판지로 만든 상자로 판지 또는 골판지를 의미한다. 여기서는 카톤을 위주로 살펴보기로 한다.

2) 지기의 특성

　지기는 아래와 같은 장점과 단점이 있다. 지기의 단점을 보완하기 위해 플라스틱이나 Al-foil을 적층하거나 표면코팅을 할 수 있다. 따라서 지기의 수요는 장래에도 더욱더 신장할 것으로 예상된다.

(1) 지기의 장점

① stiffness(剛度)와 물리적강도가 우수한 입체적 자립용기이다.

② 내용물이 파괴되고 손상되기 쉬운 식품에 대한 내용물 보호성이 우수하다.

③ 적중효과(積重效果)에 의해 우수한 진열효과와 volume 효과를 연출할 수 있다.

④ 충격을 흡수하여 내용물을 보호하는 완충(cushion)성이 우수하다.

⑤ 청과물이나 생화 등의 호흡작용을 하는 신선품의 포장에 적합하다(통기성).

⑥ 냉동식품 상자에서 오븐적용가능(ovenable) 용기까지 가능하다(내저온성, 내고온성).

⑦ 인쇄효과가 우수하여 육면체의 평면 전체에 인쇄가 가능하다.

⑧ 각종 구조형태가 가능하다(5각, 6각, 8각, 원통, 원추, 창첩 등).

⑨ 자동포장적성이 우수하다(포장기계적성, 접착적성).

⑩ 플라스틱 등과의 복합용기가 가능하다(내수성, 기체차단성의 부여).

⑪ 위생성이 우수하다(액체종이용기).

⑫ 가격이 저렴하다(평량당 가격 저렴).

⑬ 사회환경조건에 대응하기 쉽다(재자원화, 자원공급의 무한화).

⑭ 구조에 따라 재봉함이 가능하다.

⑮ 구조에 따라 개봉성이 우수하다.

(2) 지기의 단점

① 흡습성이 있어 내수성이 부족하다.

② 기체차단성이 없어 산소, 질소 등의 기체를 자유로 통과시킨다.

③ 열봉합(heat seal)성이 없어 접착제나 hotmelt접착에 의존해야 한다.

④ 불투명하여 내용식품이 보이지 않는다.

⑤ 내유성이나 내약품성이 없다.

⑥ 열성형이나 압축성형이 어려워 다양한 형태의 성형이 곤란하다.

3) 지기의 품질설계

고객의 요망을 충족시킬 수 있도록 품질설계를 행하여야 한다. 품질설계는 내용물의 형상이나 상태, 용량 등의 품질특성을 고려하고 변질요인을 충분히 고려하여야 한다. 그리고 식품 등이 직접 접촉하는 1차용기인가 접촉하지 않는 2차용기인가, 또한 차단성이나 내수성 등이 필요한가, 수송보관조건은 어떠한가를 파악할 필요가 있다. 즉 보호성, 포장작업성, 편리성, 경제성, 상품성, 위생성 및 사회환경성 등의 조건을 충족해야 할 뿐만 아니라 각종 판지의 특성과의 부합이 필요하다.

4) 기능성 지기

(1) 발포 carton

판지를 기재로 한 표면가공의 응용으로 종이용기의 표면에 발포에 의한 요철을 만든 용기이며, 부드럽고 따뜻한 분위기를 지닌 carton이다. PVC 등을 사용하지 않기 때문에 유해물질의 배출이 없는 환경대응용기이다.

(2) 종이 blister

플라스틱을 성형하여 그 속에 내용물을 넣고 봉합하는 것이 종래의 블리스터(blister)포장이다. 플라스틱도 PVC가 많고, 환경문제로 A‑PET, PP 등으로 대체되고 있으나 여전히 폐기물처리문제를 내포하고 있다. 종이블리스터는 종이단일소재로 만든 것으로 폐기처리가 쉽고 창을 열 수 있어 내용물을 볼 수 있다.

(3) barrier free 대응 emboss carton

카톤 표면에 돌기상의 앰보싱(dot embossing)을 가공함으로써 촉각으로 정보전달을 할 수 있는 용기이다. 또한 시각장애자용으로 점자 표시를 함으로써 정보전달을 할 수 있는 카톤도 있다.

(4) F단의 이용

코루게이터(corrugate)가공을 한 원지를 골판지라 하는데, E단은 얇아서 골판지와 판지의 중간적인 물성을 지닌다. 더욱이 새로운 F단은 얇고 단수가 많다(E단은

93 5/30cm, 높이 1.7mm이며, F단은 120 5/30cm, 높이 0.6mm이다).

특징은 인쇄적성이 좋고, 일반판지인쇄기로 인쇄가 가능하다. 또한 판지보다 강도가 우수하고 단열효과도 우수하기 때문에 이와 같은 장점을 이용한 상품화가 활발히 진행될 것으로 예상된다.

(5) HMR 대응용기

최근에 가정내식사대용식(HMR : Home-meal-replacement)에 대한 수요가 폭발적으로 늘어나게 됨에 따라 이에 부응하는 다양한 기능을 지닌 각종 용기가 개발되고 있다. 내유성, 흡유성(吸油性), 흡수성, 내수성, 통기성, 소취성(消臭性)이 매우 우수하고 보습성이 적당하며 내용물이 포장내부에 잘 부착되지 않는 등의 다양한 형태로 카톤이 조립되고 있다.

(6) crispy carton

crispy carton은 흡수성수지를 내면에 적층한 카톤으로 택배식품(宅配食品) 등의 포장에 이용되고 있다. 특히 포장내부의 수증기로 인한 결로현상을 방지할 수 있도록 설계된 기능성 카톤이다.

제2절 플라스틱과 포장용기 

1. 플라스틱 포장재

1) 식품포장용플라스틱의 요구특성

(1) 기체차단성과 수증기차단성

각종 기체에 대한 차단성과 방습성은 포장재에 있어서 매우 중요하다. [표 2-3]에 포장재료로서 사용되고 있는 고분자재료의 기체투과도와 투습도를 나타내었다. 고분자재료의 기체차단성은 고분자의 일차구조, 즉 주쇄의 골격시멘트와 측쇄

┃표 2-3┃ 각종 플라스틱 필름의 기체투과도 및 수증기투과도

필름의 종류	가스투과도 $(ml/m^2 \cdot 24h \cdot atm/25\mu m)$			PCO_2 / PO_2	수증기투과도 $(g/m^2 \cdot 24h/25\mu m)$ 40℃, 90%RH
	PO_2	PN_2	PCO_2		
PVDC(VDC−MA공중합체)	1.5[b]	—	—	—	1
EVOH(EVA검화물)	2[b]	—	—	—	30
OV(PVDC코팅연신PVA)	3[b]	—	—	—	4
MXD6(m−xyleneadipamide)	4[b]	—	—	—	23
PAN(polyacrylonitrile)	5[b]	—	—	—	20
PVDC coatingONY	10[c]	—	—	—	5
PVDC coating셀로판	15[c]	—	—	—	11
PVDC coating OPP	15[c]	19	44	2.9	5
ONY	30[b]	—	—	—	90
CNY	40	14	175	4.4	300
셀로판	40	16	50	1.3	750
PVDC(VDC−VA 공중합체)	60[d]	12	380	6.3	5
PET	110	13	320	2.9	22
PVC	200	55	550	2.8	5
OPP	2500	315	8500	3.4	4
HDPE	2900	660	9100	3.1	22
CPP	3800	760	12600	3.3	28
PC	4700	790	17000	3.6	170
PS	5500	880	14000	2.5	130
LDPE	7900	2800	42500	5.3	36
EVA(VA 10%)	9960[b]	—	52800	5.3	80
EVA(VA 15%)	11400[b]	—	71160	6.2	200
EVA(VA 21%)	12960[b]	—	96840	7.5	520
polybutadiene	49920[b]	—	362400	7.3	~600
polyisoprene	61200[b]	—	402000	6.6	~280
poly4−methylpentene−1	84840[b]	—	243360	2.9	47

* a) 기체투과도 및 수증기투과도는 모두 두께 25μm로 환산한 값
기체투과도의 측정조건 및 측정법 : 25℃, 50%RH, ASTM D 1436−66
b) 27℃, 65%RH, 동압산소전극법(同壓酸素電極法)
c) PVDC 코팅치는 코팅제의 종류나 량에 따라 결정된다
d) 공중합비, 가소제의 양에 따라 결정된다. 무가소품은 더욱더 낮은 값이 된다.

기의 종류에 크게 의존한다. 골격시멘트로서는 아미드(amide)기, 에스테르(ester)기, 페닐렌(phenylene)기, 에테르(ether)기 등이 있으며, 이와 같은 골격시멘트를 함유한 고분자의 기체차단성은 양호하다. 또한 측쇄기로서는 OH기, CN기, Cl기 등이 있으며 이와 같은 측쇄기를 함유한 경우에는 기체차단성이 우수하다. 이들은 일반적으로 강직한 시멘트나 극성이 높아 응집력이 큰 기이다.

한편, 유연한 골격시멘트나 큰 측쇄를 함유한 고분자의 기체차단성은 나쁘다. 즉, 기체차단성은 고분자의 응집에너지 밀도와 분자의 유동성 지표인 자유체적분율에 직접 영향을 받는다.

PVA나 EVOH 등 수산(OH)기를 함유한 고분자는 건조상태에서는 기체차단성이 우수하지만, 고습상태에서는 습도의존성이 높아 기체차단성이 저하된다. 이것은 물분자가 수산기와 수소결합을 형성하여 고분자가 가소화되어 응집력이 저하되기 때문이다. 아미드기(amide)도 물분자와 수소결합을 하기 쉬워 비슷한 양상을 나타낸다.

수증기투과도의 경우, 위에 기술한 불활성가스 투과도와 고분자 일차구조와의 관계는 [표 2−3]에 나타난 바와 같이 다른 경향을 나타낸다. 방습성이 양호한 것으로는 PP, PVDC를 들 수 있다. 투과도(P)는 용해도계수(S)와 확산계수(D)를 곱함으로서(P=D×S) 구하여진다. PE, PP 등의 물에 대한 용해도계수는 낮아서 P값이 낮은 것으로 알려져 있다. 한편, 수산기를 포함하는 PVA, EVOH, 나일론, 셀로판 등은 물에 대한 용해도 계수가 커서 P값은 크게 나타난다. 폴리부타디엔(polybuta-dien), 폴리이소프렌(polyisoprene) 등의 P값이 큰 이유는 자유체적분율이 높아 D값이 높기 때문인 것으로 해석된다.

동일한 고분자를 고려하는 경우에 기체차단성이나 방습성에 관여하는 인자로서는 결정화도와 분자배향을 들수 있다. 일반적으로 결정화도가 높을수록 차단성이 높다. 또한 고분자필름을 연신 또는 압연시키면 기체차단성이 높아지는 것으로 알려져 있다.

(2) 비흡착성

포장재에의 내용물수착은 포장용기를 설계할 때 충분히 고려해야 할 특성이다. 플라스틱에의 유기물 수착이나 물의 수착(吸濕)은 고분자의 일차구조에 크게 의존한다. 친유성물질은 **PE**나 **PP** 등 폴리올레핀(polyolefin)에 수착되기 쉽다. 한편, **PET**에의 수착은 적어 용기의 최내면재료로서 중요하게 사용되고 있다. 또한 동일 계통의 코폴리머(copolymer)인 경우는 수착량은 glass전이온도와 관계가 있으며, 일반적으로 glass전이온도(Tg)가 낮을수록 수착량은 많아진다.

특히 **PVA, EVOH,** 나일론 등 수산기를 지닌 고분자는 흡습되기 쉬워 포장설계시 충분한 배려가 필요하다.

고분자의 이차구조와 수착과의 관계는 결정화도가 영향을 미친다. 나일론과 **PET**의 흡습량과 결정화도와의 관계를 살펴본 결과에 의하면 수착량은 이들의 비결정분율에 거의 비례하는 것으로 나타났다.

(3) 내열성

식품포장재에는 내용물을 열시충전(熱時充塡)을 행하거나 레토르트살균, 전자레인지 가열 또는 오븐가열 등을 행하는 경우에 내열성이 요구된다.

고분자의 내열성은 역학적 성질 등이 온도에 따라서 저하하는 물리적 내열성과 사용환경 하에서 일어나는 화학변화에 따른 열화에 대응하는 화학적 내열성으로 구분되며, 이 두 가지 모두 고분자의 1차구조와 관계가 있다.

물리적 내열성은 융점(Tm)과 글라스전이온도(Tg)로 나타낼 수 있다.

고분자의 결정화도와 분자배향도 물리적 내열성과 밀접한 관계를 갖고 있다. 결정화도를 높이면 내열성이 향상된다. 내열 **PET** 병이나 **C－PET**(crystalized PET), 오븐적용가능 트레이(ovenable tray) 등의 경우에는 결정화도를 높임으로써 내열성을 얻고 있다.

고분자 고체는 변형을 받으면 분자쇄의 해리가 생긴다. 분자쇄는 절측된 상태의 것이 에너지적으로 안정화되기 위하여 열운동에 의해 원상태로 되돌아감에 따라 열수축이 생긴다. 연실필름 시트 성형용기, 연신 블로우병(blow bottle) 등의 열수축성은 이와 같이 분자배향에 따른 내부응력에 밀접하게 관계하고 있다. 열안전성을 향상시키기 위해서는 열처리에 의한 내부응력의 완화를 필요로 한다.

(4) 재료강도

포장재는 내용물보호 기능이 필요하며 인장강도, 충격강도, 파열강도, 강성(剛

性), 내펀홀성 등의 특성은 중요하다. 이들 기계적 특성을 개량하기 위해 일반적으로 연신가공이 행해진다. 연신가공에는 1축연신과 2축연신이 있다. 포장용 필름은 PP, PET, 나일론 등의 2축연신 필름이 많이 사용되고 있다. 1축연신 필름은 연신 방향의 인장강도는 크지만 이방성(異方性)이 매우 크다. 이 이방성을 이용하여 파우치의 인열개봉성을 양호하게 하기 위해 라미네이트 재료로서 사용하고 있다. 또한 PET 병 등의 블로우(blow) 성형에 있어서도 낙하충격강도나 내압에 의한 내크리프(creep)성을 개량하기 위해 2축 연신 블로우 성형이 행해지고 있다.

고분자재료를 연신하면 결정화도도 변화하는데 연신에 의한 기계적특성의 향상은 분자배향이 주로 관여한다. 그러나 결정화도도 기계적특성에 상당한 영향을 미친다. 일반적으로 결정화도가 높아지면 인장강도, 항복강도, 항성율, 강성 등이 커지는데 충격강도는 저하된다. 또한 결정의 크기도 충격강도에 영향을 미치는데 결정이 커지면 내충격성은 저하된다. 고분자 용융체를 급냉고화시키면 결정이 작아지고 결정화도가 낮은 상태로 되기 때문에 포장용 필름으로서 많이 사용되고 있는 PP inflation film의 제막(製膜)에는 수냉법에 의하여 급냉시켜 내충격성을 향상시키고 있다.

2) 필름포장

(1) 단체필름포장

필름포장으로서는 단체필름으로 사용되는 양이 많으며, 신선식품, 가공식품, 과자류 등의 폭넓은 분야에 사용되고 있다. 야채류의 포장에는 LDPE가 일반적으로 사용되고 있다. 또한 PE, PS, PVC 등의 열고정시키지 않은 연신필름이 수축(shrink)필름으로 사용되고 있다. 그러나 여러가지 포장기법이 적용되는 필름포장의 경우에는 다양한 특성이 요구되기 때문에 다층화가 행해지고 있다.

(2) 다층필름포장

다층필름포장으로서는 파우치 형태가 많기 때문에 열봉합(heat seal) 층, 즉 실란트(sealant)재가 필수적이다. 파우치의 기본구성으로서는 인쇄기재/sealant, 인쇄기재겸 기체차단재/sealant, 인쇄기재/기체차단재/sealant, 인쇄기재/보강재/기체차단재/sealant

┃ 표 2-4 ┃ 각종식품포장기법과 요구특성 및 다층 pouch 구성예

포장기법	요구특성	포장형태	다층pouch구성예
진공포장	기체차단성 방습성 돌자강도(突刺强度)	pouch	PET/LDPE: PET/PVDC/LDPE: ONY/LDPE(또는 EVA, Ionomer): LDPE/PVDC/LDPE:PET/EVOH/LDPE: ONY/EVOH/LDPE
가스 치환포장 (MAP)	기체차단성 방습성 저온heat seal성	pouch tray	OPP/EVOH/LDPE: PET/EVOH/LDPE: ONY/EVOH/LDPE:ONY/LDPE:OPP/ PVDC/LDPE:PVDC coatingOPP(또는 PET)/LDPE
탈산소제 봉입포장	기체차단성 방습성	pouch tray, cup	OPP(또는PET)/EVOH/LDPE: PVDC coatingOPP(또는 ONY, PET) /LDPE
aseptic포장	기체차단성	cup, 심교용기 bottle, pouch	ONY/LDPE:PET/EVOH/LDPE: LDPE/PVDC/LDPE
냉동 식품포장	저온내충격성 저온내pinhole성 돌자강도(突刺强度)	pouch tray	ONY/LDPE:PET/LDPE: OPP/LDPE
건조 식품포장	방습성 기체차단성	pouch	OPP/LDPE:ONY/LDPE:OPP/CPP, embossingOV/LPDE:PVDC coatingOPP (또는ONY, PET)/LDPE:OPP/ EVOH/LDPE
액체 식품포장	기체차단성 자립성,비흡착성	standing pouch cup, bottle	PET/EVOH,LDPE, PET/Al−foil/LDPE PET/1축연신 HDPE/Al−foil/CPP
retort 식품포장	기체차단성 내열성	pouch, tray cup	PET/CPP; PET/HDPE: ONY/CPP: PET/Al−foil/CPP: PET/ONY/Al−foil /CPP

※ONY : 2축연신Nylon, OPP : 2축연신PP, CPP : 무연신PP, OV : 연신vinylon

등이 있다.

인쇄기재(印刷基材)로서는 2축연신PET(OPET), OPP, ONY가 사용된다. 기체차단재로서는 위에서 기술한 EVOH나 PVDC를 사용하거나, 또는 Al foil이나 Al 증착필름이 사용된다. 기체차단성을 겸비한 인쇄기재로서는 ONY, PVDC코팅 PET나 OPP 등이 있다. LDPE, LLDPE, EVA는 열봉합(heat seal)성이 양호하기 때문에 실란트(sealant)로서 사용되고 있다.

또한 내열성이 요구되는 경우에는 CPP가 사용되고 있다. 보강재(補强材)는 대형업무포장용 파우치에 추가된다. 보강재로서는 PET나 ONY가 일반적이다.

[표 2−4]에 각종포장기법과 사용되는 다층파우치의 재료구성 예를 나타냈다.

(3) retort pouch 포장

[표 2−4]의 각종 포장기법 중에서 레토르트 식품포장은 식품을 상온에서 장기보존(상온유통)하는 데에 적합한 기법이다. 레토르트 파우치 포장의 경우, 카레나 햄버거 등의 가공식품을 파우치 내에 충전하고 밀봉봉함(seal)을 행한 후, 100~150℃의 고온고압하에서 살균을 행한다. 레토르트 파우치의 종류로서는 Al-foil을 함유한 불투명타잎과 함유하지 않은 투명타잎의 것이 있으며, 레토르트 온도 차이에 따라 사용하는 재료도 달라진다.

Al foil type의 사용량이 더 많은데 재료구성은 12μmPET/7μmAl-foil/70μmCPP의 것이 일반적으로 사용된다. CPP로서는 충격강도가 높은 ethylene/propylene block 공중합체가 사용되고 있다. 이 필름의 융점은 157내지 160℃로 PE보다 내열성이 높다. 그러나 145℃에서 레토르트를 행하면 파우치 내면의 CPP가 서로 점착되는 블로킹(blocking)현상이 나타나기 때문에, 특히 높은 온도에서 레토르트 시키는 경우에는 보다 더 융점이 높은 homo CPP로 결정화도를 더 높인 필름이 사용된다.

투명형 레토르트 파우치의 구성으로서는 ONY/CPP가 일반적이다.

(4) 산소흡수성 포장재료

식품이나 음료의 포장재 특성으로서 기체차단성은 매우 중요하다. 종래의 기술로서는 EVOH로 대표되는 기체차단재와 주재료를 다층화하는 수법이 일반적이다. 그러나 플라스틱재료의 기체차단성에는 한계가 있어서, 최근에는 포장 및 용기 자체에 탈산소기능을 지니게 한 기능성포장재가 개발되어 실용화되게 되었다. 이와 같은 포장시스템은 미국이나 유럽에서 기능성 포장재(機能性包裝材 : active packaging)이라 부른다. 최초로 산소흡수성포장재를 발표한 것은 인공혈액의 개발 연구를 행하여 오던 미국의 Aquanotics사이다. 발표된 최초의 탈산소제는 LONG LIFE라 하는 코발트계의 유기금속착체(有機金屬錯體)를 실란트(sealant)로 사용하여 실리카 담체에 고정화시킨 타잎이었다. 용기에의 적용형태는 유리병용 컵의 liner로 병맥주의 용존산소 절감에 효과가 있는 것으로 발표되었다. 그 후, SMART CAP이라 하는 산소흡수성 캪 라이너개발을 캪제조업체인 Japata사와 공동으로 행하여 미국 쉐라네바다 맥주사의 맥주병의 왕관에 채용시킨 것이다.

그 후 프랑스, 일본 등에서도 활발하게 개발이 이루어져, 무균포장 햇반용 트레이, 와인이나 케챱용 용기, 맥주용 **PET** 병 등에 널리 적용되어 다양한 분야에서 실용화 단계에 있다.

2. 기능성플라스틱포장재

1) 차단성플라스틱포장재

(1) 차단성플라스틱의 발전

차단성플라스틱포장재료로서 **PVDC**, **EVOH**가 시판된지 30여년이 경과되어 이제 새로운 재료라 말할 수 없으나, 기능성포장재의 근간이 되는 부분으로 여전히 중요한 위치를 차지하고 있는 것이 사실이다. **EVOH**는 지금까지 매년 10% 이상의 성장을 거듭하여 왔는데, 최근에는 기존재료의 고도의 개질에 의한 기술전개, 무기물증착에 의한 차단성포장의 실용화진전 등에 따라 차단재료의 시장도 점차 개척되고 있다. 또한 환경문제에의 대응에서 **Al-foil**이나 염소함유 **PVDC** 등에서 다른 소재로의 전환기술이 진행되고 있다. **20C** 중반부터 실용화되어온 이들 차단성 수지가 주변 가공기술의 진보와 더불어 복합포장재료로서 큰 발전을 거듭하여 왔는데, 최근에는 단순한 차단수지라 하는 범주를 벗어난 혁신적인 기술이 소개되어 제2세대 차단기술이 싹트고 있다.

식품 및 의약품 포장 분야에서 가장 주목받고 있는 재료로 포장 이외의 분야에서도 다양한 용도에 실용화되고 있다.

또한 차단성의 의미도 당초의 산소 또는 기타 기체의 차단뿐만 아니라 유기증기나 리모넨 등의 냄새의 차단 및 비흡착특성도 활용되어 포장분야에 크게 주목받고 있다.

여기서는 위에 기술한 배경을 중심으로 하여 차단성고분자재료의 발전경과를 설명하고 현재의 차단재료와 그 응용의 개요에 대하여 다루고 새로운 기술에 대해서도 약간 소개하기로 한다. 그리고 차단성이라는 것은 현재의 포장에 있어서 매우 중요한 기능이기 때문에 비교적 상세하게 기술하기로 한다. 그리고 일반적인 기체차단성재료에 대해서는 여러 가지 문헌을 참조할 수 있다.

(2) 차단성재료의 개발과 기술적배경

식품의 맛을 장기 보존하는 방법으로서 통조림이나 병조림이 옛날부터 활용되었다. 그리고 과실의 껍질은 과실의 맛을 보존하는 역할을 하는데, 뚜껑을 벗긴 통조림이나 껍질을 벗긴 과실은 바로 변색되고 맛이 변하게 된다. 이와 같은 내용물보호의 역할을 플라스틱이 담당하여야 하는데, 최대범용수지인 PE를 예로 들면, 얼핏 생각하기에는 기체를 통하지 않도록 하는 것 같지만 실제로는 산소를 10,000ml/day정도 투과시킨다. 그러나 1940년대에 들어와 PVDC나 EVOH가 개발됨에 따라 기체차단성이 실현되게 되었다.

최초의 고분자차단재는 Dow Chemical사에 의해 시판된 PVDC로서 그 용도는 식품포장용이었다. 그 후 획기적인 재료인 EVOH가 크라레사에서 EVAL이라는 명칭으로 개발되었다. 이들의 산소투과량은 각각 15ml와 1ml 이하로 실로 PE의 1만분의 1 정도밖에 투과시키지 않는 플라스틱 투명필름이 얻어지게 된 것이다. 그리고 이 시기에 확립된 가스충전포장이나 공압출기술, 열성형기술 등의 주변기술이

┃표 2-5┃ 고분자재료의 산소투과량 비교

재 료	투 과 량
LDPE(저밀도polyethylene)	10,000
HDPE(고밀도polyethylene)	5,000
PP(polypropylene)	4,000
OPP(2축연신polypropylene)	2,900
경질PVC(경질poly염화vinyl)	240
OPET(2축연신polyester)	40
ONY(2축연신nylon 6)	30
polyacrylonitrile	15
PVDC(poly염화vinylidene)	3
EVOH(ethylenevinylalchol)	0.2
PVAL(polyvinylalchol)	0.2

단위 : ㎖ · 20μ/m^2 · 24h · atm/20℃

진보되고 식품유통시스템이 진보됨에 따라 이 포장재는 급속한 발전을 거듭하여 식품포장으로서의 차단포장이 가능하게 되었다. 즉 다른 수지와의 공압출이나 라미네이트에 의해 다층화되어 사용되게 되었으며 film(bag), bottle, 심교성형물(cup), tube, pipe, 액체음료용 종이용기 등이 다양한 형태로 개발되어 인류의 생활을 풍요롭게 하고 있다.

　현재의 전형적인 실용적 차단수지인 EVOH는 산소투과량이 1ml/day인데 각종 폴리머(polymer)의 산소투과량을 비교하여 나타내면 [표 2−5]와 같다. 고분자 자체로서의 차단성으로 보아 PVA, EVOH, PVDC, PAN(polyacrylo nitril)이 고차단성 재료로 활용되어 중간차단재로 널리 사용되고 있는데, PET나 nylon도 용도에 따라서 이용되고 있다. 최근의 세계적인 화학기술 베스트 10(best 10)으로서 인용된 차단재의 전형으로 알려진 EVAL이 제4위로 기재되어 있는 것은 기술분야에서의 위치로 보아 상당히 흥미로운 일이다. 이 수지는 Du Pont사와 크라레사의 양사가 별도로 개발하여 식품포장용으로 특허를 받았는데, 크라레사의 특허가 1개월 정도 앞섰다[표 2−6]. 차단재의 개발은 일본이 세계적으로 앞서 있는 분야이다. 위에

┃표 2-6┃ 각종구조인자가 기체투과성에 미치는 영향

Tg

Polymer	Tg	P_{O_2}
PE	−113	7510
PP	−13	4140
PVDC	28	910
PET	75	96

결정화도 및 배향

Polymer	결정화도(%)	P_{O_2}(무배향)	P_{O_2}(배향)
PET	10	196	
	30	96	70
	45	57	39
PS	−	6730	5950

응집에너지밀도

Polymer	CED	P_{O_2}
PE	66	7510
PS	85	6730
PVC	94	142
PAN	180	1.6
PVA	220	0.1

자유체적

Polymer	자유체적	P_{O_2}
PS	0.176	6730
PMMA	0.138	259
PAN(결정)	0.080	1.6
PVA(결정)	0.030	0.06

※P_{O_2} : ml・mil/m^2・24h・atm

▌표 2-7▌ Polymer의 관능기와 산소투과계수

산소투과계수	관능기	수지의 종류
6×10^{-12} 이하	OH	polyvinylalcohol계
		cellulose계
	CN	polyacrylonitril계
	CL	PVDC계
	CONH	polyamide계
6×10^{-2} 이상	CL	PVC계
	F	PVC계
	CO	polyester계

단위 : ml · cm/cm^2 · 24h · atm

기술한 **EVAL**외에 나일론이축연신필름(유니치카, 홍인), 무기물증착필름(최초의 특허는 유니치카, 기업화는 동양잉크) 등의 예가 있다. **EVAL**이나 나일론은 그 개발품이 세계적으로 널리 사용되고 있다. 무기물증착은 그후 동양메타라이딩이나 요판인쇄에 이어 계속해서 많은 업체가 발전을 거듭하고 있다.

발전을 거듭하여 온 차단성포장재의 각종용도 중에서 현재에도 식품포장용이 가장 우선적으로 총량의 약 **80%**에 이르고 있다. 주로 내용식품의 산화에 의한 미각변화를 억제하고 저장기술분야나 향기(**flavor**)의 흡착이나 투과의 억제를 통한 식품의 유통기한을 연장시키기 위한 각종기체의 불투과성을 이용한 분야 등에 널리 사용되고 있다. 주목되는 것은 비식품포장 또는 포장 이외의 용도가 점차 확대되어 최근 5~6년의 성장률은 식품 포장류의 성장률을 웃돌아 약 **5배**에 이르고 있다.

차단성포장재의 산소투과계수는 [표 2-7]에 나타낸 바와 같이 폴리머의 관능기와 밀접한 관련이 있다.

(3) 최근의 차단성재료 동향

최초의 우수한 재료였던 **PVDC**도 다이옥신 문제 등으로 사용이 기피되고 있으며, **Al foil**재료도 리사이클성의 관점에서 보다 환경에 대응하는 소재로의 전환이 시도되고 있다. 이와 같은 사회 환경의 변화에 따라 신규소재 및 기술의 개발도

활발해지고 있는데, 실용화에는 다소 시간이 걸릴 것으로 예상된다.

따라서 종래의 소재를 사용하면서 새로운 개발이 급속도로 진행되고 있다. 대략적인 것을 소개하면 다음과 같다.

① **공압출필름** : EVOH는 원래 라미네이트에 의한 복합필름(OPP/EVOH/LDPE)으로 카쓰오부시(katsuobushi) 등의 식품에 널리 사용되어 왔는데, 동시에 공압출병이나 시트(sheet)성형품도 사용되어 왔다. 이와 동시에 이공압출성(異共壓出性)이 있어서 일찍부터 된장 등의 식품등에 널리 사용(LDPE/EVOH/EVA)되고 있다. 최근에는 위에서 기술한 사회환경의 변화에 따라, 각 회사에서 신규로 참여하여 급속히 PVDC계 재료로부터 전환되고 있다. 차단성재료로서는 전통적인 EVOH와 새로운 MXD나일론이 주로 사용되고 있으며, 기재도 PE가 아니라 nylon 6가 사용되는 경우가 많아지고 있다. 또한 PE와의 공압출이 곤란하였던 공연신필름(共延伸필름)도 포함하여 차단성뿐만이 아니라 고성능화도 이루어지고 있다.

② **무기물증착필름** : 무기물증착필름의 개발상황을 살펴보면 동양잉크의 실리카(silica), 동양메타라이징의 알루미나(alumina)를 이용하여 PET에 증착한 것을 비롯하여, 그후 요판인쇄도 개발에 참여하여 많은 발전을 거듭하게 되었다. 최근 몇년간 증착물질, 기재필름 및 증착법이 다양화되고 많은 업체가 개발에 참여하여 다음과 같이 더욱더 발전이 거듭되고 있다.

ㄱ 증착물질로서는 무기물의 결정인 굴절성의 개선이나 cost 등의 개선을 목적으로 각종무기물이 시험되었는데, 실리카(silica)와 알루미나(alumina)의 이원증착(二元蒸着)이나 이층증착(二層蒸着)이라 부르는 기법이 적용된 제품화가 진행되고 있다.

ㄴ 기재필름의 경우에는 한결같이 PET필름에 증착하던 시대에서 나일론 필름에의 증착이 실현되어 각 업체에서 개발에 참여하게 되었다 . 또한 OPP에의 증착도 검토되고 있다.

ㄷ 증착법은 포장용으로서는 한결같이 PVD법(physical vapor deposition, 物理的氣相蒸着法)이 사용되었었는데, 최근에는 CVD법(chemical vapor deposition, 化學的 氣相蒸着法)에 의한 필름도 일본의 대일본인쇄에 의해 시판되었다.

┃ 표 2-8 ┃ retort용 EVOH필름 EVAL EF−CR·SR

구성	retort후의 PO2	retort후의 base
SaranUB구성	1.0	3.0
EF−CR구성	1.4	1.6
EF−SR구성	1.0	−

③ coating에 의한 차단성필름 : 쉽게 구할 수 있는 차단성재료인 PVOH, EVOH, MXD 6, PVDC, PAN 중에서 PVDC가 에멀젼(emulsion)으로서 널리 사용되어 왔는데, 대체재료로서는 PVOH나 EVOH가 적당하다. PVOH는 수용액으로 코팅되는데, 고습도에서는 차단성저하가 일어나 건조식품에 한정적으로 사용되고 있다. 따라서 이점을 개선할 목적으로 EVOH의 물/알콜 혼합용액에서의 코팅도 검토되고 있다. 더욱이 최근에는 PVOH를 변성하여 습도의존성을 개선한 PVOH를 사용하여 OPP에 코팅한 필름이 개발되어 각 업체에서 상품화하여 종래의 K 코팅이라 부르는 PVDC 코팅분야를 대체하여 그 사용량이 급속하게 증가되고 있다.

④ 기존 차단성수지의 개질(EVOH) : [표 2−8]에 기존 차단성수지를 개질한 레토르트용 EVOH필름인 EVAL EF− CR·SR의 구성과 retort후의 PO_2 및 레토르트후의 base에 대하여 나타냈다.

   획기적인 기체차단성과 열용융성형성을 공유하고 환경에 대응하는 차단성수지로 발전하여 현재 5만 톤 이상을 미국이나 유럽 및 일본에서 생산하는 최대 차단성수지로 성장하였다. 이 수지의 기능에 대해서는 많은 소개가 있으며, 그 우수한 특성과 가공법이 잘 알려져 있다. 원래 친수성이기 때문에 부적합하다고 생각되었던 레토르트용도에도 컵용으로서는 내·외층의 두께와 수지의 설계에 의해 레토르트용기의 주류로서 특히 미국에서 실용화되고 있다. 그러나 필름이나 뚜껑재료와 같은 얇은 것의 레토르트포장에는 백화현상(白化現狀) 등이 일어나는 문제에 대한 대응이 불가능하였으나, 이와 같은 점을 개량한 레토르트용 EVOH 필름이 개발되었다. 이 개발품은 종래의 Al이나 PVDC를 사용한 것과 같은 성능을 나타내어, 환경에 대응하는 대체기술로서 실용화가 이루어지고 있다.

⑤ **주목되는 신기술** : 차단재가 시판된지 약 50년이 지난 오늘날, 수지의 다양화, 가공기술이나 주변응용기술의 진보로 인하여 용도가 크게 확대되어 인류생활을 풍요롭게 하는데 크게 이바지하였다. 이들 혁신기술이 계속 개발되고 있으며, 최근 몇 년간에는 다양한 새로운 기술이 이 분야에서 개발되고 있다. 예를 들면 액정 폴리머와 그 응용, phenoxy수지(Dow Chemical사, EVOH에 필적하는 차단성), 다양한 산소흡수시스템의 활용(단순한 산소흡수재에서 각종 시스템으로, CMB사의 OXBAR에서 매우 폭넓게 사용할 수 있는 기술), sol - gel coating, 맥주병에의 기술전개(공사출 성형기술의 구체화, 특수한 증착), 나노기술(nano composite기술)의 다양한 응용 등 매우 다채롭다.

여기서는 **nano-composite**에 대하여 간략하게 설명하기로 한다.

기체를 통하지 않는 무기물을 폴리머에 분산·혼합함으로써 기체는 폴리머 층을 굴곡하면서 투과를 서서히 진행하기 때문에 통과거리가 길어져 투과속도가 감소하게 되며, 그 결과 차단성이 향상된다. 그러나 분산이 반드시 쉽지 않다는 점, 무기물 입자에 의해 불투명화 된다는 점 등이 난점이다. 분산층 입자의 직경이 빛의 파장에 필적할 정도로 작아지면 투명한 시료를 얻을 수가 있을 것이며, 또한 지금까지 개발된 분산기술에 의해 유기/무기 하이브리드 재료로서 유효하게 될 것이다. 더욱이 이 분산입자는 구형이기보다도 평판상으로 되어 있으면, 기체가 층내를 통과하는 거리가 커져서 차단효과가 현저하게 커진다(예를 들면 **filler**의 체적분률이 10%일 때, 아스펙트비(=직경/두께)가 10인 경우와 100인 경우에는 투과량이 7/10 ~2/10까지 감소된다).

또한 nylon 6-monmolironite계의 실용화도 성공하게 되었다. 몬모리로나이트를 5% 사용하면 산소투과량은 나일론의 약 1/4로 감소하는 효과를 나타내며, 무기물을 함유하고 있어도 여전히 심교성형도 가능한 것으로 알려졌다.

한편 유니치카도 합성층상규산염을 nm size로 분산시킨 nano composite nylon 을 개발하였다. 이 개발품은 차단성의 개선이 진일보되었는데. 이와 같은 분산계가 연구단계에서 공업화단계로 진행되고 있어서 신재료의 영역이 매우 유망할 것으로 예상된다. 이 기술은 앞으로 성형물로서 뿐만 아니라 코팅재료로서도 매우 유용할 것으로 생각된다. 앞으로 차단기능을 포함한 각종 포장분야에 신재료와 신기술이 도입되어 더욱더 폭넓은 분야에서 활용됨으로써 식품포장분야의 발전이 더욱더 두드러지게 될 것으로 기대된다.

2) 기체선택투과성 플라스틱포장재

가스분리막은 1980년대에 실용화되어 현재 수소분리막, 탄산가스분리막, 공기제습 등에 적용되고 있다. 지금은 막구조와 가스투과성에 대하여 여러 가지 방안이 제안되어 있으며, 또한 최근에는 무기막의 고선택성에 착안한 연구도 행해지고 있다. 2000년에는 미국에서 5억 달러 시장으로 성장하였다. 한편 식품포장을 고려할 때, 각종 식품에 적합한 각종 포장재가 사용되고 있다. 일반적으로 산소에 의한 품질열화를 받기 쉬운 식품에는 기체차단성이 높은 재료, 또한 흡습에 의해 품질을 손상 받는 건조식품에는 방습성이 높은 포장재를 사용함으로써 충분히 품질보존의 기능을 나타낼 수 있다. 이 분야에서 적극적으로 기체선택투과기능이 요구되는 경우는 그다지 많지는 않으나, 식품에 따라서는 어떤 종류의 기체를 선택적으로 통과시키는 포장 재료를 포장해야하는 경우가 있다. 일반적으로 막(포장재)에 의해 혼합가스를 분리할 수 있다는 것은 각종 가스의 막투과속도의 차이를 나타내어야 가능한 것이다. 이 투과속도를 제어하기 위해서는 가스의 포장재에 대한 투과기구를 파악하는 것이 가장 기본적인 사항이다. 따라서 여기서는 고분자막에 있어서의 기체선택투과기구의 개요와 그 기능을 포장재에 따른 개발사례를 들어 설명하기로 한다.

(1) 고분자의 기체선택투과기구

혼합된 2종류 이상의 기체에서 대상 가스를 선택적으로 투과시켜 농축 또는 분리하는 막으로서 다공막과 비다공막, 그리고 촉진수송막을 들 수 있다. 이와 같은 고분자막의 기체분리기구로는 모세관류(毛細管流)와 활성화확산류(活性化擴散流)의 2종류가 있으며, 다공막의 경우는 모세관류기구에 따르며, 비다공막의 경우에는 활성화확산류기구에 따라 기체가 이동·투과한다.

즉, 막의 종류에 따라 투과기구가 다르다.

① 세공모델 : 다공막의 경우에는 모세관류기구에 따라 기체가 이동, 투과하는데,

다공질을 기체가 통과하기 때문에 구멍(孔)의 크기에 따라서 기체투과기구가 다르며, 크누젠류, 표면확산류, 모관응축, 분자류로 분류된다. 크누젠류는 공경(孔經)이 기체분자의 평균자유행정(平均自由行程)보다 작기 때문에기체끼리 충돌보다도 공벽(空壁)과의 충돌에 의해 막을 투과하게 된다.

　따라서 투과속도는 그 분자량의 평방근에 역비례한다. 모세관류기구의 경우에는 분자의 집단운동으로 막을 구성하고 있는 소재의 종류에 영향을 받지 않고, 공경, 다공도, 분자량, 막 양측의 압력차에 따라서 투과성이 결정된다. 이때 압력의 차이가 구동력이 되며, 막소재의 화학적 구조나 온도의 영향은 작다. 기체분리성능을 높이기 위해서는 세공경(細孔經)을 보다 적게 함으로써 공경분포를 제어하여 막과 기체와의 상호작용을 기대한 표면 확산, 모관응축작용을 이용할 필요가 있다. 응용예로서는 silica-alumina 계 막에 의한 물의 분리이다. 또한 다공질 알루미나기판을 지지체로하고 그 내부의 세공에 제오라이트(zeolite)를 성막한 것이나 유리(glass)분말현탁액을 다공질 세라믹(ceramic) 기재로 여과하여 퇴적층을 형성시킨 후에 산 처리로 다공질막으로 한 것이 탄산가스 분리막으로서 이용되고 있다. 이 분리막은 지구온난화방지에의 응용도 기대되고 있다. 무엇보다도 모관응축작용을 이용한 막은 높은 선택율을 기대할 수 있는데, 이를 위해서는 핀홀(pin hole)이 없는 균일한 크기의 세공경을 지닌 막의 제조가 가장 중요한 점이다.

② **용해, 확산 모델** : 비다공 고분자막에 의한 기체투과기구는 막의 고압측에 있어서 기체의 용해, 막중의 기체확산, 막의 저압측에서의 기체 탈용해(脫溶解)의 3가지 단계를 거친 용해－확산기구에 의해 설명할 수 있다. 따라서 기체투과계수(P)는 막에의 기체취입용이성을 나타내는 기체용해도계수(S)와 막에서의 취입성 또는 막중에서의 이동용이성을 나타내는 기체확산계수(D)의 곱으로 나타낸다. (P＝S×D) 실제로는 단위막면적, 단위압력, 단위시간당처리량(투과속도)이 지표가 된다.

　[그림 2－1]에 polyimide 막에 있어서 각종 기체투과계수의 실측치를 나타냈다. polyimide 막중에서는 다른 기체와 비교하여 수소의 투과계수가 커, polyimide 막은 혼합가스로부터 수소를 분리하는 용도 등으로 이용되고 있다.

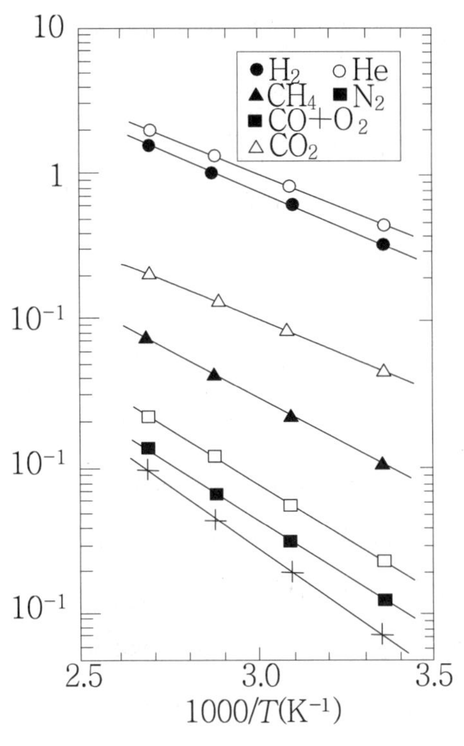

┃그림 2-1┃ polyimide막 중의 기체투과계
수의 측정치

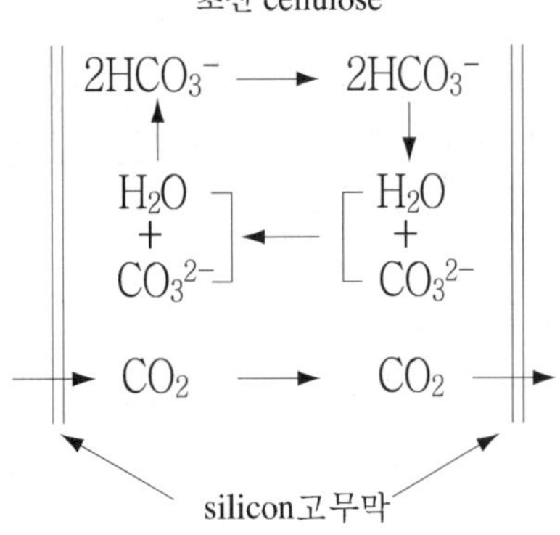

┃그림 2-2┃ 액막중의 탄산염수용액중 탄
산가스수송기구

일반적으로 비점이 높은 기체는 고분자막의 용해도계수가 크고, 분자크기가 작은 분자는 막중의 확산계수가 크다. 고분자막은 막소재의 탐색이나 합성법에 의해 각종 기체에 대하여 우수한 막을 개발할 수 있는데, 아직 분리막으로서 실용화되어 있는 새로운 소재는 없다.

② **촉진수송모델** : 촉진수송막은 막중에 특정한 기체와 상호작용을 하는 캐리어 (carrier)를 도입함으로써 막 속에 기체를 취입할 때 새로운 수송능을 얻어 막소재 단체만으로는 나타낼 수 없는 선택성을 나타낸다. 대표적인 예로서 높은 선택성을 지닌 캐리어가 막속을 자유롭게 이동할 수 있는 유동 캐리어 막(液膜)이 있다.

탄산가스분리를 목적으로 한 초산 셀룰로오스막에 중탄산 세슘(cesium)염을 함침시킨 액막이나, 산소/질소분리를 목적으로 한 폴리피린(polypyrine)유사 킬레이트(chelate)화합물을 산소의 **carrier**로서 이용한 액막에 대한 연구 예를 들 수 있다. 탄산염수용액중의 탄산가스수송기구를 [그림 2-2]에 나타냈다. 이 액막의 경우에 탄산가스의 산소에 대한 선택투과비는 1,500배가 얻어진다. 액막에 의한 기체분리로 원리적으로는 매우 높은 선택성을 얻을 수 있는데, 막을 건조시키지 않아야 하는 등 사용조건의 제약이나 안전성확보 등의 문제가 있다.

(2) 식품포장재에 기체선택투과기능이 요구되는 경우

식품포장분야에 있어서도 특정한 성분이나 기체투과성을 보다 바람직한 방향으로 변화시킨 소재가 실용화되고 있다. 예를 들면 고습도하에서 훈연성분이 투과하기 쉽고, 건조되면 높은 기체차단성을 나타내는 원리를 이용한 SMO(smokable 합성 casing)필름이 있으며 훈연가공식품의 일차포장, 2차 포장의 2가지 역할을 담당하고 있다. 또한 포장재에 구멍을 내거나, 탄산가스흡착제를 넣거나, 포장체내부에서 압력이 가해질 때 열리는 마개(開弁)를 달거나 하는 등 여러 가지 포장형태의 상품들이 개발되어 시판되고 있다. 이제 식품포장분야에 있어서도 단지 포장재로 밀봉하기만 하던 시대는 지나갔다. 구멍있는 포장재는 청과물에, 탄산가스흡수제는 한국의 대표적인 식품인 김치에, 내압개구마개부착 포장재는 생된장이나 커피원두의 포장에서 그 예를 쉽게 찾을 수 있다. 야채나 과실과 같은 청과물은 수확후에도 호흡을 계속하여 탄산가스가 발생된다. 따라서 선도를 보존하기 위해서는 호흡을 억제하거나 가면상태(假眠狀態)로 하여 호흡을 제어하는 노력이 필요하다. 또한 김치나 생된장 등의 발효식품은 유산균이나 효모의 작용에 의해 발생하는 탄산가스가 문제가 된다. 이때 구멍이 있는 포장재는 곰팡이발생을 방지할 수 없을 뿐만 아니라 이물질도입에 대해서도 무방비이다. 또한 탄산가스흡수제도 그 흡수량에 한계가 있으며, 마개의 경우는 고가일 뿐만 아니라 향기 이탈도 피할 수가 없다. 이와 같이 식품용 포장재료로서 탄산가스를 선택적으로 투과시키는 기능이 요구되는 경우가 많아지고 있다.

일반적으로 사용되고 있는 고분자 필름의 공기에 함유되어 있는 대표적인 기체인 질소, 산소, 탄산가스에 대한 투과계수의 비율은 산소를 1로한 경우 질소는 1/3~1/5, 탄산가스는 3~6이다. 그러나 이 선택비는 [표 2-9]에 나타낸 바와 같이 필름의 종류에 큰 차이가 없이 비슷한 경향을 나타내고 있다. 앞에서 기술한 공업

┃표 2-9┃ 주요 고분자 필름의 기체투과계수

고분자필름	습도 (℃)	기체투과계수 주)$\times 10^{10}$			
		CO_2	O_2	N_2	CO/O_2
polymethylcyroxane	25	3240	605	300	5.4
poly(4－methylpentene－1)	25	93	32		2.9
천연고무	25	99.6	17.7	6.12	5.6
polytetrafluoroethylene	25	12.7	4.9		2.6
LDPE(d=0.922)	25	12.6	2.89	0.97	4.4
polystylene	20	10	2.01	0.32	5.0
polycarbonate	25	8	1.4	0.3	5.7
butylgum	25	5.2	1.3	0.33	4.0
OPP	27	1.8	0.77	0.18	2.3
HDPE(d=0.964)	25	3.62	0.61	0.143	5.9
PVC(30%DOP)	25	3.7	0.6	0.2	6.2
Nylon6	30	0.16	0.038		4.2
PET	25	0.15	0.03	0.006	5.0
PVDC	25	0.029	0.005	0.001	5.8
polyacrylonitril	25	0.0018	0.0003		6.0
polyvinylalcohol	20	0.0005	0.00052	0.00045	1.0

주 : $cm^3(STP) \cdot cm/cm^2 \cdot s \cdot cmHg$

┃표 2-10┃ 각종유기화합물의 CO_2/O_2 용해도비

유기화합물	용해도(ml/ml)		용해도비
	SCO_2	SO_2	SCO_2/SO_2
n－propanol	0.88	0.120	7
glycerine	0.04	0.002	20
isooctane	1.60	0.200	8
adipin산dioctyl	1.64	0.140	12
cebacin산dibutyl	2.80	0.560	5
1,4－butanediol	0.85	0.007	127
ethyleneglycol	0.81	0.013	62
polyethyleneglycol	1.63	0.031	53
lactic acid	1.10	0.008	137

적으로 이용되고 있는 막소재를 그대로 식품용 포장재로 적용하기는 곤란하며, 식품용포장재로서 개발하는 경우에는 먼저 재료의 안전위생성을 고려하여야 한다. 더욱이 포장식품에 있어서 선택적으로 투과되지 않는 기체투과량의 수준이 어느 정도인가, 그리고 다른 기체의 투과성은 어떠한지 등이 명확해야 한다.

① **설계의 요점** : 위에서 기술한 바와 같이 식품포장분야에 있어서는 탄산가스/산소의 투과도비가 높은 포장재가 요구되는 경우가 많다. 이 기체선택투과성 포장재의 개발에 있어서는 위생성이 고려된 ① 탄산가스/산소의 용해도비가 높은 물질, ② 고용해비물질의 지지체를 선택하는 것이 중요한 점이다. 탄산가스/ 산소의 용해도비가 높은 물질에 대해서는 [표 2−10]에 나탄낸 바와 같이 butadiol, ethyleneglycol, lacticacid 및 이들의 중합체가 선택되며, 고용해도비물질의 지지체로서는 검화도(비누화도)가 60~95mole%인 PVA(poly- vinylalcohol)계 수지가 용해물질과의 친화성, 산소차단성이나 가공성등의 점에서 우수한 것으로 알려져 있다. 여기서 산소차단성 level은 층의 두께를 조정할 수 있으며, 탄산가스/산소의 투과도비는 용해물질의 양으로 제어할 수 있다. 실제의 포장재로서는 이 층을 중심층으로 하고 내외층에 중심층의 기체선택투과성을 저해하지 않는 수지를 적층한 것이 이용되고 있다.

② natural cheese의 포장

  ① natural cheese포장의 현상 : Ermental로 대표되는 하드치즈(hard cheese)나 Cheda, Edam, Gouda를 대표되는 세미하드치즈(semi−hard cheese)는 표피(rind)를 지닌 린디드치즈(rinded cheese)와 란드(rind)가 없는 린드레스치즈(rindless cheese)로 구분된다. 린디드치즈는 표면이 왁스코팅(wax coating) 되어 있어서 숙성 중에 수분이 증발하여 비가식성 경질표피가 형성된다. 한편 플라스틱 필름으로 포장하여 숙성하는 치즈는 수분증발에 의한 표피경화현상이 없어 린디드치즈라 한다.

    '린드레스치즈'는 제조시에 왁스코팅 작업이나 노동력이 경감되는 등의 장점이 많아 현재 린드레스에서 린드레스타잎의 치즈로 이행되고 있는 경향이다.

  ② cheese용 포장재에 요구되는 기체투과도 : [표 2−11]과 [표 2−12]에 린드레

▌표 2-11▌ rindless cheese의 포장에 적용되는 포장재의 재질구성

재료	외측		내측
	제1층	제2층	제3층
1	EVA 두께 : 30μm	PVDC 두께 : 30μm	가교EVA 두께 : 30μm
2	EVA 두께 : 15μm	PVDC 두께 : 25μm	가교EVA 두께 : 30μm
3	nylon 6 (m.p.208℃) 두께 : 30μm	ionomer (Na type) 두께 : 30μm	
4	nylon 6+ionomer (Zn type) blend (30%+70%) 두께 : 49μm	초산비닐(4.5%)EVA 두께 : 89μm	
5	ionomer (Na type) 두께 : 29μm	무기계안료로 착색한 초산비닐(3.5%)EVA 두께 : 106μm	
6	무기계안료로 착색한 초산비닐(3.5%)EVA 두께 : 26.5μm	ionomer(Na type) 두께 : 108μm	

▌표 2-12▌ rindless cheese의 포장에 적용되는 포장재의 기체투과도특성

재료	To oxygen $cm^3cm^{-2}\cdot day^{-1}atm^{-1}$		To carbon dioxide $cm^3m^{-2}\cdot day^{-1}atm^{-1}$		To water vapor $g^{-2}day^{-1}at38℃$
	0%RH	80%RH	0%RH	80%RH	90%RH
1	155	155	765	765	17.0
2	250	250	1500	1500	29.5
3	25	125	85	455	6.2
4	600	595	2120	2325	4.2
5	955	865	3685	3295	2.3
6	440	640	1470	1565	4.4

a : According to DIN 53380 Standard.

스치즈의 숙성에 사용되는 플라스틱필름의 구성과 기체투과특성을 나타냈다.

린드레스치즈의 경우에는 종류에 따라서 숙성 중에 다량의 탄산가스를 발생하기 때문에 각각의 치즈에 적합한 플라스틱 필름을 사용하여야 한다.

숙성 중의 탄산가스발생량은 치즈 제조시에 스타터로서 첨가되는 미생물의 종류나 제조조건 및 숙성조건에 따라서도 큰 영향을 미친다. 플라스틱필름의 탄산가스투과도가 불충분하면 포장 백(bag)이 팽창된 상태로 되어 정상적인 숙성이 어렵다. 또한 탄산가스투과도가 큰 포장재는 산소투과도도 커서 지질의 산화나 곰팡이의 발육 등 악영향을 미치게 된다. 이것은 숙성만이 아니라 숙성후의 소비자용 컷 타잎(cut type)이나 슈레드 타잎의 포장에 있어서도 마찬가지이다.

따라서 탄산가스투과도가 보다 크고 산소투과도가 보다 적은 포장재가 필요하다. 그래서 실제로 치즈용 포장재로서 요구되는 기체투과도의 수준을 알기 위해 대표적인 4종류의 치즈를 산소투과도가 다른 4종류의 포장재를 사용하여 숙성시험을 행하였다. 포장재의 팽창이나 곰팡이 발생 유무에 대하여 조사한 결과 [표 2-13]에 나타난 바와 같이 산소투과도는 약 $400cm^2/m^2 \cdot day \cdot atm \cdot at23℃$이하, 탄산가스/산소투과도비가 적어도 5이상인 것이 바람직한 것으로 나타났다.

③ 박피마늘의 포장

㉠ 박피마늘의 포장의 현황 : 수확된 마늘은 냉장저장하고, 수요에 따라 껍질부

┃표 2-13┃ 각종포장재를 이용한 natural cheese의 숙성시험결과

		포장재			
		A	B	C	D
가스투과도	O₂	50	300	500	600
	CO₂	200	1000	2000	3000
	α	4.0	3.3	4.0	5.0
cheese	Cheda	1 ○	0 ○	0 ×	0 ×
	Edam	2 ○	1 ○	0 ×	0 ×
	Gouda	2 ○	2 ○	1 ×	0 ×
	Ermental	2 ○	2 ○	2 ○	1 ○

* 가스투과도 : $cm^2/m^2 \cdot day \cdot atm$ at 30℃
cheese 숙성조건 : 13℃, 85%RH에서 20일간 보존
숫자(0,1,2)는 포장bag의 팽창도 및 곰팡이발생 유무를 나타낸다
○ : 팽창없음 1 : 약간팽창 2 : 많이 팽창
○ : 팽창없음 × : 곰팡이 발육

착상태 또는 박피하여 연중 유통된다. 마늘은 박피하면 호흡활성이 증가될 뿐만아니라 손상되기 쉽고 미생물에 대한 저항력이 저하되기 때문에 곰팡이 발생이나 연화 등의 문제가 발생할 우려가 높다. 최근에는 유통말단의 판매단계에서 그대로 가공. 조리가 가능한 박피상태의 마늘에 대한 요구가 커지고 있어, 박피마늘을 PE 등의 플라스틱 포장백으로 밀봉포장하고 있는데, PE 백은 호흡으로 발생하는 가스로 인하여 팽창되는 것을 피할 수 없기 때문에 밀봉하지않고 백의 끝부분을 절첩하여 골판지상자에 곤포(梱包)하고 있다.

그러나 이와 같은 포장형태로는 이물혼입이나 안전성의 면에서 문제가 있으며, 또한 냉장보존 중의 선도저하는 심각한 문제로 지적되고 있다.

이와 같은 문제를 해결하기 위해서는 새로운 포장기술이 절실히 요망된다.

㉡ 박피마늘용 포장재에 요구되는 기체투과도 : 박피마늘용 포장재에 요구되는 산소투과도와 탄산가스투과도에 대하여 검토한 결과 산소투과도가 400~2000$cm^3/m^2 \cdot day \cdot atm \cdot at23℃$의 범위이고, 탄산가스투과도가 약 7000$cm^3/m^2 \cdot day \cdot atm \cdot at23℃$이상인 것이 바람직한 것으로 알려졌다.

[표 2-14]에 기체투과도가 다른 포장재로 진공포장한 박피마늘을 25℃, 70%RH의 조건하에서 2주간 보존한 경우의 내용물 상태와 포장백의 평가결과를 나타냈다. 대조-1은 내용물의 품질은 양호하였으나 포장백의 팽창이 확인되었으며, 대조-2는 산소투과도가 크기 때문에 곰팡이발생과 변색이

▎표 2-14▎ 각종 포장재료로 진공 포장한 박피마늘의 보존시험결과

	CO_2선택투과성 필름			LDPE	
	시작-1	시작-2	시작-3	대조-1	대조-2
O_2투과도[*]	290	700	1240	1060	3100
CO_2투과도[*]	3200	8500	14000	5090	13200
α	11.0	12.1	11.3	4.8	4.3
팽창	발생	OK	OK	발생	OK
상태	이취	OK	OK	OK	곰팡이 발생 변색

[*] $cm^3/m^2 \cdot day \cdot atm$ at 23℃, 80%RH
α : 기체선택투과비율(CO_2/O_2)
25℃,70%RH의 조건하에서 2주간보존

나타났다. 또한 시작품-1은 포장재가 팽창되고 혐기적호흡에 따른 이취가 발생하였다. 한편 탄산가스/산소선택투과성이 높은 포장재인 시작품-2와 시작품-3의 경우에는 포장백의 팽창이 없고, 마늘의 품질도 양호하였다.

이상과 같이 식품포장재로서의 탄산가스/산소선택투과성필름은 치즈나 박피마늘의 포장에 절대적으로 필요할 뿐만 아니라 그 외의 용도로도 많은 수요가 있을 것으로 예상된다. 각각의 식품마다 생리작용이 다르기 때문에 포장재에 요구되는 기체투과특성이 다르다. 따라서 이와 같은 식품의 포장설계는 내용식품마다의 생리특성을 명확하게 밝혀야 하며, 그에 맞는 적합한 포장재를 설계하여야 할 것이다.

3. 투명증착필름

1) 투명증착필름 등장의 배경

포장재료의 가장 큰 용도분야인 식품의 유통형태 변화 및 유통관리시스템의 발전과 더불어 포장형태도 계속 변화되고 있다. 식품류의 품질을 일정한 기간동안 완전하게 유지시키기 위해 우수한 차단성, 환경대응성과 적당한 가격의 포장재가 더욱더 요구되게 되었다.

그 중에서도 특히 산소가스와 수증기에 대해 우수한 차단성이 요구되고 있으며 선진국에서 이미 실시되고 있다.

앞으로 전세계적으로 반드시 실시될 리사이클(recycle)법의 시행과 더불어 포장재료의 각종 사용자 또는 제조가공업체에 부담되는 비용부담 면에서도 사용하는 포장재료구성의 절감에 의한 중량감소를 도모할 필요가 있다.

따라서 각종포장재료에 대하여 보다 높은 차단기능이 요구되게 되어 종래에 없던 고차단성필름(high barrier film)에 대한 요구가 더욱더 증가되는 경향에 있다.

이들의 요구에 적합한 재료로서 각종 고차단성 필름의 개발이 진행되었는데, 차단성, 환경대응적합성(환경적응성)의 면에서 투명증착필름은 가장 우수한 소재로서 계속하여 시장을 크게 확장해나가고 있다.

1997년 후반부터 1998년까지 PVDC를 코팅한 이른바 K-코팅필름은 염소계소재로서 다이옥신(dioxin)문제로 다른 소재로 대체되는 경향이 강해져 투명증착필름이 고차단성과 환경적응성의 면에서 유력한 대체재료로서 수요가 크게 신장되었다.

더욱이 2000년에 들어와서는 년간 20~30%의 성장이 계속되고 있으며, 앞으로도 그 수요가 계속하여 확대될 것으로 예상된다.

그러나 투명증착필름은 아직 개발단계에 있어서 내용의 변화가 심하며, 신규참여업체에 의한 신제품의 개발, K-코팅필름에의 대응, 그리고 높은 성능이 요구되는 Al-foil의 대체요구에 대한 대응 등 시장확대에 따른 시장요구도 다양화되었기 때문에 이들 요구에 적합토록하기 위한 업계내부에서의 격렬한 개발경쟁이 활발하게 계속되고 있다

2) 투명증착필름의 시장전개

고차단성필름업계는 환경문제에 대한 적응성에서부터 업계에서 큰 비율을 차지하고 있는 염소함유포장재 또는 일부 Al-foil대체재에 대한 요구에 이르기까지 그 요구가 서서히 확대되고 있다.

대체재를 크게 구별하면 코팅필름(coating type film)과 투명증착필름으로 크게 분류할 수 있다.

원래 투명증착필름은 코팅필름에 비해 성능적으로 모든 면에서 우수하여 보다 큰 수요가 예상되는데, 가격면에서 종래의 KOP 등과의 경합이 어렵다. 따라서 OPP필름을 기재로한 코팅타잎의 차단성필름이 개발되어 차단성은 약간 부족하지만 환경대응성과 가격면에서 스낵, 과자관계용으로 차단성포장재의 한 분야를 차지하고 있다. OPP필름 이외에 PET 또는 ONY 등의 코팅타잎도 개발되어 일부 시장조사(test marketing)도 행해지고 있으나 성능적으로 문제가 있다. 산소가스투과율은 우수한데, 방습성 면에서 단점이 있는 경우가 많다. 그러나 앞으로도 코팅타잎을 저차단형(low barrier type)이라 한다면, 중간정도의 차단형(middle barrier)에서 고차단형(high barrier type)이 PET필름을 기재로 한 투명증착필름이다. 현재 투명증착필름은 산화Al증착필름과 산화규소증착필름의 2종류가 생산되어 시판되고 있다.

▌표 2-15▌ 투명고차단성필름의 개발상황

종　류		현　상	기　타
투명증착필름	PET	수년전보다 실용화	용도확대
	ONY	일부실용화	개발연구계속
	OPP	연구단계	—
Coating film	PET	특수type실용화	—
	ONY	Test Market 중	—
	OPP	수년전보다 실용화	저가격, 시장확대

산화Al증착필름이 판매량의 약 75~80%, 산화규소증착필름이 25~15%로 되어있다.

투명증착필름은 1994년경부터 가격이 저하되어 시장점유율을 넓혀왔으며 그후 매년 40~70%의 성장률을 계속하여 최근에는 전년비 100%이상의 성장률을 나타내고 있다.

최근에 투명증착필름은 고차단성포장재 시장에서 코팅필름(coating type film)과 쌍벽을 이루고 있다. 코팅필름과 투명증착필름의 개발 상황을 간단하게 나타내면 [표 2-15]와 같다.

3) 투명증착필름의 제조법

포장재료로서 사용되고 있는 투명증착필름의 제조법은 물리적증착법(PVD : physical vapor deposite)과 화학적증착법(CVD : chemical vapor deposite)으로 대별된다. 현재 세계적으로 행해지고 있는 투명증착필름의 제조법, 상품명 및 생산회사를 살펴보면 [표 2-16]과 같다.

(1) 물리적증착법

진공증착의 큰 특징은 매우 얇은 무기물피막을 고속으로 코팅하는 점으로 일반적인 Al증착의 경우, 최대폭 3m, 가공속도 500~800m/분인 것으로 알려졌다. 투명증착의 경우 아직 그 수준에는 이르지 못했으나 매우 효율적으로 생산이 행해지고 있다. 물리적증착법(PVD법)은 가열방식에 따라 일반적으로는 [표 2-17]에 나타난 바와 같이 유도가열, 저항가열, EB가열의 3가지 방법으로 대별할 수 있다.

일반적인 진공증착기의 개요를 나타내면 [그림 2-3]과 같다.

▌표 2-16▌ 투명증착필름의 제조법, 상품명 및 생산회사

증착법		증착막	상품명	생산회사명
DVD법 물리증착	저항가열 수도가열	SiOx	GL필름	일본 요판인쇄
		SiOx	Tech barrier	일본 三菱化學
		Al₂O₂	Barrier locks	일본 동양Metalizing
		SiOx	Trans Pack	미국 Flex Product
		SiOx	Silaminate	독일 4P(Vanleer)
		Al₂O₂	Fine barrier	일본 Lay co.
	EB가열	Al₂O₂	GL필름	일본 요판인쇄
		Al₂O₂	Barrier locks	일본 동양Metalizing
		SiOx	MOS필름	일본 尾池工業
		SiOx	Ceramis	스위스 Lawson Mardon
CVD법 화학증착	고주파	SiOx	QLF	영국 BOC Coating
		SiOx	Super Barrier	일본 PC Material
		SiOx	IB필름	일본 대일본인쇄

▌표 2-17▌ 가열방식에 따른 물리적 증착법의 분류

방 식	특 징
유도가열	고주팡에 의한 유도가열방식으로 진공chamber 중의 금속을 가열·용융·기화시킨다.
저항가열	Board상 용기의 전기저항에 의해 wire상으로 공급된 금속을 용융하여 기화시킨다.
EB가열	EB gun에 의한 EB조사에 의해 진공chamber 중의 금속을 가열·용융·기화시킨다.

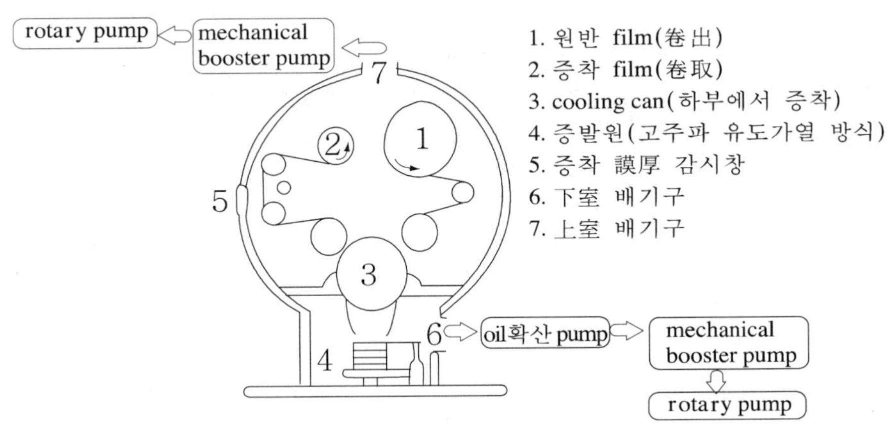

▌그림 2-3▌ 진공필름 증착기

┃ 표 2-18 ┃ 최근의 EB증착기 TOP BEAM 2100의 성능

필 름		PET	PET	PET
필름길이	m	36000	36000	36000
증착막		SiOx	Al_2O_2	Al
증착속도	m/분	530	720	960
Cycle time	분	150	130	140
생산능력	T/Y(12μm)	26000	31000	47000
산소barrier성	cc/m^2 · 24h	<2.5	<3.0	—

이 방식은 뒤에 기술하는 **EB**(electrom beam, 전자선조사) 가열방식과 비교하여 생산성면에서는 약간 뒤떨어지지만, 안정된 증착수법이어서 상당히 균일성이 높은 품질을 얻을 수 있다.

EB가열방식에 의한 진공증착은 주로 독일의 **Leybold**사에 의해 실용화 되고 있다. 이 방식의 특징은 설비의 유연성, 생산성, 신뢰성 및 환경적응성이 우수한 점이다.

최근의 **EB**증착기의 능력은 [표 2-18]과 같다.

알루미나증착은 일반적인 증착용 **Al**을 원료로 가열증발시킨 상태에서 산소를 취입하여 **Al**을 산화시켜 Al_2O_3를 형성하여 증착필름을 제조한다. **Al**은 반응성이 풍부하기 때문에 비교적 효율적으로 증착시킬 수 있다.

silica증착과 alumina증착을 증착공정으로 비교하여 보면 [표 2-19]와 같다.

┃ 표 2-19 ┃ Silica 증착과 Alumina 증착의 증착공정 비교

	Alumina(Al_2O_3)	Silica(SiO_x)
출발원료 증 착 원	Al ↓ 유도 · 저항 · EB가열 ↓ Al_2O_3	SiOSi + SiOx ↓ ↓ 유도 EB가열 ↘ ↙ SiOx
증착물질 반응제어 막 질	금속 완전산화 투명, 경질	금속산화물 불완전산화 투명, 일부착색, 강도大

(2) 화학증착법

CVD법은 PVD법과 달리 증착원료로 작성하고자하는 성분을 함유시킨 가스를 사용하여 화학반응을 시키는 방식이다. PVD법과 CVD법의 가장 큰 차이는 PVD법은 증착원료를 기화시키기 위한 고온처리가 필요하지만 CVD법은 증착용원료에 가스를 사용하여 전자파 에너지를 가해 가스를 플라스마화하기 때문에 그다지 열을 필요로 하지 않는다는 점이다.

CVD의 원리는 HMDSO(hexamethyldisyroxane)와 같은 유기화합물과 캐리어 가스(carrier gas)인 He, 그리고 산화시키기 위한 O_2를 혼합하여 진공 챔버(chamber)에 취입하고 고주파 또는 전자파에 의해 플라스마(plasma)를 만들어 반응에 의해 SiOX을 형성시키는 방법이다. PECVD법의 모델도를 [그림 2-4]에 나타냈다. PECVD법으로 얻어진 증착필름의 성능은 Airco사의 발표에 의하면 [표 2-20]과 [표 2-21]에 나타낸 바와 같다. CVD법에 의한 증착필름은 PVD법에 의한 증착필름과 비교하여 불량율이 적고 컬(curl)이 없으며, 마이크로 크래킹(micro cracking)이 생기지 않는 점 등의 특징이 있다.

그러나 생산성면에서는 PVD법이 CVD법 보다 훨씬 더 우수하여, 현재 PVD법이 압도적으로 많이 이용되고 있으며, CVD법에 대한 평가는 현재 도입되고 있는 제품의 가격과 성능의 평가상황에 따라 결정될 것으로 예상된다.

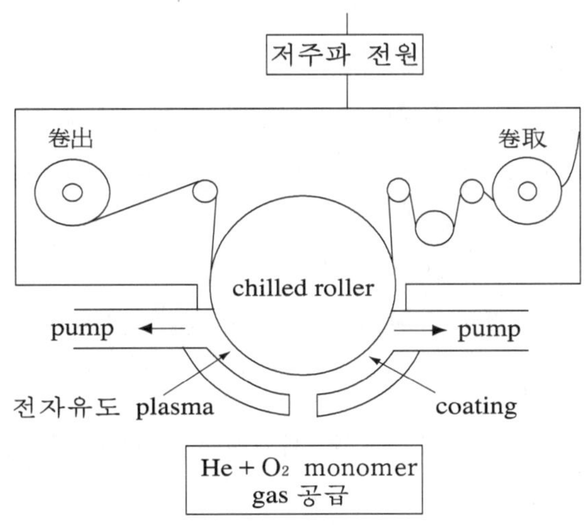

▌**그림 2-4**▌ PECVD process의 개요

표 2-20 Plasma증착기(Airco사)의 증착속도 및 산소투과도

증착기	폭 (cm)	증착속도 (m/분)	산소투과도($cc/m^2 \cdot 24h$)		
			PET	OPP	ONY
batch model	30	PET(30), OPP(15)	1	10	0.6
Flex−1	66	PET(100), OPP(30)	2	5	0.6
Flex−2	152	PET(100), OPP(30), ONY(100)	1.2	7	1.4
Flex−3	203	PET(100)	1.4	−	−

표 2-21 PET필름의 dry laminate전후의 기체차단성

laminate 조건	laminate 전		laminate 후		laminate강도 (g/15mm)
	산소투과도 ($cc/m^2 \cdot day$)	수증기투과도 ($g/m^2 \cdot day$)	산소투과도 ($cc/m^2 \cdot day$)	수증기투과도 ($g/m^2 \cdot day$)	
PET−SiO₂/CPP	1.1	1.2	0.8	1.4	150
PET−SiO₂/SiO₂−PET/CPP	1.1	1.2	0.5	0.6	150
PET−SiO₂/LDPE	1.4	1.4	1.2	1.1	800
PET−SiO₂/CPP	1.4	1.4	1.7	1.2	550

* 필름 : 폭 66cm, 두께 12μm

4. 투명증착필름의 특징

투명증착필름의 특징은 앞에서 기술한 바와 같이 실리카(silica)증착필름과 알루미나(alumina)증착필름의 2종류가 상품화되어 있다. 투명성, 차단성, 내열성, 가격 등의 면에서 각각 약간의 차이가 있으나 그 특징이 거의 같으며 다음과 같다.

① 환경에 대하여 문제가 없는(clean)한 기능성 포장재이다.

　　PET, 나일론 필름을 기재로 하고 있는데, 소각이 쉽고 연소가스 등의 발생도 없어 환경대응성이 우수하다.

② 양호한 투명성 : 고전적인 silica증착필름을 제외하고는 매우 양호한 투명성을 지니고 있다.

　　특히 알루미나증착필름은 우수한 투명성을 지니고 있다. 최근의 실리카증착

필름은 특유한 착색도 얇게 되어, 실용적으로는 지장이 없는 수준까지 개량되었으며, 투명성도 양호하다.

③ 우수한 차단성 : 많은 플라스틱 필름 중에서도 가장 우수한 차단성을 지니고 있으며, 특히 산소나 수증기에 대한 발란스(balance)를 갖춘 차단성을 나타냄과 동시에 이취차단성도 우수하다. 또한 기재필름으로 PET필름이 비교적 온도, 습도의 영향을 받지 않고, 증착하는 실리카나 알루미나도 온도, 습도에 안정하여 고차단성 필름으로서 매우 안정된 차단성을 지니고 있다.

산소투과도의 온도의존성을 살펴보면 [그림 2-5]와 같다.

④ 우수한 내약품성 : 실리카증착필름은 증착층이 SiO_x로 표현되는 바에서 알수 있듯이 유리와 비슷한 층을 형성하여 산, 알칼리에 대한 양호한 내성을 지니고 있다. 그러나 알루미나증착은 산, 알칼리에 대한 내성이 약하다.

⑤ 양호한 전자레인지 적성 : 초단파(micro wave) 투과성을 지니고 있어서 양호한 전자레인지 적성을 지니고 있다.

⑥ 금속탐지기의 사용이 가능하다.

⑦ 레토르트살균이 가능하다.

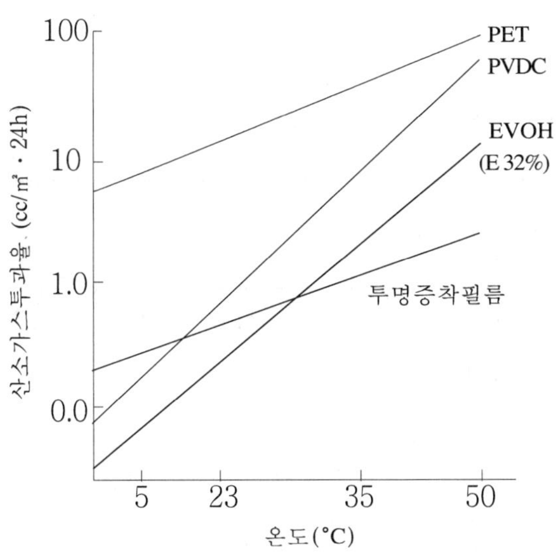

┃그림 2-5┃ 산소투과도의 온도의존성

5) 투명증착필름의 성능

실리카증착필름은 PET필름에 산화규소를 2000~1500Å의 두께로 증착시킨 제품이다. 증착원료 또는 증착조건에 따라 조성이 달라 SiO_x로 표현되고 있다. x는 대체로 15~18 정도인 것으로 측정되고 있다. 결정상태는 X선회절에 의해 비결정성 glass질로 추정되었다.

알루미나증착필름은 PET필름에 산화Al(Al_2O_3)을 증착시킨 필름이다. 완전 산화된 Al_2O_3는 무색투명하며, 제막속도는 매우 신속하여 경제성이 우수하다. 차단성은 SiO_x증착필름과 비교하여 약간 떨어지고, 약간 취약한 경향이 있다. 또한 가공적성도 떨어지지만 Al_2O_3표면처리 등을 행한 제품의 안정성이 높기 때문에 비교적 큰 시장점유율을 유지하고 있다.

(1) 차단성

실리카증착필름 및 알루미나필름의 대표적인 제조업체인 일본의 尾池工業, 동양

▌표 2-22 ▌ silica증착필름의 차단성

품명	타입	산소기체투과율($cc/m^2 \cdot 24h$)	수증기투과율($g/m^2 \cdot 24h$)
MOS―TS	미처리	1.5	1.2
MOS―TO	미처리	1.2	0.9
MOS―TB	미처리	1.0	0.8
MOS―TH	미처리	0.5	0.5
MOS―TSR	Coating	0.8	0.6
MOS―TOH	Coating	0.1~0.2	0.5~0.8

▌표 2-23 ▌ alumina 증착필름의 차단성

품명		Type	산소기체투과율($cc/m^2 \cdot 24h$)	수증기투과율($g/m^2 \cdot 24h$)
Barrier Locks	1011 HG	미처리	1.5	1.5
	1011 HGC	Coating	1.5	1.5
	1011 MG	미처리	2.0	3.0
	1011 MGC	Coating	3.0	3.0
	1011 RGC	Coating	2~5	2~5
	1011 HGCE	Coating	0.8	0.7

▮ 표 2-24 ▮ 각종차단필름의 차단성

구성	산소기체투과율 ($cc/m^2 \cdot 24h$)	수증기투과율 ($g/m^2 \cdot 24h$)
silica증착필름/L-LDPE(60)	1.0	0.7
PET(12)/silica증착필름/L-LDPE	1.1	0.7
PET(12)/EVOH/L-LDPE(60)	1.3	5.6
PET(12)/Al-foil/L-LDPE(60)	0	0
KOP/L-LDPE(60)	13.0	2.2
PET/L-LDPE(60)	120.0	5.4

metallizing사 제품의 차단성을 [표 2-22]와 [표 2-23]에 각각 나타낸다.

또한 각종 차단필름과 실리카증착필름의 성능을 [표 2-24]에 비교하여 나타냈다.

(2) 투명성

알루미나증착은 개발당초보다 투명성이 매우 우수하여 투명성이 큰 특징으로 되어 있는데, 실리카증착은 증착원료로 인해 약간 착색되는 경향이 있다. 그러나 그후의 연구에 의해 실리카증착도 실용적으로 거의 문제가 없는 수준으로까지 투명성이 향상되고 있다. 실리카필름의 광선투과율 측정 결과를 [표 2-25]에 나타냈다.

MOS-TH는 미처리PET와 거의 같은 정도의 투명성을 나타내고 있다

(3) 보향성

투명증착필름은 보향성이 우수하여 PVDC 등의 고차단성필름과 비교하여도 우수한 보향성을 나타낸다. 간단한 보향성 시험 결과를 [표 2-26]에 나타낸다.

▮ 표 2-25 ▮ silica 증착필름의 광선투과도

	전광선(%)	평행광선(%)	분광광선(% at 320nm)
PET film(12)	89	86	62
MOS-TH	89	86	62
MOS-TB	87	84	50
MOS-TO	88	85	59

|표 2-26| 투명증착필름의 보향성

내용물	Silica 증착film	Alumina 증착 film	EVAL	PET
instant coffee	○	○	△	○
vanila essence	○	○	×	△
curry powder	△	△	△	△
garlic	○	△	×	△
kimchi	○	×	×	×
pickled radish	○	△	×	△
sauce	△	△	×	△
L−menthol	○	○	○	○
장뇌향	○	○	○	△

○ : 냄새 없음   △ : 냄새 약간 있음   × : 냄새 상당히 있음
재료구성
① silica 증착 film / L−LDPE
② alumina 증착 film / L−LDPE   모두 dry laminate
③ EVAL / L−LDPE
④ PET / L−LDPE

(4) 내굴곡성

투명증착필름은 플라스틱필름의 위에 무기물인 SiO_x 또는 Al_2O_3를 증착시키기 때문에 일반적으로는 굴곡에 의해 마이크로크래킹(microcracking)이 생기기 쉬운 것으로 알려져 있다. Al_2O_3증착, 이른바 알루미나증착은 약간 딱딱하여 취약한 경향이 있기 때문에 내굴곡성이 다소 떨어진다. 최근에는 증착층의 표면처리기술이 진보되어 내굴곡성도 대폭 개량되었으며, 일부제품의 경우에는 겔보케스트(Gelbo test)를 100회까지 하여도 거의 열화가 나타나지 않는 수준으로까지 개량되고 있다. 실리카증착필름의 미처리 타잎, 처리 타잎 등을 고차단성필름과 비교한 내굴곡성 시험 결과를 [표 2−27]에 나타냈다.

(5) 전자레인지 적성

Al−foil과 달리 투명증착필름은 초단파(microwave)를 통과시키기 때문에 양호한 전자레인지적성을 지니고 있다.

┃ **표 2-27** ┃ silica증착필름과 high barrier film의 내굴곡성(Golbo test)

횟수 시료	산소기체투과율[1]				수증기투과율[2]			
	blank	10회	50회	100회	blank	10회	50회	100회
(1)	1.2	2.1	3.2	4.8	1.0	1.0	1.2	1.9
(2)	0.1	0.1	0.2	0.2	0.5	0.5	0.6	0.7
(3)	10.3	11.7	11.9	11.3	7.8	7.1	8.5	7.7
(4)	0.2	0.2	5.0	5.5	0	0.1	0.1	0.1

[1] 산소기체투과율 : $cc/m^2 \cdot 24h$, 22℃ 90%RH
[2] 수증기투과율 : $g/m^2 \cdot 24h$, 40℃ 90%RH
   (1) MOS－TO/L－LDPE(60)
   (2) MOS－TOH/L－LDPE(60)
   (3) K－PET/L－LDPE(60)
   (4) PET/Al foil/L－LDPE(40)

(6) 금속탐지기 적성

양호한 금속탐지기적성을 지니고 있다.

(7) 각종 가공적성

투명증착필름은 증착면의 유성(미끄럼성)이 좋기 때문에 안정된 가공을 행할 수 있다. 특히 실리카증착필름은 증착면이 **52dyne** 이상의 유성을 지니고 있기 때문에 인쇄, 라미네이트 등 각종 가공적성이 우수하다. 그러나 알루미나증착필름은 약간 유성이 떨어지기 때문에 가공시 주의가 필요한데, 미리 Al_2O_3증착면을 처리한 것은 안정하게 가공할 수 있다. 기계적성도 안정하기 때문에 현재 일반적으로 사용되고 있는 가공기계로 문제없이 가공할 수 있다.

① **그라비아 인쇄** : 실리카증착면의 그라비아인쇄 가공적성은 매우 양호하며 인쇄잉크에 대한 선택성도 거의 없기 때문에 인쇄잉크의 선택범위에 있어서도 폭 넓은 선택이 가능하다.

현재 시장의 주체가 되어 있는 **urethane**계 인쇄잉크는 물론이고 서서히 증가 추세에 있는 **nontoluol type**도 문제없이 사용할 수 있다. 그러나 **alumina**증착인 경우에는 Al_2O_3증착면의 미처리 타잎은 약간 문제가 있어, 미리 잉크적성에 대하여 확인할 필요가 있다.

증착면의 처리 타잎은 실리카증착타잎과 마찬가지로 전혀 문제가 없다. 따라서 그후의 공정이나 필요한 성능을 충분히 배려하여 인쇄잉크를 선택할 수 있다. 인쇄기도 특별한 장치는 필요 없고, 일반적인 그라비아인쇄기를 사용할 수 있다. 인쇄 도중의 원판을 조인트할 때의 단자 롤에 의한 마찰도 문제가 없으며, 차단성도 나빠지지 않게 인쇄할 수 있다.

② dry lamination : 투명증착필름이 개발된 이후 **dry lamination**은 가장 안정된 라미네이트수법으로 되었으며, 현재도 투명증착필름 라미네이트가공의 70 ~80%가 이 방법으로 가공되고 있다.

접착제의 선택범위도 넓어, nonsol접착제, 수성접착제, polyether계접착제, **urethan**계 접착제 등 대표적인 접착제는 기본적으로 사용할 수 있다. [표 2-28]에 시험결과의 예를 나타냈다.

[표 2-29]에 나타낸 실리카증착필름의 경우는 urethane계 접착제로 기본적인 문제없이 라미네이트할 수 있는데 실적이 없는 접착제를 사용하는 경우는 미리 접착성에 대하여 확인할 필요가 있다.

알루미나증착의 경우는 증착면의 미처리 타잎은 가공적성이 나쁘기 때문에

┃표 2-28┃ dry laminate 시험결과

측정항목 접착제	boiling 전		boiling 후	
	laminate 강도 (g/15mm)	heat seal 강도 (kg/15mm)	laminate 강도 (g/15mm)	heat seal 강도 (kg/15mm)
AD-N 36 9 A/B	110 PE	2.04	—	—
AD-610/CAT-EP-5	1,070 PE	4.13 E	—	—
AD-329/CAT-8 B	220 PE	2.86	230 PE	3.24
AD-590/CAT-56	800~1,040 PE	4.01 E	480~640 PE	4.66 ff
AD-585/CAT-10	820 PE	4.32	420 PE	4.47 ff

* PE : 박리후 접착제의 위치, E : edge 절단, ff : 재료파단
(1) 재료구성 : MOS-TM(VM)/ L-LDPE(50)
(2) 접착제 : 일본 동양 Morton(주)
　　AD-N36 9A/B-nonsol type
　　AD-610/CAT-EP-5-수성(水性)
　　AD-329/CAT-8B-polyester
　　AD-590/CAT-56-polyester
　　AD-585/CAT-10-polyester

신중하게 사전테스트를 할 필요가 있다. 그러나 증착면을 미리 처리한 타잎은 가공적성이 양호하여 **urethane**계 접착제를 사용하면 문제가 없다.

③ extrusion lamination : 투명증착면에 압축 라미네이트가공을 행할 경우는 **AC(ancher coat)**제가 필요하다. 현재 시장에서 일반적으로 사용되고 있는 **polyethylene imine**계, **polybutadiene**계 및 **urethane**계가 모두 유효하다. 투명증착 필름, 실리카, 알루미나는 모두 압출 라미네이트가공조건에 따라 증착면에 마이크로크래킹이 발생하여 크게 차단성이 손상될 우려가 있기 때문에 주의하여야한다. 일반적으로 **LDPE**의 압출가공시에는 위에 기술한 바와 같이 **AC**제가 필요하지만, 폴리머중에 극성기를 지닌 뉴크렐(三井**Du point**(주)) 등의 경우는 **AC**제가 불필요하여, 직접 압출라미네이트가 가능할 뿐만 아니라 압출온도를 낮출 수 있기 때문에 안정된 가공이 가능하여, 압출라미네이트(extrusion laminate)를 분류하면 다음의 3종류로 대별되는데, 투명증착필름단체에 압출라미네이트를 행할 경우에 가장 주의하여야 한다.

㉠ 투명증착필름/**LDPE** : 투명증착필름 단체의 증착면에 직접 압출가공하는 방법으로 증착면에 마이크로크래킹이 생기기 쉬운 가공이다. **LDPE**압출라미네이트 가공중 급격한 가열과 냉각 및 권취시의 장력(tension)에 의한 **PET**필름의 신축에 대하여 무기증착층이 따라갈 수 없기 때문에 증착층에 마이크로로크래킹이 발생하여 차단성이 열화되는 수가 있다. **CVD**법에 의해 만드는 투명증착필름은 **PVD**법에 의한 증착필름에 비해 전신성(展伸性)이 좋기 때문에 마이크로크래킹이 발생되지 않는 경향이 있다.

㉡ 적층필름/**LDPE** : 미리 적층한 투명증착필름에 압출라미네이트가공을 행할 경우는 거의 문제가 없어 안정된 가공을 할 수 있다.

㉢ polysand가공 : 투명증착필름과 다른 플라스틱필름을 첩합하는 이른바 폴리샌드(polysand)가공은 투명필름단체에 **PE** 라미네이트를 가공하는 경우와 달라서 투명증착필름에 큰 부하가 걸리지 않기 때문에 비교적 안정된 가공이 가능하다.

최근에는 투명증착필름의 품질향상과 압출라미네이트에 대한 기술적 노하우도 쌓여서 점차 가공이 증가되고 있는 추세이다.

6) 장래전망

고차단재시장에 있어서 투명증착필름은 최근 수년간 그 고차단성, 투명성 및 환경대응성 면에서 K 코팅필름, 일부 Al-foil의 대체재료로서 급속히 시장이 확대되고 있다. 대부분은 PET필름을 기재(基材 : base)로 하여 알루미나증착을 위주로 하고 일부는 실리카증착되어 시판되고 있다. 한편 고차단성필름으로서 기능면에서 약간 떨어지는 점은 있으나 가격대응면에서 OPP필름을 기재로 한 코팅타잎이 KOP대체용으로 시판되고 있어, 모두 합하여 olefin계 공압출필름도 가격대응면에서 시장전개가 이루어지고 있는데, 각각 성능과 가격의 발란스(balance)속에서 시장이 전개되고 있다. 고분자 polymer와 무기 코팅으로 구성되어 있는 투명증착필름은 주로 개발도상국에서 이용되고 있다.

사용되고 있는 필름도 주로 PET필름이 대부분이고 나일론 필름이 약간량 있는 정도이다.

OPP필름은 실용영역에서는 거의 사용되지 않고 있으며 가격면에서도 불충분한 상황이다.

따라서 OPP필름을 주체로 한 코팅필름이 일부 공압출필름과 경합상태에 있으나, 플라스틱필름의 증착가공에 의한 발란스로 볼 때, 산소 및 수증기에 대한 차단성, 증착가공의 높은 생산성 등으로 인해 가까운 장래에 증착가공기술의 진전과 더불어 투명증착필름이 고차단성 필름의 주류가 될 것으로 예상된다. 현재의 투명증착필름의 수요동향으로 보아 가까운 장래에 공급과다 현상으로 될 것이다. 또한 기술개발 및 가격경쟁을 전제로 더욱더 많은 필름제조업체가 참가할 것으로 예상되어 치열한 경합을 하게 될 것이고 그 결과 고차단성 필름시장에서 투명증착필름이 압도적으로 시장점유율(marketing share)을 넓히게 될 것으로 예상된다. 비교적 가까운 장래의 기술개발동향을 추측하여 보면 다음과 같다.

(1) ONY(연신nylon) 및 OPP필름의 증착

투명증착필름은 당초의 개발목표로 PET 필름에서 시작하여 현재에 이르고 있다. 시장의 확대, 환경대응면에서 나일론 필름에 대한 투명증착이 시장에서 요청되고 있으나 아직 완전한 것이 되지 않고 있다. 일부 CVD방식에 의한 증착가공이 실용화되고 있는데, 성능이나 가격면에서 모두 문제가 있다. 특히 나일론 필름 특유의 수증기 투과율, 나일론과 투명증착층의 밀착 등의 문제가 아직 해결되지 않은 상황이다.

OPP필름에 대한 증착가공도 시장에서 조속한 개발이 요구되고 있으나 OPP필름에 대한 밀착성, 생산성과 더불어 가격문제가 해결되지 않아 아직 시판되지 않고 있는데, 고차단성필름의 주요시장이어서 각사에서 연구를 계속하고 있다.

(2) 증착막질의 개량

투명증착필름은 PET필름에 약 $200 \sim 1000 \text{Å}$의 증착을 행하여 고차단성을 갖게 하여 시장전개를 도모하고 있는데 시장확대가 되지 않고 있으며 요구성능도 다양화되고 있다.

Al - fioil 대체 또는 포장용기 리사이클법과 관련하여 포장재료 층구성의 절감을 도모하기 위한 고성능소재로서의 요구와 KOP필름 대체로 요구되는 저차단성 저가품 분야로 크게 구분할 수 있다.

보다 안정한 고성능이 요구되는 분야에서는 증착막질의 개질에 의한 성능의 향상이 중요한 과제로 되어 있으며 T사에서 발표하고 있는 알루미나와 실리카에 의한 이원증착(二元蒸着)은 그 전형적인 기술개발이다. 증착막의 표면처리 기술도 중요한 전개가 진행되어 이미 알루미나증착필름의 표면처리는 큰 실적을 얻고 있다.

증착필름이 지닌 불안정성을 극복하고 나아가서는 성능향상 등도 기대되어, 앞으로 더욱더 다양한 연구개발이 계속될 것으로 예상된다.

5. 대전방지 필름

1) 정전기의 발생요인

고분자 플라스틱필름이 대전하는 원인은 다음과 같이 3가지로 분류된다.

(1) 마찰대전

광의의 마찰대전은 접촉박리대전, 마찰대전, 충돌대전을 포함하는 것이 일반적이다. 고분자필름을 접촉시켰다가 떼어내면 유전율(誘電率)이 큰 쪽이 "＋", 작은 쪽이 "－"로 대전하며 대전량은 유전율의 차이에 비례한다. 전자수용성을 지닌 재료는 "－" 대전하기 쉽고, 염기성 또는 전자공여성을 지닌 재료는 "＋" 대전하기 쉬운 것으로 알려져 있다. 마찰대전은 많은 접촉점을 지니는 넓은 면의 접촉상태를 생각하면, 그들 면의 접촉, 분리과정에 있어서 전하(－)의 이동, 분리, 축적 등이 행해진다. 이 접촉상태는 전면에 있어서 균일하지는 않기 때문에 대전 상태는 필름표면에서는 불균일하게 되며, coating 반점이나 인쇄잉크 비산 등의 현상이 잘 나타나게 된다.

(2) 유도대전

고분자플라스틱필름과 같은 절연체는 전하의 이동은 일어나기 어려우나 전기력에 의한 변위가 생겨서 분극현상(分極現象)을 나타낸다. 대전체가 근접하면 분극에 의해 대전하는 현상을 유전대전이라 한다.

(3) corona대전

코로나(corona)방전으로 공기분자가 전리하여 이온화되어 대전체에 부착하여 대전상태를 만들어 낸다. 이것은 필름을 corona 방전처리하면 필름은 인가 에너지(印加 energy)에 대응하여 대전하는 현상이다. corona방전처리후의 필름의 대전상태는 전면에 걸쳐서 불균일한 상태이다. 보통 대전압측정기로 측정하는 대전량은 어떤 부위영역의 평균치로서 나타나는 것으로 필름표면의 진정한 대전반(帶電斑)을 나타내는 것은 아니다.

2) 대전방지 기본기술과 대전방지필름

대전방지 기본기술은 다음의 4가지로 대별된다.

① 마찰대전이 일어나지 않는 도전성 용기포장재(conductive)
② 마찰대전이 일어나지 않는 대전방지성 용기포장재(anti-static)
③ 외부전계의 영향을 받지 않는 정전 shield성(electro-static shielding)
④ 마찰대전이 일어나지 않는 유도대전방지(electro-static induction proof)

┃ 표 2-29 ┃ 중요한 대전방지제의 종류

이온성		대표적 대전방지제
nonion계 계면활성제	ester형	glycerin지방산ester
		polyglycerin지방산ester
		solbitan지방산ester
	ether형	polyoxyethylenealkylether
		polyoxyethylenealkylphenolether
	ester · ether형	ployoxyethyleneglycerin지방산ester
		ployoxyethylenesolbitan지방산ester
		alkyldiethanolamine
	amine · amide형	alkyldiethanolamine
		polyoxyethylenealkyldiethanolamine
anion계 계면활성제	sulfon산형	alkylsulfon산염
		alkylbenzensulfon산염
	황산염	alkyl황산ester염
		polyoxyethylene황산ester염
	인산염	alkyl인산ester염
		polyoxyethylenealkyl인산
cation계 계면활성제	암모늄염	alkyl제4급암모늄염
양성계 계면활성제	imidazolin형	alkylimidazolin유도체
	betain형	alkylbetain
	alanin형	N−alkylalanin

　포장용도의 대전방지필름은 가격 및 안정성의 요소가 크기 때문에 ② 및 ④항의 대전방지기술을 이용하는 것이 일반적이다.

(1) 대전방지제에 의한 대전방지

　현재 포장용필름에 사용되고 있는 대전방지제는 주로 저분자계면활성제이다. 대표적인 예를 [표 2−29]에 나타냈다.

① 도공 타입의 대전방지 필름 : 이온 전도기구에 의한 계면활성제는 친수성기와 소수성기로 되어 수용액중에서 전리하여 만들어지는 이온의 종류에 따라 양이온, 음이온, 양성표면활성제로 구분되며, 전리하지 않는 재료는 nonion계라 불리워진다. 친수기(극성기)와 친유기(비극성기) 원자단의 balance로 사용되는 플

라스틱과의 상용성(相溶性)이나 대전방지성 등의 발란스를 갖는다. 친유성, 친수성의 지표로서 HLB치(hydrophilic lipohilic balance, 계면활성제의 친수소수 balance)가 상용성으로서 SP치(solubility parameter, 용해성 parameter)가 사용되는 경우가 많다. 또한 이들 저분자계면활성제와는 별도로 고분자형대전방지제를 사용한 신제품도 개발되고 있다. 더욱이 유전대전방지형 대전방지제를 사용한 신제품도 실용화되고 있다.

㉠ 대전방지 PET필름 : 내열성이 우수한 anion(음이온) 대전방지제를 표면에 coating한 대전방지필름의 특성을 나타낸다. 이온전도형은 물의 존재가 필름의 표면도전에 영향을 미치기 때문에 저습도하에서의 대전방지능이 저하된다. 예로서 수분흡수성이 있는 인산수소나트륨을 대전방지제와 혼합할 경우 기대와는 반대로 표면저항이 악화되는 경우가 있다. 이것은 환경공기중의 수분을 인산수소나트륨이 흡수하였기 때문에 sulfon산 소다의 수분포착분율(水分捕捉分率)이 감소하여 전하이동 네트웍(network)이 저해되기 때문인 것으로 추측된다. 그 이동을 [그림 2-6]에 나타냈다. 그러나 보수성은 중요한 요소이어서 대전방지제 자체에의 수분공여성(水分供與性)이 높은 재료인 경

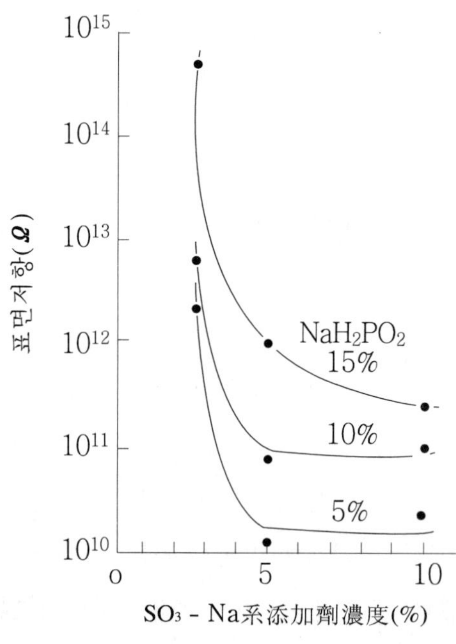

| 그림 2-6 | 이온전도형 대전방지제와 보수제의 영향

▮표 2-30▮ 대전방지 PET필름

항 목		단 위	조 건	대전방지 type	일반 type	측정법
두께		μm	—	15	15	JIS C 2318
base		%	—	1.7	1.5	JIS K 6714
인장강도	종 횡	MPa	23℃ · 65%RH	216 275	206 275	JIS K 7127
인장신도	종 횡	%		105 70	100 70	JIS K7127
가열수축율	종 횡	%	160℃, 10분	0.9 1.1	0.8 0.9	JIS C 2318
정(靜)마찰계수	B/B		23℃ · 50%RH	0.65 0.60	0.60 0.45	JIS C 2318
동(動)마찰계수	B/B	—	23℃ · 65%RH	—	0.82	JIS K 7125
			23℃ · 80%RH	—	2.20	JIS K 7125
표면저항율	권외	logΩ	23℃ · 65%RH	10	14	ASTM D 257
회(灰)부착거리	권외	mm		1이하	50	

우에는 효과가 커진다. 수분의 영향이 크다는 것을 나타내는 일예이다. 대전방지필름의 대표적인 특성치를 [표 2-30]에 나타냈다. 사용 예는 뒤에 기술하는데 편면 내지 양면이 대전방지성을 갖는 필름이 시판되고 있다.

일반적으로 외면을 구성하는 대전방지필름이 대전방지성을 구비하고 있다면, 내면의 대전방지문제를 해결할 수 있는데 적어도 안정성이 있는 대전방지포장은 내면의 히트 실란트 필름(heat sealant film)도 대전방지성을 갖는 것이 바람직하다. 대전방지성이 편면에 있는 경우 필름내에 생긴 전기적 왜곡을 대전방지면에서 완화시키기 위한 것으로 생각되는데, 필름의 분자구조에 따른 분극성, 분자이농도에 따라 왜곡의 제거시간에 차이가 생긴다. 따라서 대전량의 감쇠속도(減衰速度)에 차이가 생겨, 자동포장과 같이 고속사용하는 경우는 감쇠시간이 길면 문제가 생기기 때문에 본래 대전되기 어려운 필름일 것이 요구된다.

㉡ 대전방지성 PA필름: 포장용도로 사용되는 나일론(polyamide film)의 주체는

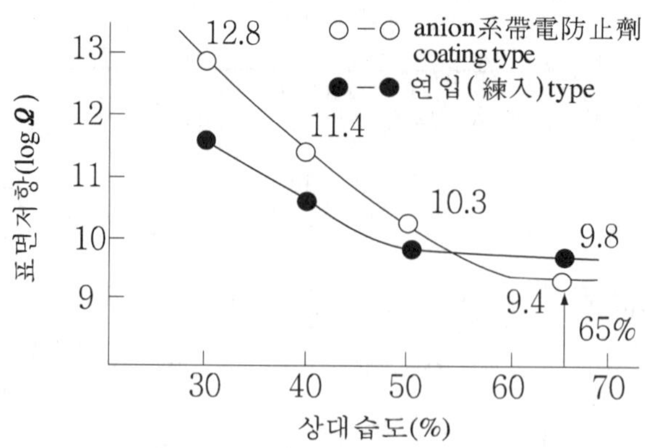

┃그림 2-7┃ 연입type 대전방지 PET필름의 습도의존성

NY(nylon)6과 MXD(m-xylenediamine) nylon 6 film이다. [표 2-30]에 대전
방지성 NY6 필름의 대표특성예를 나타냈다. NY 6는 PET와 마찬가지로
glass 전이온도가 실온보다 높아서 연입(練入)type인 경우에는 우수한 대전
방지성을 나타내기가 어렵고 코팅형이 현재 주류이다.

② 연입형 대전방지 필름

　㉠ 대전방지 **PET** 필름 : 현재는 포장용으로서 연입형은 실용상 많이 사용되고
　　 있지 않다. 기술적으로는 온도의존성을 개량한 제품을 만들 수 있다. 즉 친
　　 수성기를 원료 폴리머중에 도입하여 저습하에서의 대전방지성을 부여하여
　　 저분자대전방지제를 병용하여 미세한 수분에서도 우수한 대전방지성을 갖게
　　 한 신제품이 개발되었으며 그 대표적인 대전방지성능은 [그림 2-7]과 같다.

　㉡ 2축연신 **PP**필름(OPP) : OPP필름은 포장재료로서 중심적인 소재인데 대전방
　　 지성은 전혀 없어서 앞에서 기술한 대전방지제를 연입하고 있다. 대전방지제
　　 는 필름표면에 이행(移行 : migration)하여 환경 중의 수분의 존재에 의해 표
　　 면저항이 낮아져, 도전도를 높인 표면을 만듬으로써 대전방지능을 갖게 된다.

　　　 따라서 대전방지제는 이행이 적당한 상태를 실현하는 의미에서 사용하는
　　 원료가 homopolymer와 copolymer에 따라 현저하게 거동이 다른 특성을 이용
　　 하여 설계된다. 용도상 요구되는 성능을 [표 2-31]에 나타냈다.

　　　 이와 같이 다양하게 요구되는 요구특성은 계절에 상관없이 필요하다. 따
　　 라서 사용하는 폴리올레핀(polyolefin)원료에의 copolymer 성분의 도입, 대전

┃ 표 2-31 ┃ 대전방지 ONY필름

항 목	단 위		대전방지 type	일반 type	측 정 법
두께	μm		15	15	JIS C2318
base	%		1.6	1.7	JIS K 6714
인장강도	MPa		216 274	22 28	JIS C 2318
인장신도	%		110 80	110 80	JIS C 2318
가열수축율	% 160℃, 10분		1.0 1.2	1.0 1.2	JIS C 2318
정(靜)마찰계수 동(動)마찰계수	필름 / 필름 50%RH		0.65 0.60	0.50 0.43	ASTM D 1894
미대(米袋) 활각도	도(50%RH)		41	30	
표면저항률	logΩ		10	14	ASTM D 257
회(灰)부착거리	mm		1이하	50	

방지제의 친수성 소수성 발란스(balance), 코로나(corona) 방전처리 적성인 etching처리 등에 의해 달성된다.

현재 시판되고 있는 대전방지필름은 라미네이트용, 섬유포장용, 부분코팅(part coating)용, 테이프(tape)용, 카렌더(calender)용, 프린트 라미네이트(print laminate)용, 방담필름(防曇film)용, 강대전방지용(편면 및 양면 열봉함형) 등이 있다.

ⓒ CPP(미연신 polypropylene) : CPP는 단체 사용도 되지만, 라미네이트용의 열봉합재(heat sealant)로서 사용되는 경우가 많다. 대전방지형으로서 저온 열봉함성을 전제로 한 라미네이트용의 경우에는 원료 PP로서는 copolymer가 사용된다.

copolymer는 random polymer, tarpolymer, block copolymer 등이 있다. ethylene, butene-1 등 공중합성분으로서 사용되기 때문에 대전방지제의 분자간내 이동이 쉬워 이행(migration)하기 쉬운 반면에 고온상태에서는 대전방지제의 용해도 향상에 의해 확산되며, 내부에도 전달되어 대전방지성능이 저하된다.

이것은 OPP필름도 마찬가지인데, CPP는 저결정품이어서 copolymer성분이

┃ 표 2-32 ┃ 대전방지필름의 요구품질

요 구 품 질	요 구 조 건
대전방지성능	마찰, 박리대전 등
대전방지의 습도의존성	동기(冬期)등 저습도하에서 대전방지성이 있을 것
bleed백화	과잉bleed에 의한 백탁(白濁)현상이 없을 것
가열에 의한 대전방지능의 저하	가열edging에 의한 가압blocking 없을 것
blocking	bleed out에 의한 가압blocking 없을 것
활성(滑性)	적당한 미끄럼성이 있을 것
접착	인쇄·laminate 등이 접착불량이 없을 것
광유(鑛油)백화 방지능	섬유제품의 편립(編立) oil백화가 없을 것
가공기계오염 방지능	가공기계에의 전이오염이 없을 것
인쇄·laminate에 의한 성능저하	잔류용제에 의한 대전방지능의 저하가 작을것

많고 또한 배향도 낮아서 이 거동이 일어나기 쉬운 것이 문제점이다.

고온상태에서의 대전방지능은 일예로서 [그림 2-8]과 같이 고온시 저하된다. 원인은 앞에서 기술한 바와 같이 확산, 용해성이 높기 때문이며 예를 들면 마찰계수는 etching온도를 높이면 높아져, 표면에 이행(migration)되어 있던 대전방지제가 내부로 확산이행되기 때문인 것으로 알려졌다.

㉣ 대전방지 PE(PE, LLDPE) : 최근에는 특히 LLDPE(선상 polyethylene)의 보급이 두드러져 대전방지LLDPE도 보급되고 있다.

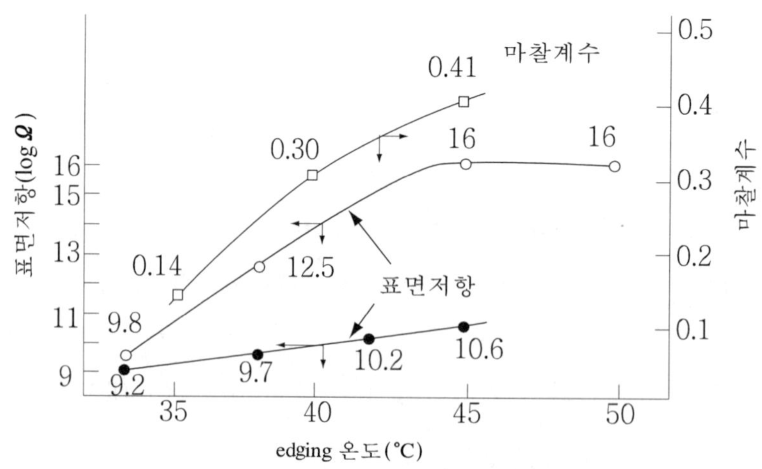

┃ 그림 2-8 ┃ CPP 필름의 온도의존성

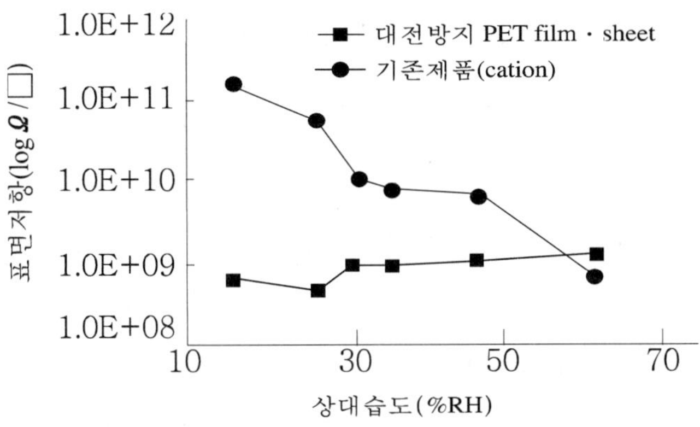

┃그림 2-9┃ 대전방지PET필름의 대전방지성

(2) 전자전도형 대전방지 PET필름

종래부터 개발된 도전성고분자를 이용한 대전방지필름은 폴리피롤(polypyrol)을 필름표면상에 중합시킨 복합필름이나 가용화 나일론(polyamide)을 PET필름상에 적층한 것이 있다. 또한 polyacetylene 등의 도전성 폴리머를 연입한 것 등이 소개되고 있다. 최근에는 수용성 도전성 고분자와 고분자 바인더(binder)와의 혼합물로 된 고분자형대전방지제를 PET필름에 코팅한 필름이 개발되고 있다. 이것에 의해 저습하에서의 대전방지성, 내열성, 내수성이 우수한 대전방지필름이 얻어진다. 특성비교를 하면 [그림 2-9]와 같다. 또한 내열성을 나타내는 일예로서 이온도전형 대전방지제와의 비교를 [그림 2-10]에 나타냈다. 습도변화 및 가열에 의한 대전

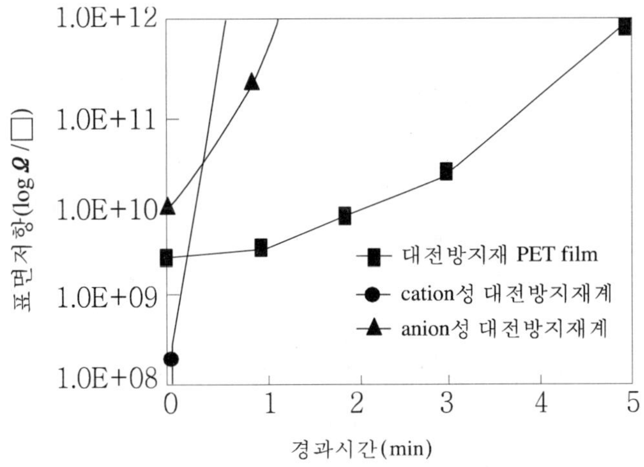

┃그림 2-10┃ 대전방지성능의 내열변화

방지성능의 저하가 개선되어 드라이 라미네이트(dry laminate) 건조공정에서의 품질저하를 방지할 수 있다.

(3) 고분자형 대전방지형

전하이동형 폴리머를 이용한 폴리머층의 형성이나 연입에 의한 도전성의 부여를 행하는 type이 개발되고 있다. 최근에는 나일론(polyamide)계 초미세 폴리머를 도전매체로 한 연속도전 네트웍(network)를 형성시켜 영구대전방지성을 지닌 고분자연입형 대전방지필름이 소개되고 있다. 이 타입의 필름은 이온전도형에서 나타나는 습도의존성이 없는 것이 큰 특징이며 미세도전망을 다수 갖는 필름이다.

그 외에 대전방지성능을 지닌 polyurethane계수지, 요컨데 고분자형대전방지제와 범용의 PMMA(polymethymethacrylate, 폴리메타크릴산메틸), PP 등과 합금화한 것을 매트릭스(matrix)수지에 균일분산시켜 망목상의 도전경로를 형성하여 대전방지능을 갖게 하여 비오염성이고, 습도의존성이 없다.

(4) 정전유도형 대전방지

이 기술은 표면저항치를 낮추어 이온도전성을 높이는 원리가 아니라 유도대전을 방지하는 기술이다. 최근에는 고분자형 대전방지 폴리머를 코팅 또는 연입함으로써 유도대전을 순간적으로 방지하여 대전을 방지하는 타입도 개발되었다. 이 타

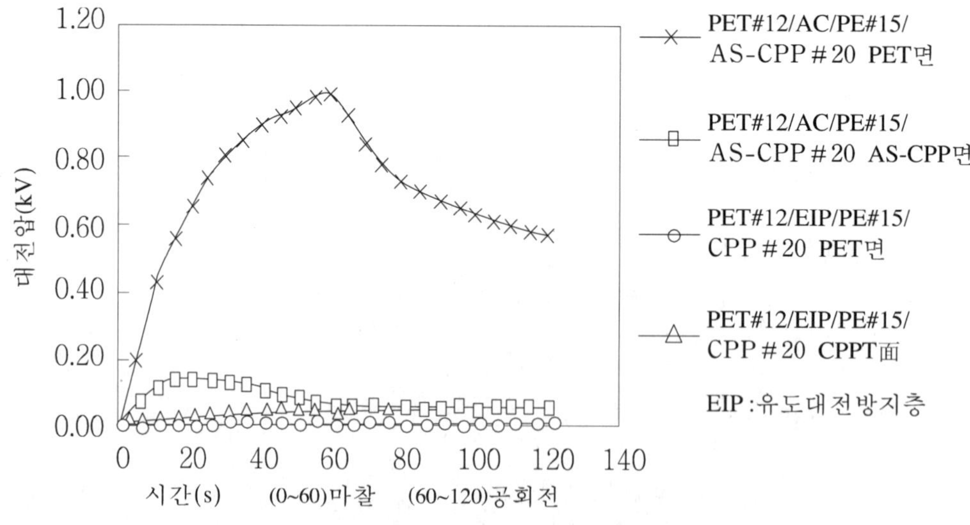

▌그림 2-11▌ PET/CPP laminate 구성의 마찰대전압 비교

잎의 이점은 비오염성이고, 내구성이 우수할 뿐만 아니라 필름표면의 대전반점이 생기지 않는다는 이점도 있다. 현재 실용화되고 있는 재료는 아크릴계공중합체를 주성분으로한 새로운 개념의 대전방지기술이 개발되어 편면에 코팅하는 것만으로 유도대전방지가 가능하다. 체적고유저항이 적은 소재일수록 대전방지성능의 발현 유도시간이 단축되는데 범용포장재료인 OPP, PET, ONY 등으로 쉽게 대전방지를 할 수 있는 것으로 확인되었다.

PET필름에 코팅한 경우의 표면저항의 습도의존성은 비교적 작은 것으로 알려졌는데, 가장 두드러진 것은 마찰대전압이 매우 낮아 안정하다는 점이다. [그림 2－11]에 일예를 나타냈다.

(5) 도전성재료에 의한 대전방지

카본블랙(carbon black) 등의 도전재료를 혼합하거나 카본 함유도료로서 코팅하여 플라스틱에 도전성을 부여할 수 있다. 이 원리를 이용하여 고분자형 도전성재료를 연입하여 도전 네트웍(network) 구조를 만들어 도전성을 부여하는 기술도 개발되고 있다. 그러나 외관이 좋지 않고 불투명하여 일반포장용으로 사용하는 경우는 적다.

(6) 정전sealed성 대전방지

일반적인 포장용도에서는 가격이나 외관면에서 사용되지 않지만 대전량에 민감한 전자부품 장치 등에 사용된다.

3) 대전방지필름의 사용예

포장용필름에는 우선적으로 각종 소재가 갖는 고유한 특성으로 용도선택된 후에 대전방지성을 부여하는 것이 통례이다. 대전방지필름은 건조식품, 분말 및 플레이크(flake)상 제품, 입상제품 등 각종 포장필름의 충진시 및 제품유통, 사용시의 대전에 의한 각종 장애의 해소나 인쇄, 라미네이트 가공시의 가공적성과 작업시의 정전기발생으로 인한 먼지부착 등의 각종 장해를 방지할 목적으로 사용된다. 열봉함재(heat sealant)로서 사용되는 정전방지 PE나 CPP는 이들 대전방지기재필름과 병용되는 경우가 많다.

4) 장래전망

기본적인 기술과 현황 및 최근의 신기술 사례를 소개하면 필름포장분야에서는 전자제품, 장치 등의 포장이나 보호필름(protect film) 등 고기능을 요하는 분야에서는 고도의 기술도 활용이 가능하지만 일반적인 포장분야에서는 가격적제약에 의해 활용되는 기술이 제한을 받는다. 그러나 다행히도 표면의 대전성, 유도대전방지를 행하는 것으로 뚜렷한 효과를 보는 경우도 있기 때문에 위에서 기술한 고분자형 대전방지기술, 분산, 복합기술과 그에 따른 비용절감을 위한 기술개발이 전망될 수 있다. 전통적인 저분자 계면활성제를 중심으로 하여온 영역에 신풍을 불어넣을 수 있을 것으로 예상된다.

6. 투과성필름

포장재료는 일반적으로 기체 및 수증기의 차단성을 갖는 것이 식품보존상 중요한 특성이어서 차단성에 대한 관심이 높다. 최근에 투과성을 지닌 필름에 대한 요구가 높아지고 있는 것은 기체 또는 수증기나 그 외의 휘발성물질 등의 투과기구로서의 다양화를 의미하는 것이다.

1) 필름의 투과성능에 영향을 미치는 요인

(1) polymer의 화학적 구조

폴리머의 화학구조는 폴리머 주쇄골격 중의 관능기 종류나 구조에 의해 결정된다. 예를 들면 비닐화합물의 치환기가 [표 2−33]과 같이 변하면 산소투과율이 크게 변화되는 것을 알 수 있다. 극성기가 도입되면 쇄와 쇄간의 상호인력이 강해져 분자운동이 제한된다. 또한 수산기의 도입에 의해 강력한 수소결합이 분자운동을 억제하여 차단성이 향상된다.

(2) 결정화도

필름의 결정화도가 높아져 고밀도로 되면 투과도는 낮아진다. 동일한 폴리머를

▌표 2-33▌ 관능기의 산소투과율에 미치는 영향

관능기	산소투과율	지 수
OH	0.155	0.01
CN	0.620	0.04
Cl	124.3	8
F	233.0	15
$COOCH_3$	264.0	17
CH_3	2,325	150
C_6H_5	6,510	420
H	7,440	480

* 산소투과율의 단위 : $cm^2 \cdot 25.4 \mu m /m^2 \cdot 24h \cdot atm$
* vinyl화합물의 치환기중의 하나가 관능기로 치환된 경우이다.

$$(-CH_2-CH-)_n$$
$$|$$
$$X$$

사용한 필름도 밀도의 조정(control)에 의해 차단성이 변화한다.

(3) 유리전이온도(Tg)

분자의 열운동성을 나타내는 glass전이온도(Tg)이하의 온도에서는 투과성이 낮아진다.

(4) 용해도지수

확산속도와는 달리 용해도계수의 크기가 투과성을 결정짓는 요소의 하나이다.

(5) 자유체적

투과물질은 폴리머중의 자유체적을 투과하기 때문에 자유체적의 크기가 투과성을 결정짓는 중요한 요소의 하나이다.

(6) 수소결합

위에서 기술한 극성을 지닌 필름인 경우에는 투과도는 낮아지는데 습윤상태에서는 수소결합이 물에 의해 파괴되어 투과도가 높아진다.

(7) 분자배향도

필름을 연신하면 분자배향하여 배향결정화되며, 그 결과 투과도가 낮아지게 된다. 배향도와 열처리에 의한 결정화와 합하여 연신필름의 경우에는 투과도가 일반적으로 낮아진다.

(8) 온도

폴리머와 투과성분의 분자운동이 여기(勵起)되어 투과도가 증가한다. 흡착열과 확산으로 인한 활성화 energy의 합에 의해 결정되는 투과활성화 에너지의 크기에 따라 투과도가 변화되는데 앞에서 기술한 항목 등의 구성폴리머의 화학구조가 영향을 미친다.

투과성 필름으로서는 폴리머 고유의 투과성을 이용하는 경우와 공동(空洞)함유필름, 후가공에 의한 미세천공가공필름으로 분류된다.

[그림 2-13]에 기본이 되는 고분자필름과 투과성필름의 산소가스, 수증기투과도 특성의 위치를 나타냈다. 제막시 또는 후가공시에 더욱더 요구되는 투과도 조정(control)을 한다.

2) 비다공투과성필름

원료폴리머의 특성을 이용한 투과성필름은 다음과 같다.

(1) poly-4-methylpentene-1 필름

이 필름은 비교적 자유체적을 지니기 때문에 산소, 탄산가스, 질소, 에틸렌 등의 기체투과성이 큰 필름이다. [그림 2-12]에 투과성을 나타냈다.

이 투과수준은 청과물, 화훼류 등의 MA(modified atmosphere, 가스제어) 포장에 적합한데 투과도가 $50 \sim 60 g/m^2 \cdot 24h$로 크기 때문에 수분증산으로 약간 문제를 일으키는 경우가 있다. 그 외에 PE, PS 등을 들 수 있다.

(2) 투과성polyester 필름

방향족 PET를 경질부(hard segment)로 하고 지방족 PET를 연질부(soft segment)로 한 블록(block) 공중합체로서 투습도가 약 $3,000 g/m^2 \cdot 24h$인 고투습성 필름이 얻어진다. [그림 2-12]에 투습도만의 위치를 나타냈다.

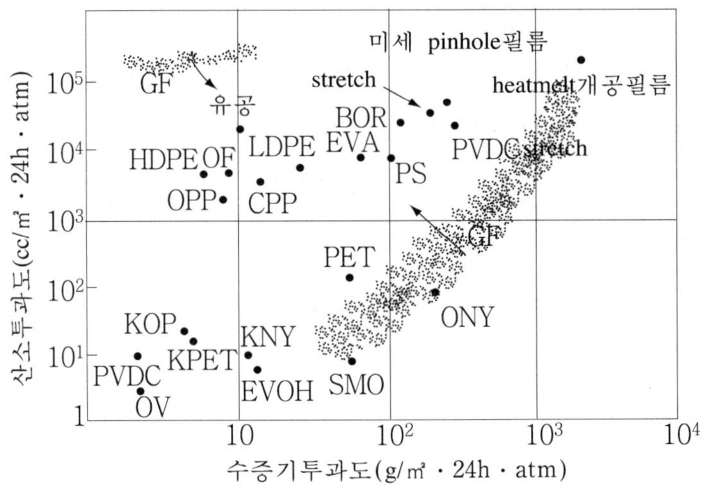

┃그림 2-12┃ 필름의 차단성과 선도보존관계

3) 연신에 의한 공동함유 필름

플라스틱중합체에 무기물이나 비상용성(非相溶性) 폴리머 등을 혼합하여 연신에 의해 마이크로 보이드(micro void)를 형성시켜 투과성을 향상시킬 수 있다.

예를 들면 polytetrafluoroethylene을 연신하여 미세한 연속다공질구조를 부여한 것(goretex)이나 인공적으로 폴리올레핀원료에 무기충전제를 혼연(混鍊)하여 연신함으로써 보이드(void)를 형성시킨 공동함유필름도 오래전부터 시판되고 있다. 이들 각종필름의 투과성범위를 [그림 2－12]에 나타냈다.

4) 유공필름

위에 기술한 필름은 기본적으로는 필름의 원료 배합공식(fomulation)과 제막기술에 의해 만들어진 필름이지만 후가공(後加工)에 의해 필름의 수증기, 가스의 투과도 및 선택투과성을 부여할 수 있다.

이들의 개발은 시장요구에 따른 것으로 실예로서는 의료(衣料), 청과물 선도보존포장, 의료용 테이프, 건조제나 탈산소제 및 선도보존제 등의 포장에 이용되고 있다.

플라스틱 필름에 미세한 통기공 또는 비통기공을 뚫는 기술의 개요를 살펴보면 다음과 같다.

(1) 열침에 의한 기계적천공

침상돌기를 설치한 가열회전 롤러(roller)와 이형성(離型性), 내열성을 지닌 냉각 롤러(roller) 사이에 필름을 통과시켜, 분해온도이상으로 유지시킨 고온침상돌기로 천공한다. 비교적 고밀도로 고속가공되는 이 방법은 통기공의 공경은 약 $200\sim400$ μm, 밀도는 약 $5\sim50$개/cm^2 정도이다. 통기공으로 비교적 천공경(穿孔徑)이 커서 투습도는 PE의 경우에 $1000\sim8000g/m^2 \cdot 24h$까지 향상된다. 따라서 최근에 개발된 천공기술은 더욱더 천공밀도를 높일 수 있다.

(2) 용융법

내열성이 있는 종이나 셀로판에 플라스틱필름을 라미네이트(laminate)하여 가열 실린더의 돌기면에 의해 플라스틱필름만 관통천공(貫通穿孔)시킨다. 이 가공법으로 얻어지는 투과수준은 PE의 경우에 $200g/m^2 \cdot 24h$ 정도이다. 물론 투과수준은 돌기의 치수, 밀도에 따라 결정된다.

(3) 전기적방법

방전에 의한 천공기술로서 예를들면 담배필터 외면지에 미세한 천공을 만드는데 이용되는 방법이었다.

최근에는 레이저빔에 의한 미세관통 핀홀(pinhole)을 형성하는 방법이 채용되어, 주로 야채의 MA포장에 사용되고 있다. 개공부분의 치수는 일반적으로 $20\sim100\mu m$정도로 거의 원형으로 되어 있다. 이 필름의 개공목적은 수증기 투과도 향상뿐만 아니라 산소, 탄산가스 등의 투과성도 높이는데 있다.

종래 기술의 개공(開孔)은 공경이 커서 투습도향상이 위주였는데, 최근의 미세 핀홀(pinhole)필름은 기체투과도 향상에 중점을 두고 있다. [그림 2−12]에 나타낸 바와 같이 넓은 범위의 투과도 조정이 가능하다. 투습도는 선택하는 플라스틱재료 고유의 특성범위로 결정된다.

(4) 최신기술

관통공, 비관통공을 모두 가공할 수 있는 방법이 개발되었으며, 특히 비관통공 필름은 투과성 필름으로서는 매우 유익한 필름이라 할 수 있다. 이 필름의 기체투과 원리는 미세한 국부적 박육부분(薄肉部分)의 전면적에서 차지하는 면적비율이 기체투과성에 크게 영향을 미친다는 것이다.

따라서 종래의 유공필름보다 더욱더 고밀도의 비관통공을 가진 획기적인 기술에 근거한 필름이다. 밀도가 높아질수록 면에서의 기체투과는 균일하게 된다. 산소가스투과도로 나타내면 수천 $cc/㎡ \cdot 24h \cdot atm$에서 수십만 $cc/㎡ \cdot 24h \cdot atm$까지 다양하다. 관통공의 경우에는 수백만 $cc/㎡ \cdot 24h \cdot atm$까지 제품화가 가능하다. 공경은 10∼수십$㎛$이며, 종래의 수준보다 훨씬 향상된 미세영역이라 할 수 있다. 또한 이 기술은 각종 필름으로 가공할 수 있어 각종 필름의 투과수준을 출발투과도(出發透過度)로 하여 **GF**로 나타낸 영역까지 광범위한 투과도 조정이 가능하다. 또한 비관통공 필름은 외부로부터의 세균이나 오염물질의 침입을 방지할 수 있는 이점이 있다.

5) 투과성필름의 용도

투과성필름이라 하여도 매우 광범위한 플라스틱재료가 있으나 코스트 퍼포먼스(cost performance)면에서 실용적으로는 제한되어 있다.

여기서는 포장용으로 사용되는 범위에서 용도와 그 주변에 대하여 설명하기로 한다.

(1) 청과물선도보존포장, 균상재배

산소, 탄산가스, 에틸렌가스, 수증기 등의 투과도 조정에 근거하여 **MA**포장으로 청과물의 선도향상에 기여하고 있다. 또한 마찬가지로 버섯류의 균상재배용, 육종시트(sheet) 등에도 그 호흡성을 활용하여 실용화가 진행되고 있다.

(2) medical, health care, sanitary 분야

통기성, 수증기투과성을 이용하여 첨부약용기재, 멸균대, 내프킨, 온습포용필름 등에 사용된다.

(3) 식품포장용도

전자레인지 식품 재가열 용도, 드립흡수 매트(drip흡수 mat), 어패류 포장, 탈산소제, 건조 · 제습제 등에 사용되고 있다.

(4) 산업자재

결로방지 시트, 목재보호 시트, 테이프 등에 사용된다.

(5) 기타

방충, 탈취, 의료용, 농업용 다목적시트(multi-sheet) 등의 폭넓은 분야에 이용되고 있다.

6) 장래전망

위에 적은 바와 같이 플라스틱원료, 필름제조방법, 후가공기술 등의 조합에 의해 상당히 광범위한 투과성필름이 얻어지게 되었는데, 수증기와 산소, 탄산가스 등 각종 가스와의 선택투과성의 정확한 조정(control)은 현재까지 미완성이다.

앞으로 필름이 차단성에서 투과성까지의 양대특성을 포함한 범위에서의 선택투과제어기술이 발전될 것으로 예상된다.

제3절   복합용기

1. 복합용기의 개요

복합이란 "2가지 이상을 합하여 하나로 한다"는 뜻이다. 따라서 복합용기의 경우는 2 종류의 용기가 고려된다. 하나는 2개 이상의 필름을 첩합한 라미네이트필름(laminate film)을 사용한 용기이고, 또 한가지는 첩합하지 않고 중합하여 만든 용기이다. 더욱이 중합용기의 경우에는 필름을 중합시켜 측면만을 봉함(seal)하여 일체화시킨 용기와 만들어진 백(bag) 또는 컵(cup)을 중첩시킨 2중용기의 형식 등이 있다.

복합용기로 하는 목적은 소재로서 다양한 단체필름이나 시트(sheet)를 그대로 사용한 용기에는 물리적으로 장점과 동시에 단점도 많이 있기 때문에 이 단점을 시정하고 장점을 더욱더 보완하기 위해 특성이 다른 필름끼리 복합한 용기가 필요

┃표 2-34┃ 중요한 복합종이용기

명 칭	type	구체적 복합종이용기
가공종이제용기	one piece type	정사면체(삼각형)
		지붕형(gable top)
		벽돌형(blik)
		기타변형 type
	two piece type	원추형
		종이컵(折込 seal)
		tray형용기(덮개재seal)
	three piece type	종이컵(덮개재seal)
		직방체(HYPA, CEKA—can)
		원주type(Cart—can 등)
이중용기	적층일체 type	단열종이용기 등
	이종용기조합 type	이중컵용기(단열컵)
플라스틱과 종이의 일체성형용기	insert성형 type	플라스틱강화용기
		플라스틱강화컵
Composite can	spiral type	spiral composite can
	평권 type	straight composite can
BIC		carton과 plastic의 이중용기
BIB		골판지와 plastic의 이중용기

하기 때문이다. 구체적으로는 이질 플라스틱의 복합, 플라스틱과 종이 또는 Al과의 복합 등 여러 가지가 있으며 이와 같은 각종 복합용기가 장래에 주류를 이룰 것으로 예상된다.

[표 2−34]와 같은 각종 복합종이 용기가 있는데, 여기서는 액체를 주체로 하여 설명하기로 한다.

2. 복합액체종이용기의 용도별 분류

1) personal use(개인용)

용량은 180∼200ml정도가 표준인데, 500ml 크기의 용기도 있다. 이 용기는 1회에 소비되는 것으로 마시기 쉬운 기능이 필요하여 스트로우(straw)부착, 풀 탭(pull tab) 그리고 마시거나 컵에 부을 때 흘러내리지 않도록 한 구조의 음용구(飮用口)가 요구된다.

종이 용기의 형태는 벽돌형(blik), 정사면체, 지붕형(gable top), 직방체, 원통형, 플라스틱골격 부착형 일체성형용기, 컵형 등이 있다. 이중에서 음료용은 스트로우 부착 벽돌형이 대부분을 차지하여 주류를 이루고 있다. 원통형의 카트캔(Cart can)도 자동판매기(vending machine)로 판매가 가능하고 폐기하기 쉬운 등의 이점으로 사용량이 증가되고 있는 추세이다.

컵형은 요구르트 등의 저온유통용 컵과 청주 등의 상온유통용 컵의 2종류로 구분된다. 2가지 모두 PE와의 적층용기인데 저온유통용 컵은 종이 단면을 처리하지 않은 것이 많고, 상온유통용 컵은 단면처리를 하고 있다.

2) family use(가정용)

용량은 500~1000ml 정도가 표준인데, 2000ml의 것도 있다. 이 분야는 가볍고 깨지지 않으며, 냉장고에 보관하기 쉬운 지기와 PET 병으로 이행되고 있다.

종이용기의 형태는 직방체, 지붕형, BIC(bag in carton) 등이 있으며, 유통형태는 저온유통용과 상온유통용이 있다. 청량음료수, 청주, 포도주, 위스키 등의 음료에, 또한 식용유, 식초 등의 식품용으로서, 그리고 액체세제 등으로 사용용도가 넓어지고 있다.

이 용기는 몇 차례 나누어서 소비하기 때문에 주출구(注出口)가 필요하며, 사용빈도, 가격, 침투성 등에 따라 [그림 2-13]에 나타낸 각종 주출구가 개발되어 있다. 이중에서 1 piece type은 내부부착방식으로 간편한 방식이어서 저온유통주스(chilled juice) 제품 등에 사용되고 있다. 2 piece, 3 piece는 외부부착방식이 많으며, 청주나 식용유 등의 상온유통에 적용되고 있다. 풀 탭(pull tab)은 이 개봉성 기능을 갖게 한 것이다.

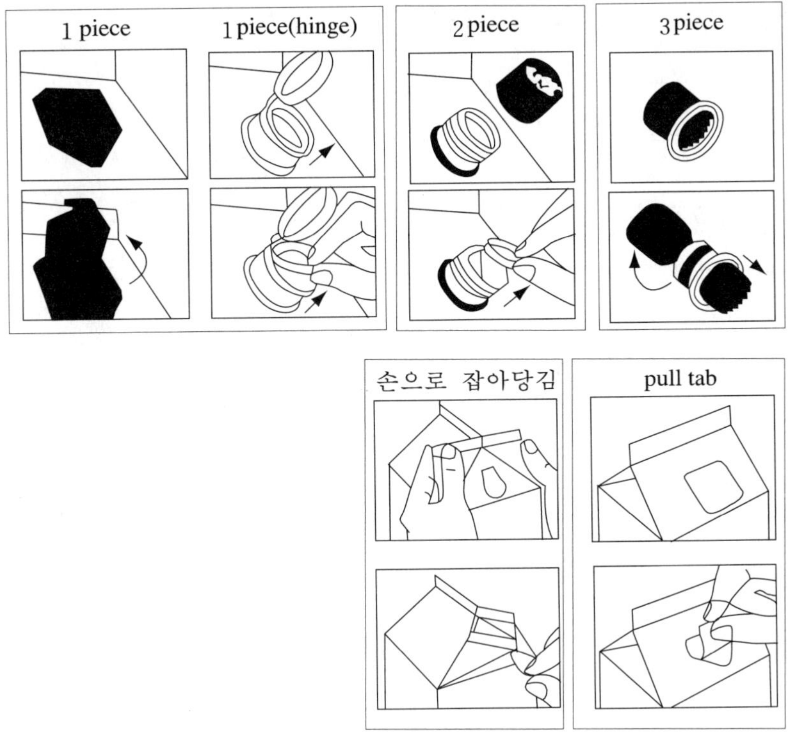

┃그림 2-13┃ 각종 주출구의 형상과 이개봉성

3) industry use(산업용)

소규모 레스토랑용의 1500ml용량의 것부터 대형업무용 20kℓ 정도의 용기까지 있다. 종이용기의 형태는 직방체, 지붕형, BIC(bag in carton), BIB(bag in box) 등이 있으며, 유통형태는 저온유통(chilled)용과 상온유통용이 있다. 더욱이 1t 정도의 중량물 포장용기로서 fiber can, drum can, 목상자를 사용한 bag in container가 있으며, 외장은 개방용기로서 재사용(returnable)이 가능하며, 내부 플라스틱만 폐기처분하고 있다.

이 용기도 몇차례 나누어 소비하기 때문에 확실하고 간단한 주출구가 필요하다. 이상의 용도별분류의 경우에도 무균포장시스템화가 구축되고 있다.

3. 유통방식에 따른 복합용기의 구성과 단면처리

1) 저온유통용과 상온유통용의 용기차이

유통방식에 따라 복합용기를 크게 구별하면 저온유통용과 상온유통용이 있으며, 큰 차이는 온도차에 의한 액의 침투성과 산소투과에 의한 변질방지를 위한 차단성이다.

저온유통용은 일반적으로 PE/종이/PE의 구성으로 종이 단면은 처리하지 않는 경우가 많다. 상온유통용은 일반적으로 차단성 Al - foil, 세라믹(ceramic)증착 등을 사용한 PE/종이/PE/Al/PE 등의 다층구성이 사용되며, 종이 단면은 반드시 처리하고 있다.

2) 단면처리방법

[그림 2−14]와 같이 종이단면을 처리하는 방법에는 단면절반식(Skive and Heming, 端面折返式), 테이프 첩합식(중합식, tape折返式, 突合式), 합장식 등이 있다.

일반적으로 gable top type은 Skive & Heming으로 행해지고, HAYPA(독일 Bosch 사) 등은 테이프첩합 돌합방식으로 단면처리를 한다.

저온유통용 우유는 ESL(extended shelf life)기의 도입에 의해 저농도 과산화수소와 자외선을 병용한 살균을 행하고 있는데, 여기에 사용하는 용기는 저온유통시키는 경우에도 단면처리가 행해지고 있다. 그 방법은 그대로 절반(折返)하거나, Skive & Heming 가공에 의하여 절반 하는 방식이 있다.

4. 각종 복합종이용기의 형태

복합종이 용기에는 [표 2−34]에 나타낸바와 같이 정사면체, 지붕형, 벽돌형, 원추형, 컵형, 직방체, 원통형, BIC, BIB 등의 형태가 있다. 일반적으로 액체용기는 seal의 완전성이 요구되며, 포장기계와의 적합성도 필요하여 카톤과 충전, 포장기

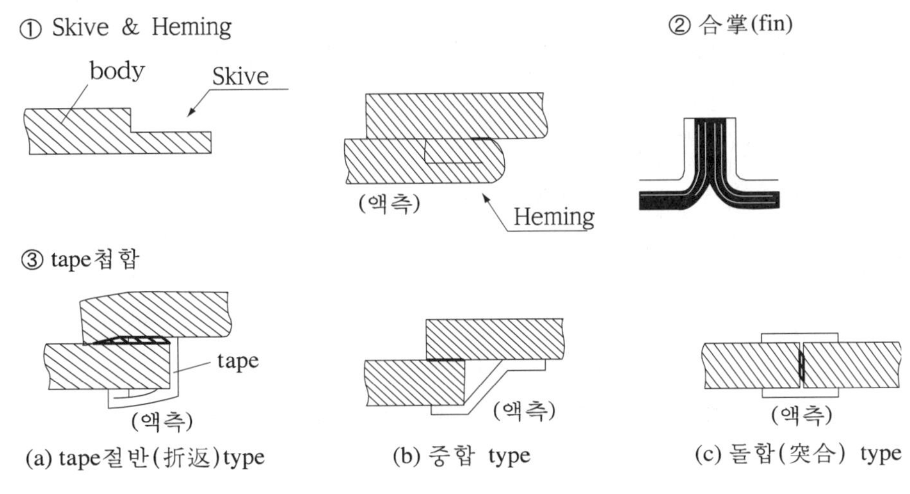

┃그림 2-14┃ 각종 종이의 단면처리방식

를 조합한 시스템으로 개발된 것이 많다. 그 시스템에는 개개의 블랭크(blank)를 성형·충전하는 프리 컷(pre cut)방식과 롤러에서 튜브(tube)를 만들어 충전·밀봉하는 포스트 포밍(post forming)방식, 그리고 그 중간방식이 있다.

1) 정사면체 용기

스웨덴의 **Tetra Pak**사가 포스트 포밍방식에 의해 최초로 액체보존용 용기로 개발한 3각형 형상의 개인(personal use)용 용기이다.

그러나 이 용기는 포개 쌓기가 어렵고 자동판매기 적성도 나쁠 뿐만 아니라 가정용 냉장고에 보관하기도 어려워서 현재는 거의 찾아볼 수 없다.

2) gable top 용기

(1) 저온유통용 용기

프리 컷(pre cut) 방식으로 만드는 지붕형을 한 저온유통용 용기로 저온이어서 산소가스의 투과도 적고, 액침투성도 낮기 때문에 [그림 2-15]와 같은 층구성으로 되어 있으며, 또한 종이단면(edge)이 처리되지 않는다. 종이단면은 액에 직접 닿는데, 고사이즈지(高size紙) 이어서 침투되기 어려워서 저온유통(chilled) 우유, 주스 등의 침투성이면 충분하다.

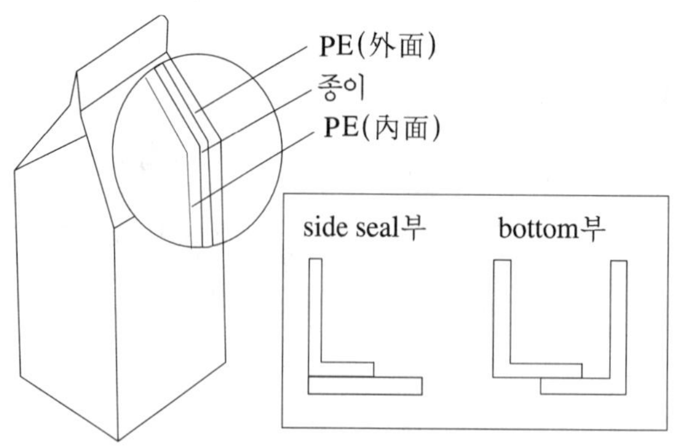

┃그림 2-15┃ 지붕형 저온유통용 복합용기

패밀리 주스(family juice)에 사용되는 경우가 많고 냉장고에의 격납효율(格納效率)도 높으며, 가볍고, 파손되지 않는 등의 장점이 있다. 저온유통용 라미네이트 판지의 구성은 주로 PE/종이/PE로 되어 있으며, 식품위생법에 따라 pulp원료에 virgine성이 요구되어, size제를 충분히 함유하고 있는 침엽수펄프를 주원료로 하고 있다.

이 원지는 저온유통용이어서 광선차단성이나 산소차단성이 그다지 필요하지 않기 때문에 3층구성으로도 충분하다.

그러나 미국이나 유럽에서는 PE/종이/PE/Al/PE, PE/종이/PE/NY/PE, PE/종이/NY/PE, PE/종이/PE/EVOH/PE, PE/종이/PE/PVDC/PE, PE/종이/PE/PET 등과 같이 4층 또는 5층으로 적층된 라미네이트 구성으로 되어 산소의 영향을 받을 우려가 없도록 충분히 배려하고 있다.

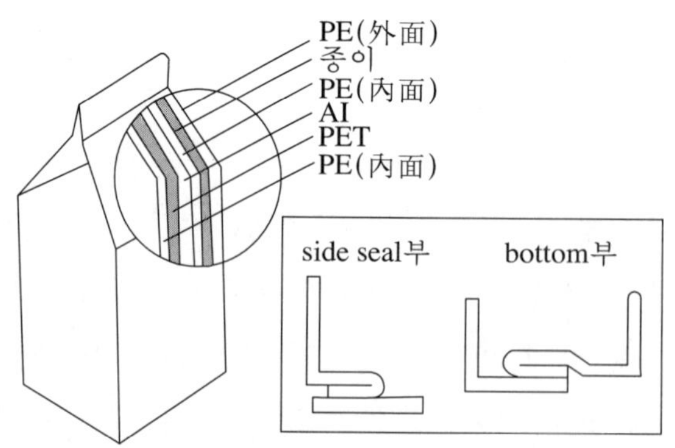

┃그림 2-16┃ 지붕형 상온유통용 복합용기의 층구성

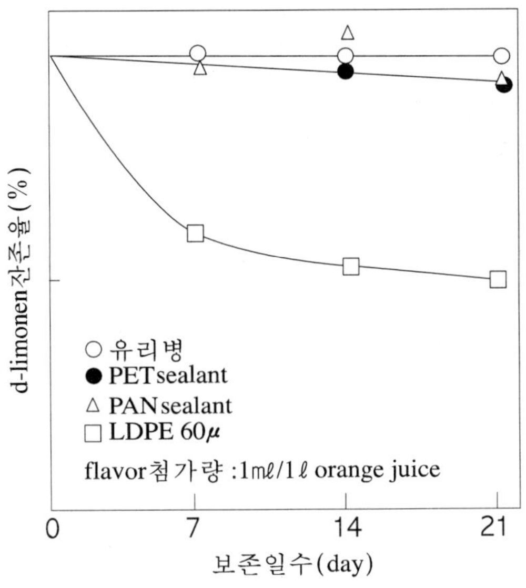

▌그림 2-17▌ PET 등의 d-limonen 잔존율 변화

또한 내면에 사용하는 **PE**는 저취용(低臭用)으로서 개발되어 향기의 보전이나 보호성에 노력하고 있다. 그러나 오렌지 주스 등의 용기내면 **PE**는 오렌지의 주성분인 **d-limonen**을 흡착하여 본래의 맛과 향기를 상실하게 될 우려가 있다.

따라서 오렌지주스 용기의 내면재질은 **PE**에서 열봉함성 **PET**와 **EVOH**를 사용하도록 대체되고 있는데, 그 경향은 상온유통용의 경우가 크다.

[그림 2-17]에는 **PE**와 **PET**나 **PAN**을 비교하여 **d-limonen** 잔존율을 나타낸 것으로 **PET**나 **PAN**이 우수한 것으로 알려졌다.

(2) 상온유통용 용기

상온유통용 용기는 상온에서 유통하기 때문에 산소가스의 투과나 액의 침투성이 커서 용기는 **Al - foil**을 사용한 [그림 2-16]과 같은 층구성으로 되어 있어서 차단성이 크다. 당연히 종이단면은 액과 직접 닿지 않도록 단면처리하고 있는데, 그 방법은 일반적으로는 단면절반식(端面折返式)에 의해 보호(protect)하는 구조로 되어 있다.

청주 등의 상온유통용 용기의 구조와 구성은 광선과 산소에 의한 악영향을 방지하기 위해 **Al foil** 등을 사용하여 차단성을 높이는 방향으로 설계되고 있다. 층구성은 **PE/종이/PE/Al/PET/PE**의 6층 구성도 있다. **limonen** 흡착 때문에 오렌지주스의 경우에는 **PE**를 **PET**나 **EVOH**로 대체하여 사용하고 있다.

장기간 사용하는 식용유 등의 경우에는 마개를 장전하여 소량씩 따루어 쓸 수 있도록 설계한 구조로, 그 마개는 [그림 2−13]과 같이 각종 형상을 하고 있어서, 내용물, 사용빈도, 가격 등에 따라 선택된다. 용도는 패밀리 주스(family juice)용으로 보급되고 있는데, 대형화와 소형화의 경향도 강하다. 대형화는 4 ℓ 액체세제, 소형화는 탁상용 간장용기 등에 전개되고 있다. 형상은 공간(space) 절약, 적중적성(積重適性), 오음방지(誤飮防止) 등을 위해 지붕을 낮춘 구조 또는 평평하게 한 (flat top)구조 등도 있다.

(3) 충전 · 포장 line

프리 컷(pre-cut) 방식의 지붕형(gable top 방식) 저온 및 상온유통용 용기의 충전 · 포장 line은 기본적으로는 같다. 우선 슬리브(sleeve)상의 함(函)을 공급하고 만드렐(mandrel)에 삽입하여 바닥부분을 절곡시킨 후 열봉함(heat seal)한다. 이것을 수평형 라인으로 옮기고 액을 충전한 후 윗부분(top 부위)을 봉함 하는 방법이다. 이 경우는 가열충전(hot filling)이나 저온충전(cold filling)하는 경우가 많으며, 유제

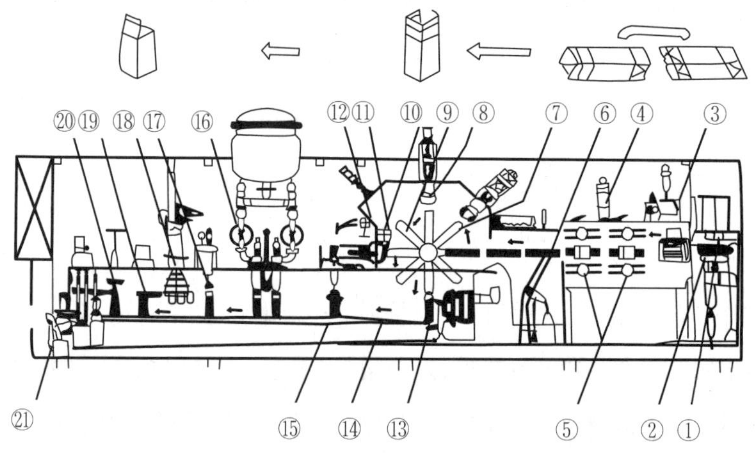

① carton basket ② picker ③ 과산화수소 가스화 장치 ④ 과산화수소 건조heater
⑤ turret ⑥ rotor ⑦ mandrel ⑧ bottom heater ⑨ cartom stopper ⑩ bottom breaker
⑪ folding rail ⑫ bottom seal ⑬ unloader ⑭ carriage conveyer ⑮ 일차 top breaker
⑯ 충전부 ⑰ 2차 top breaker ⑱ top heater ⑲ top seal ⑳ 카톤압하(裝置) ㉑ 배출 conveyer

┃**그림 2-18**┃ gable top 용기의 무균용 충전 · 포장 system

품이나 주스 등의 내용물이 대부분이다.

[그림 2-18]에는 대표적인 **gable top**방식 용기의 무균포장용 충전·포장기를 나타냈는데, 포장재료의 살균은 과산화수소(H_2O_2)로 행하는 것이 일반적이다. 살균에서 충전·밀봉 봉함까지의 전공정을 무균상태에서 행하고 무균공기(clean 분위기) 중에서 충전·포장을 행하도록 되어 있다. 롤상 원지에 비해 살균에서 충전까지의 공정에서 만드렐(mandrel)로 바닥 봉함(bottom seal)을 하는 등의 공정이 길어서 무균상태를 유지하기 위해서는 장치가 크고 설비비도 많이 들며, 관리하는데도 세심한 주의가 필요하다.

(4) blik type 용기

[그림 2-19]는 벽돌형(blik type)용기와 봉함방식을 나타낸 것인데, **blik type** 용기는 포스트 포밍(post forming)방식으로 만드는 직방체의 함으로 사이드(side)를 봉함하는 방식에는 테이프식, 합장첩합식, **squeeze & Hemming** 방식이 있다. 만드는 방법은 롤원판으로 세로방향의 봉함(seal) 제대를 한 후 충전하고 우유나 쥬스 등의 액상식품을 주입하고 seal하는 요컨대 교입 봉함(咬込 seal)을 행하는 경우가 많다. 따라서 헤드 스페이스(head space)가 없어 산소가 들어가지 않아서 장기보존에 유리하고 변색·변질이 적은데, 교입 seal이어서 액체에 한정되어 있다. 또한 헤드 스페이스가 없어서 스트로우(straw)가 반드시 있어야 한다.

롤원판으로 세로 봉함을 한 후 절단하여 제함·충전·밀봉 봉함하는 시스템의 경우에는 헤드 스페이스에 산소가 남아서 이것이 산화문제를 일으키지만, 개봉시 액이 넘치는 일은 없다. 용기자체는 얇아서 **cost**가 저렴하지만, 반대로 강성(stiffness)이 부족하여 $1\,\ell$ 이하의 용량에 적용되고 있다.

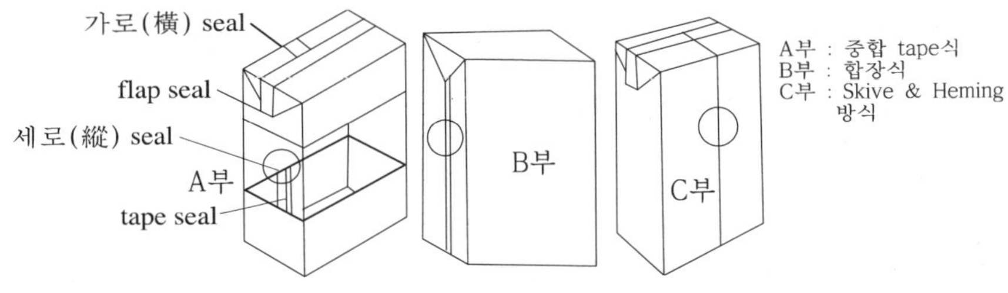

▎**그림 2-19**▎ blik type용기와 seal 방식

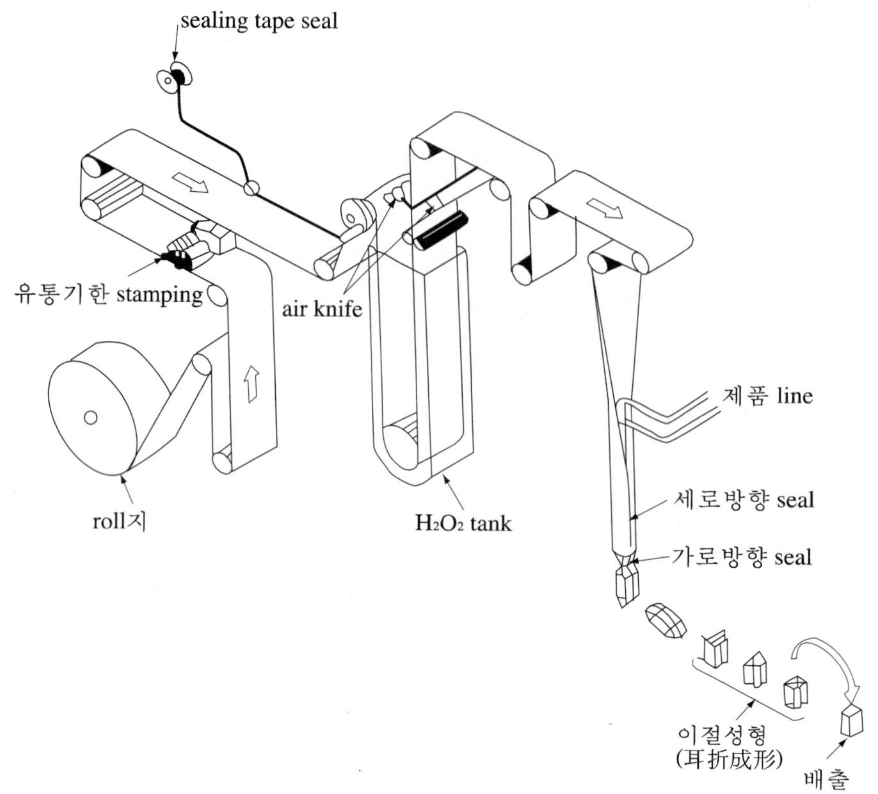

▎**그림 2-20**▎ blik type용기의 tape식 무균포장 충전·포장기 개요도

이 용기는 저온유통용, 상온유통용, 무균용 등이 있으며, 모두 용도는 퍼스널 주스(personal juice)용으로 가장 많이 사용되고 있다. 또한 적중성(積重性, stacking성)이 우수하도록 두터운 종이를 사용한 것도 개발되어 패밀리 주스(family juice)로서의 수요도 상당히 증가되고 있다.

[그림 2−20]에는 대표적인 blick type용기의 무균포장용 충전·포장기의 개요도를 나타냈는데, 포장재료의 살균은 과산화수소(H_2O_2)를 함침(dipping)하거나 도공(coating)하는 방식이 일반적이다. 살균에서 충전 봉함까지의 공정을 단축시킬 수 있는 세로형이어서 비교적 컴팩트(compact)하게 설계되고 있다.

(5) 기타 변형용기

일본 Tetra Pak(주)에서 개발한 "plasma aseptic"은 직방체 변형용기로 관동(錁胴 : can body) 부위가 8각으로 되어 있다. 이 타잎은 one piece type으로 괘선(罫

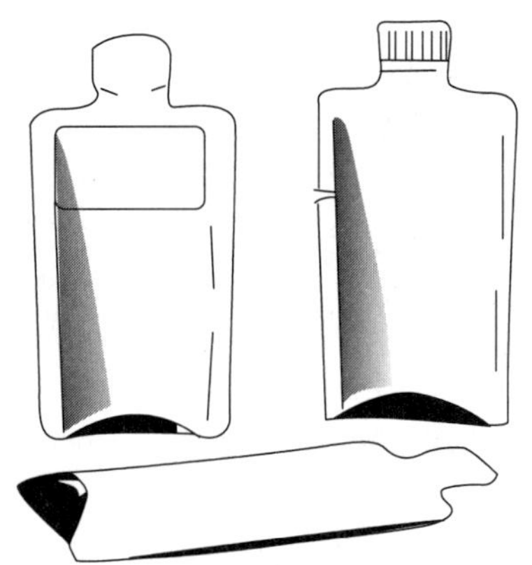

┃그림 2-21┃ "Propit"의 개념도

線)을 넣어 절입(折込)하는 형식이며, 포스트 포밍(post forming)방식의 In Line System으로 무균포장 시스템화가 구축되어 있다.

스위스에서 개발된 "Propit"는 편평한 소형 병모양의 용기로 시료채취용이나 화장품의 Portion Pack으로서 이용되고 있다. 제법은 롤을 공급하여 성형·충전·봉함을 In Line으로 행하는 것이다. [그림 2-21]은 "Propit"의 개념도이다.

이외에 처음에는 편평한(flat) 상태이며, 사용시에 괘선에 따라 절곡하면 컵용기로 되는 대일본인쇄(주)의 "F-cup" 등이 있으며 옥외에서 뜨거운 음식을 취급할 때 편리하다.

(6) 절입 seal형 종이컵, 원추용기

종이 컵 뚜껑재를 없애고 대신에 각종 괘선을 컵 상부에 넣어 절입하여 구부(口部 : flange)를 봉함함으로써 종이컵을 카톤과 같이 만드는 경우도 있다. gable top type으로 절입시킨 것도 있다.

롤상으로 원추형으로 성형하여 충전 봉함하는 일본 왕자제지(주)의 "HOPAK" 등도 있다.

(7) tray형 복합용기(뚜껑재 seal)

[그림 2-22]에 나타낸바와 같이 판지의 양면에 폴리올레핀(LPDE, HDPE, PP)이나 PET를 적층한 복합재로 만든 카톤 블랭크(carton blank)에 괘선을 넣어 성형 조립한 후 봉함하여 트레이상으로 성형하는 카톤으로 같은 재질의 뚜껑재를 덮어

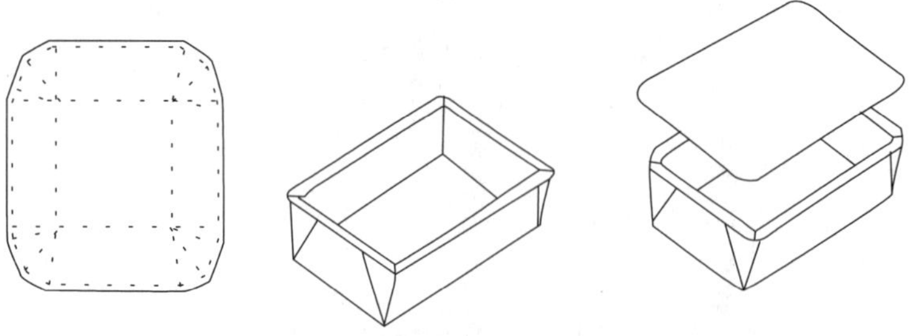

┃그림 2-22┃ tray형 복합용기(뚜껑재 seal)

씌워 봉함함으로서 완성된다. 이 용기는 2중 3중으로 겹치는 부분을 열 봉함하기 때문에 상당히 공정이 어렵다. 특징은 양면에 **PE** 등을 첩합시켜 내수성을, **PP**를 적층하여 내열성(150℃)이나 내유성을 강화하고, 또한 **PP, PET** 등을 복합함으로써 전자 레인지 적성이나 내한성 등의 성질을 부여시키고 있다. 용도는 도시락이나 냉동조리식품 등이 이용되고 있다.

(8) 직방체형 용기

① 평권피 뚜껑형식용기(HYPA) : **HYPA**는 독일 **Bosch**사가 개발한 시스템으로 열시충전(熱時充塡 : **hot filling**)하며, 층구성은 종이/**Al/PE**의 적층체를 평권(平卷)하고, 관동부위를 절반(折半)하여 테이프로 첩합하는 방식의 통모양의 용기로서 **Al/PE, plastic sheet/Al/PE** 등으로 성형한

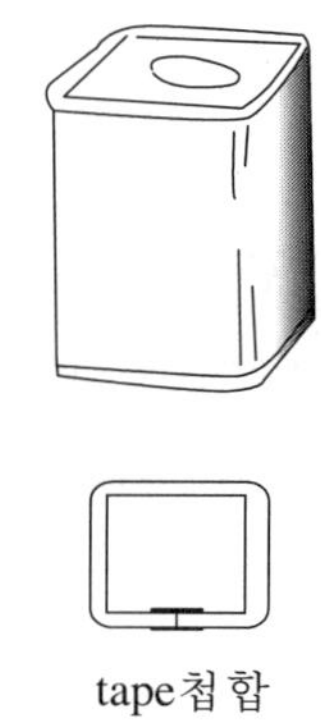

tape첩합

┃그림 2-23┃ HYPA(직방체)용기의 개념도

can end를 평권각주형(平卷角柱型) 바닥에 붙여서 열 봉함하는 방식이다. 그리고 액을 충전한 후에는 상부에 라미네이트 성형한 윗뚜껑(can top)을 붙여 관동부위와 봉함하는 방식이다. 이 방식은 시스템 전체가 고가이고 생산능력이 떨어지는 단점이 있으나 제품외관이 좋아서 독특한 분위기를 지닌 용기이다.

　　무균충전시스템(**HYPA－S**)의 구성은 열시충전(**hot filling**)과 같은데, 관동부위의 첩합은 돌합(突合) 양면 테이프 첩합방식으로 되어 있다. 주로 선물용이나 파티장소 등의 과즙음료용으로 사용되고 있다.

② 평권피 뚜껑형식용기(Ceka can) : **CEKA－CAN**은 과립형 커피나 코코아 등 액체

이외의 식품을 담는 용기로서 스웨덴의 Å & R 사에서 개발되었다. 종이/Al/PE가 기본적인 층구성으로 관동 부위의 첩합은 내면만 돌합 테이프 첩합형식으로 되어 있다. 용기의 형상은 직방체가 기본이지만 정방형이나 원주형 등도 있다.

(9) 보존용 복합cup용기

복합재료를 사용하여 식품을 보존하기 위한 컵 형태의 용기로서 제법은 일반 자판기용 컵(vending cup)과 같으나 접합방식이 호부가공(糊付加工)이 아니라 열봉함 가공에 의하기 때문에 밀폐성이 우수하고 내수성이 뛰어나다.

컵의 톱 컬(top curl)부위는 구부강도(口部强度)가 우수하여 컬부위를 봉함하거나 캐핑(capping)하기에 적합하여 식품의 장기보존 용기로 많이 사용된다.

cup seal방법은 컬된 상태 그대로 행하는 방식과 봉함하기 쉽도록 편평하게 압궤하는 방식이 있다. 압궤방식이 보다 확실하여 봉함강도가 우수하지만 압궤공정으로 인하여 가격이 높아진다. 더욱이 압궤한 후에 플라스틱 성형링을 봉함하여 내용물을 충전하고 덮개를 봉함하면 봉함강도가 더욱 강해진다. 또한 열시충전에도 변형되지 않는 컵용기가 개발되어 청주, 식혜, 수프 등의 용도에 사용되고 있다. 이 용기는 일본요판인쇄(주)의 상온유통용 "J‑cup"이 대표적인 것으로 일반적인 트레이 봉함기(tray sealer)를 사용할 수 있는 점이 특징이다. 또한 플라스틱을 성형한 덮개를 컵 내면에 차입하여 주변을 봉함한 덮개 일체형용기도 있으며, 이 용기는 봉함강도가 더욱더 강하다.

컵에 음료를 담고 뚜껑을 밀폐 봉함한 후 거꾸로 하여 사용하는 음료용기로서 컵 바닥부위에 풀 탭(pull tab) 음용구(飮用口)를 갖추고 있는 용기도 있으며, 종이컵 바닥재를 바(bar) 부착 플라스틱으로 한 아이스크림용 원핸드(one hand) 용기나 금속캔 대체 원주형 음료용기 등이 출시되어 인기리에 시판되고 있다.

열시충전 시키는 컵은 열충전 (93℃) 시키는 시점에 헤드 스페이스(head space) 공기의 대부분이 증기에 의해 압출되어 증기가 충만한 상태로 되어 있다. 그 후 냉각되면 증기가 응축되어 감압상태가 되어 헤드 스페이스부분이 진공상태로 되게 된다. 따라서 용기는 강성(剛性:stiffness)이 상당히 요구되며, 특히 얇은 용기인 경우에는 완전히 변형되게 되는데 이를 어떻게 극복하는가가 노하우이다.

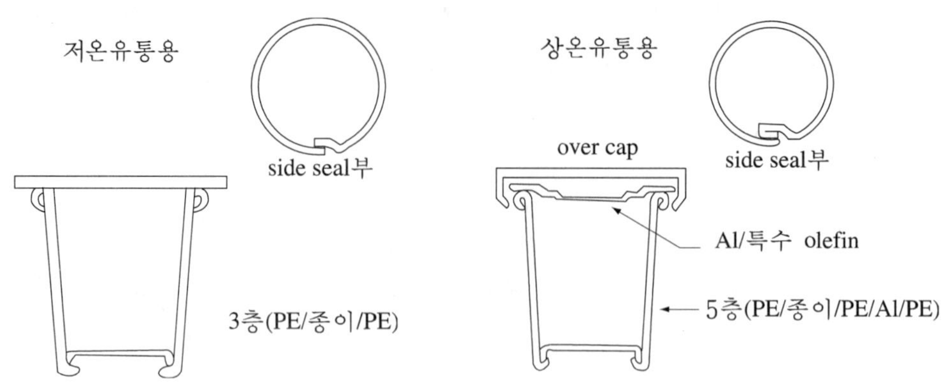

┃그림 2-24┃ 저온유통용 cup의 개념도   ┃그림 2-25┃ 상온유통용 cup의 개념도

① 저온유통용 cup (뚜껑 seal) : 저온유통용 컵은 [그림 2-24]와 같은 형상으로 요구르트, 디저트(dessert) 등의 보존용 용기로서 사용되고 있는 **PE**/종이, 또는 **PE/종이/PE** 의 층구성으로 된 복합용기이다. 종이단면이 내용식품에 접촉되지만, 저온유통이어서 그 구조는 **gable top**형 저온유통(chilled)용 용기와 마찬가지로 단면처리는 하지 않고 사이징(sizing) 처리가 잘된 원지를 사용하고 있다.

　덮개재와의 봉함은 톱 컬(top curl)부위와 직접 봉함 하는 컵도 있으나 편평하게 압궤하여 봉함하는 방식의 컵이 더 많다.

② 상온유통용 컵 : [그림 2-25]는 청주컵 등의 상온유통용 컵의 개념도를 나타낸 것이다. 층구성은 **AL-foil**을 첩합한 라미네이트원지(**PE/종이/PE/Al/PE**)가 사용되며, 또한 종이 단면을 접액되지 않도록 절반가공(折返加工)하여 완전한 내수성, 산소차단성, 광선차단성을 지니고 있다. 또한 이 **CUP**은 뚜껑재와 봉함하기 쉽도록 컵의 **top curl**부위를 편평하게 압궤시키고 있다.

　용도는 사람이 많이 모이는 야구장이나 열차내에서는 위험방지를 위해, 또한 폐기물처리상 유리하도록 청주 등의 음료에 사용되고 있다. 청주컵의 경우는 차게 마시거나 데워서 마실수 있도록 전자레인지 적성이 있는 세라믹 증착을 중간층에 사용한 것이 많아졌다.

　요판인쇄사의 **J - CUP**은 플랜지(flange)에 플라스틱성형 링(ring)을 장착한 컵으로 열시충전 하는 경우에 냉각시의 감압으로 인한 진공 현상을 덮개재에 의해 흡수시키도록 설계되어 있다.

대일본인쇄사의 HF‑CUP은 PE/종이/PE/Al/PE의 층구성으로 Al을 덮개재료로 한 풀 탭(pull tab) 부착 교가공(絞加工) 덮개재와의 사이를 봉함하여 만든 컵이다 .이 용기는 상부가 각형이고 바닥부위가 원형의 독특한 형상으로 열시 충전 후의 냉각시의 진공현상을 관동 부위(胴部)로 흡수하도록 설계되어 있다.

(10) 원주형용기 (평권 straight can)

이 용기는 컵성형 응용전개의 일부로 기본적으로는 그다지 두껍지 않은 컵원지의 양면에 PE, Al, PET, ceramic 증착PET 등을 적층한 플랜지(flange)로 만든 원주형용기이며 평권 스트레이트 캔이라고도 한다. 종이단면을 처리한 블랭크를 평권하여 봉함한 관동부위와 상하덮개재로 구성된 3piece형식이다.

이 스트레이트 캔의 큰 특징은 금속캔과 같이 자동판매기 이용이 가능하다는 점이다. 그러나 금속캔 공관과는 달리 포개 쌓을 수 없어 공관수송비용이 많이 든다. 따라서 스트레이트 캔 제조는 음료회사의 IN‑LINE 또는 IN‑PLANT 방식이 유리하다.

① 감압흡수 straight용기 : 호흡식 감압흡수방식의 스트레이트용기인 J‑CUP, HF‑CUP 등이 개발되어 응용되고 있다. HF‑CUP은 차단성과 내pinehole성이 우수한 층구성으로 용기내면을 단면처리하여 평권원주형으로 하고 Al을 기재로 한 pull tab 부착 교가공(絞加工) 덮개재와의 사이에 봉함하여 만드는 straight

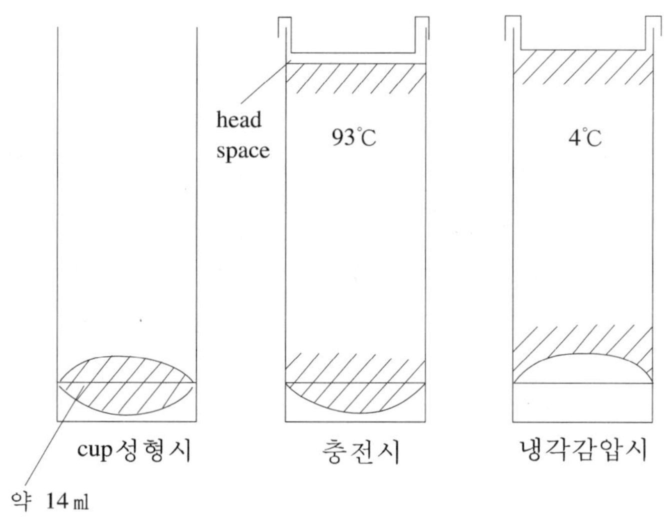

▌그림 2-26▌ 용기 바닥부위의 감압흡수설계

can용기이다.

열시충전 하는 경우 냉각시의 감압으로 인한 진공을 [그림 2-26]에 나타낸 바와 같이 바닥부위에 적당한 연질(flexible) 구조를 설계하여 흡수시킨다.

② cart can : 카트 캔(cart can)은 핀랜드의 UPM사와 독일의 Horauf사가 개발한 무균시스템(aseptic system)을 요판인쇄사가 도입한 원주형 캔 용기이다. Horauf사는 원래 컵 제조기를 제조하는 업체로서 이 용기도 컵의 연장상으로 만들었다.

외국의 요구와 국내의 요구가 달라서 저산성음료의 무균(aseptic)성 추구, 자동판매기적성, 차단성 강화 등에 따라 개발된 straight can이다. UPM사에서는 지금도 산성음료용으로 판매되고 있으며 자판기적성 등은 없다. 요판인쇄사는 산성음료는 물론이고 우유 함유 커피 등의 저산성음료도 무균포장으로 제조하는 시스템을 구축하였으며, 또한 금속캔용의 자동판매기적성도 유리하다. ceramic 증착을 사용함으로써 차단성과 전자레인지 적성이 향상된다. 공관수송 비용문제는 음료회사의 IN LINE화로 극복할 수 있다.

폐기물 처리적성을 일반적인 우유팩(milk pack)과 같은 처리를 행함으로써 해결할 수 있다.

(11) insert 성형용기 및 cup

종이와 플라스틱을 적층하여 타발(打拔)한 블랭크(blank)를 플라스틱성형시에 일체 성형하는 방식이다. 이 원리는 성형시의 수지와 블랭크 내면수지와의 사이에 열용융접착(熱溶融接着) 시키기 때문에 양쪽 수지는 동일한 수지이거나 상호간에 상용성(相溶性)이 있는 수지이어야 한다.

① 사출성형시의 insert성형용기 : 대일본인쇄사의 "Peelard"는 사출성형으로 상부와 바닥부위를, 또한 용기의 주(柱)가 되는 부분만 플라스틱으로 성형하고 그 성형시에 측면의 적층지 블랭크를 금형(金型)에 insert하고 권입(卷込)하여 일체 성형한 용기이다. 종이의 인쇄적성, 경량성 등과 동시에 플라스틱에 의한 강성(剛性), 자유로운 형상성형 등의 특징을 지니고 있다. 또한 개구부는 hinge기구나 운반하기 편리하도록 손잡이를 부착시키기로 한다.

일본 Tetra Pak사의 Tetra Top은 액체 충전시스템 중에서 박육성형개구부 부착 덮개를 일체성형하고 있다.

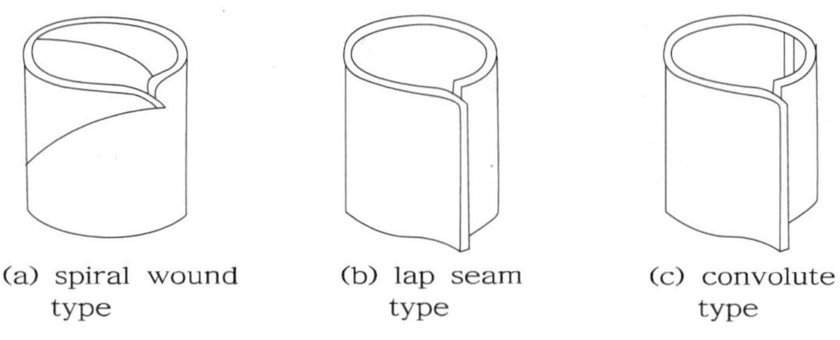

┃**그림 2-27**┃ composite can의 canbody 형상

② sheet 성형시의 insert성형용기 : 시트성형시에 종이 슬리브(sleeve)를 일체성형하여 만든 용기로 일본제지사의 **Duo cup**은 플라스틱성형 컵과 종이 sleeve가 접착되어 있지 않은 구성으로 되어 있어서 분리가능한 용기이다.

(12) composite can

컴포지트 캔(composite can)은 can body(胴部)를 종이, Al - foil, 플라스틱 등과 조합시킨 복합재료로, **can top**과 **can end**는 양철판(tin plate), Al판, 플라스틱, 종이 등의 단체(單體) 또는 복합재료로 접합한 밀봉용기이다.

can body의 권체방법에 따라 [그림 2−27]과 같이 **spiral wound can, lap slam can, convolute can**으로 크게 분류된다.

② spiral can : 나선형 권입관(spiral can)은 나선상으로 권입하여 만드는 종이 캔의 일종으로 구성은 대별하면 3층으로 된다. 표면층은 라벨(label)로서의 기능을 갖기 때문에 표면이 화려한 코팅지, 필름, **Al - foil** 등을 사용하여 미장성(美粧性), 차광성(遮光性), 내습성(耐濕性), 내수성(耐水性) 등을 부여한다.

중간층은 강성(剛性)이 우수한 판지가 사용된다. 그리고 내면층은 내용물에 따라 다른데, 상질지(上質紙), 필름, 증착필름, **Al - foil** 등을 사용한다.

[그림 2−28]에는 컴포지트 캔(composite can)의 봉함방식을 나타냈는데, 오버랩(overwrap)방식은 내면지를 중합하여 접착제 등으로 접착하는 방식으로 차단성이 없는 일반적인 용기이다.

봉함 방식은 내면의 나선형 접합부위에 대상(帶狀)의 테이프를 열접착하는

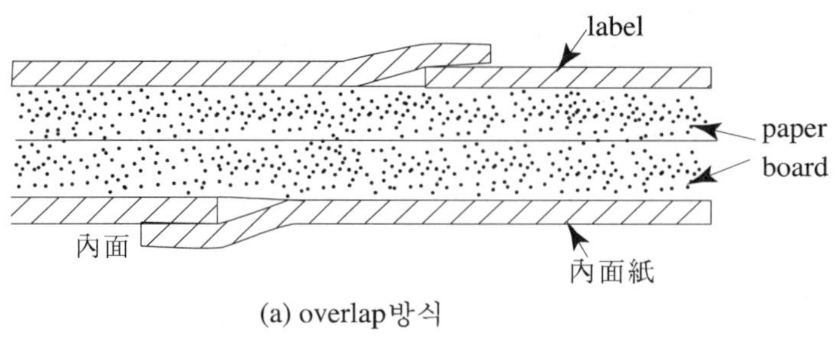

(a) overlap방식

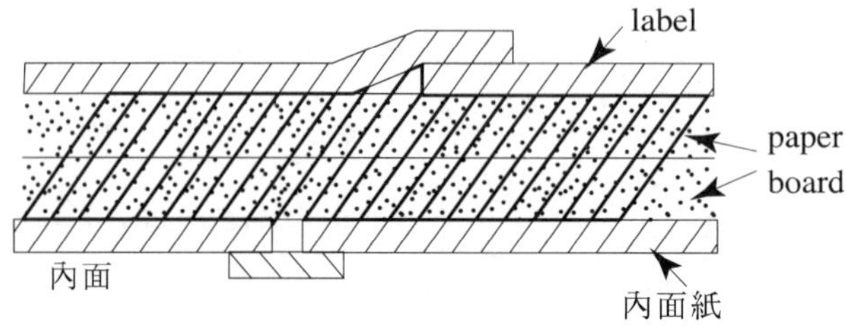

(b) sealing tape방식

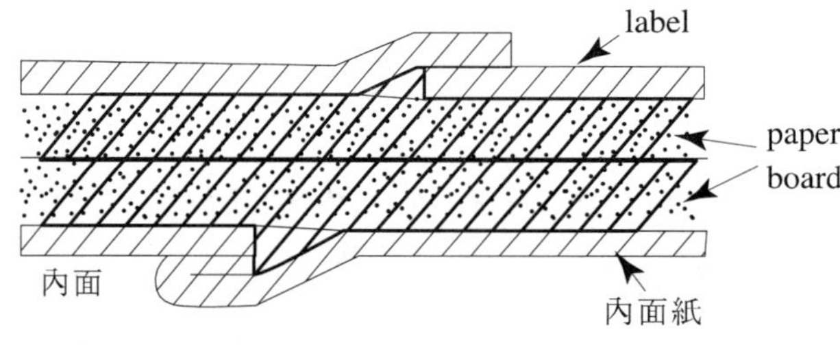

(c) folding방식

┃그림 2-28┃ composite can의 seal방법

방법으로 흡습성이 있다. 폴딩(folding) 방식은 절반(折返)하여 접합하는 방식으로 차단성이 뛰어나 가스팩(gas pack)도 가능한 용기이다.

상하덮개는 금속캔과 같이 양철판(tin plate), Al판을 사용하는 것이 일반적으로 이중권체(二重卷締)를 하고 있다. 이 외에는 membran(膜 : PE/Al/PE 등)이나 수지제 덮개를 사용하며 열봉함하는 경우도 있다.

③ 평권 straight can : 종이를 평권(平卷)하여 관동(can body)를 첩합하고 can top과 can end를 접합시킨 캔으로 위에 기술한 filber, HF‑can, cart can 등이 이 범주에 속하며 성형 포테이토 칩(potato chip)용기로서 얇은 종이로 만들어 액체 이외의 용도에 사용되고 있다.

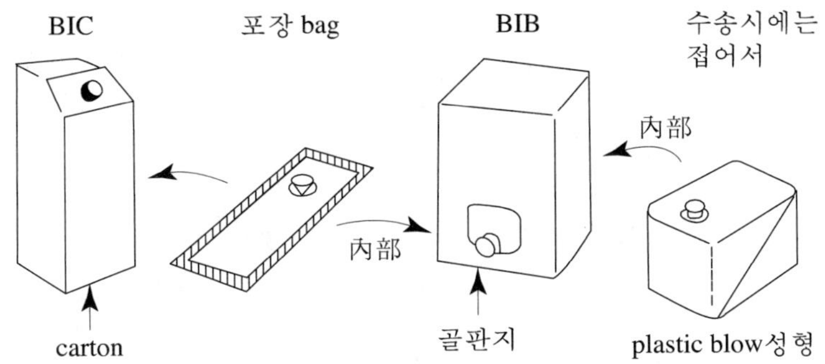

┃그림 2-29┃ BIC(bag in carton)과 BIB(bag in carton)의 개념도

(13) BIB (bag in box)

내장에 연포장(軟包裝)필름을 사용한 타잎은 내용물의 기체차단성, 차광성 등의 요구품질에 따라 내대(內垈)를 증착PET, 나일론, EVOH 등의 필름에 마개를 부착한 다층용기로 다양한 내성(耐性)을 부여시키고 있다.

내장에 엷은 블로우(blow)용기를 사용한 것은 차단성에 대한 요구도에 따라 공압출품 등도 있는데, 재료선택범위는 필름타잎에 비해 적다.

외함(外函)은 20 ℓ 정도 용기인 경우 A형 또는 B형 골판지 등을 사용한다.

환경면에서는 내장과 외함이 별도로 되어 외함은 종이로서 리사이클되며, 내대는 감용화(減容化)하여 소각 등의 thermal recycle을 할 수 있어 유리하다.

(14) BIC (bag in carton)

[그림 2-29]에 BIC(bag in carton)과 BIB(bag in box)의 개념도를 나타냈다. 1~5 ℓ 정도의 소용량인 경우에는 외측은 두꺼운 카톤, E형 골판지 또는 F형 골판지를 사용한다. 이 E단과 F단은 골판지와 판지의 중간정도의 물성을 지닌 것인데, F단이 얇은 단수도 많고 인쇄효과도 우수하다.

내측의 내대(內垈)는 연포장재(flexible packaging material)를 포개서 4방seal한 형태와 첩합한 적층체의 형태가 있다. 원래는 청주용으로서 개발되었는데 환경문제로 인하여 이 용기의 수요가 높아져 각종 용도에 널리 사용되고 있다.

(15) BIB(bottle in box)

BIB(bottle in box)는 엷은 연신 PET와 재생지 카톤을 조합한 형태이다. 무취(無

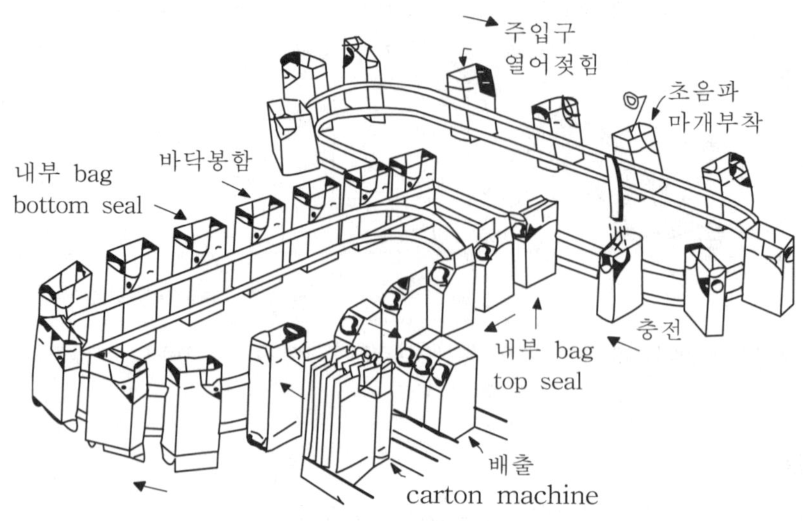

┃그림 2-30┃ lined carton system 개념도

臭)이고 보향성, 내유성, 내약품성, 산소차단성이 우수하며 분리가능한 용기이어서 감용화(減容化)가 가능하다.

(16) lined carton

lined carton은 BIC의 범주에 들어가는데 카톤의 내측에 유연성 백(flexible bag)을 일부만 첩합한 형식의 일중식 카톤형태의 복합 카톤이다. 적층에 의해 기체차단성, 방습성 등의 보호기능을 부여할 수 있다. 그리고 외함에 E단을 사용한 액체 세제용 lined carton으로 환경대응성이 우수한 것으로 평가되고 있다. [그림 2-30]에 lined carton system의 개념도를 나타냈다.

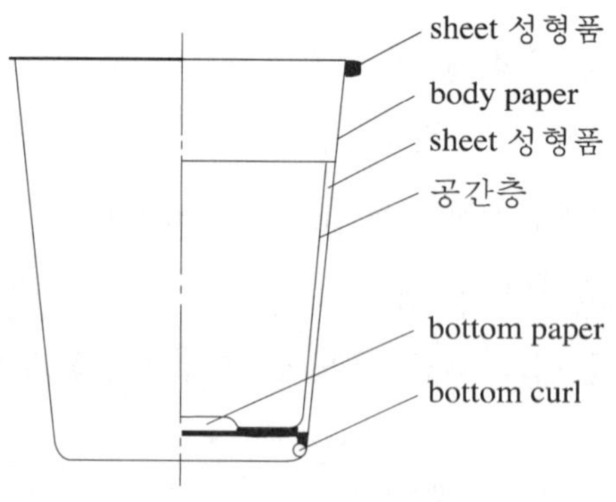

┃그림 2-31┃ 2중 컵(H-cup)

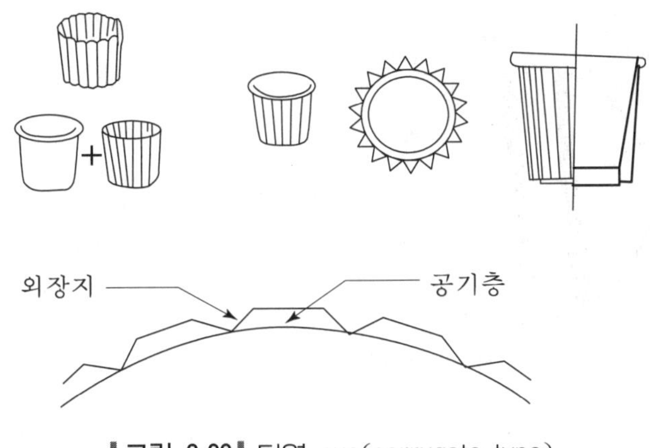

▎그림 2-32▎ 단열 cup(corrugate type)

(17) 이중용기와 각종 단열 cup

우선 내측의 플라스틱 성형컵을 만들어 그 외측에 종이컵을 접합시키는데, 종이를 권입하여 접착시키는 방식이다. 2중 종이컵은 리사이클을 배려하여 분리가능토록한 용기와 중간공기층에 단열효과 기능을 부여한 용기로 분리할 수 있다.

[그림 2-31]의 종이컵과 박육플라스틱컵의 2중컵(dual cup)은 열시충전도 가능하고 전자레인지적성도 우수하며 분리가능한 환경대응형용기이다.

[그림 2-32]은 대일본인쇄사의 코루게이트타잎(corrugate type)의 단열 컵으로 단열효과가 우수한 용기이어서 주로 청주나 컵포장된장용기로 사용되고 있다. 이 내측의 플라스틱성형컵 대신에 종이/PE의 종이컵을 사용한 H - CUP도 있다.

단열종이용기로서 발포형 단열 컵의 단면을 [그림 2-33]에 나타냈는데 이것은 발포PE를 사용하였기 때문에 촉감이 좋고 고급감이 있다. 또한 PE/종이/PE의 층구성으로 된 것도 있는데 일반적인 종이컵과 같은 폐기물처리용이성을 지니고 있다.

(18) 전자레인지용 내열복합용기

미국에서 시작된 HMR(Home Meal Replacement)나 MS(Meal Solution) 등의 추세는 식사에 간편화가 요구됨에 따른 포장의 간편성이 중요시된 경향에 따른 것이다. 그 대표적인 것이 전자레인지를 사용한 조리식품이다. 일본에서도 여기에 대응한 상품이 많이 등장하고 있는데 그 중에서 종이복합용기에 대하여 살펴보면 지금까지 기술한 컵류나 트레이류 중에서도 전자레인지대응용기가 있으나 아직까

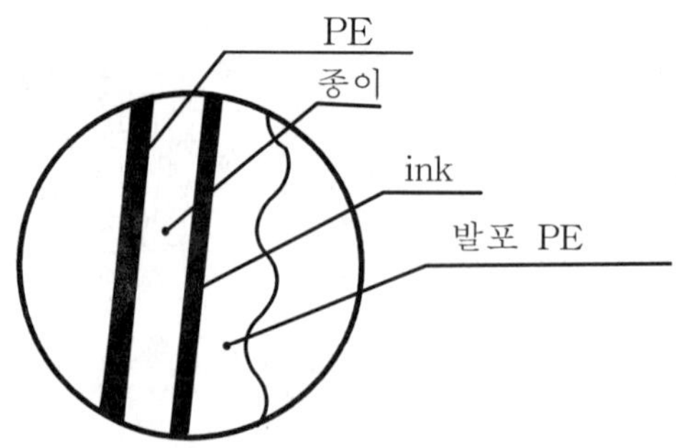

┃그림 2-33┃ 단열 cup(발포type)

지 소개되지 않은 용기에 대하여 기술하기로 한다.

대일본인쇄사의 종이교가공 성형트레이는 열봉함성 **PET**를 내면에 첩합함으로써 내한성, 내열성을 지닌 용기로 전자레인지에 대응할 수 있다. 환경상으로 머테리얼 리사이클(material recycle)이 가능하며 감용화폐기도 가능하다.

요판인쇄사의 **V - tray**는 액체수프 등의 액체조리식품용으로 개발된 종이와 필름을 동시 성형한 완전밀봉이 가능한 종이제 일차용기이다.

또한 「tray - tight」는 전자레인지용 냉동식품용기이다. 요판인쇄사의 "carton TK"는 3층 가공지로 내면에 친수성섬유와 소수성섬유를 결합시킨 특수부직포를 첩합한 용기이다. 식품이 용기에 부착되지 않고 적당한 보습성이 있으며 흡수성과 흡유성이 있다. 그리고 **polymethylpentene**을 이용한 용기도 있으며, 이 수지는 내열성은 충분하지만 봉함이 불가능한 결함이 있어서 절첩만으로 용기를 조립하게 되어 있다.

5. 액체종이용기의 제조(gable top type)

복합종이용기인 gable top type의 특징있는 제조공정 만을 기술하기로 한다.

1) 인쇄공정

라미네이트 원지의 **PE**면에의 인쇄는 대량생산인 경우에는 권취식 글라비아 인쇄가 행해지는데 소량생산인 경우에는 재단하여 한장씩 옾셀인쇄하는 방식으로 행해진다. 옾셀인쇄는 속건성(速乾性)이 필요하기 때문에 자외선(UV)경화형 잉크를 사용한다.

2) 타발공정

글라비아인쇄는 In Line으로 타발하며, 옾셀인쇄는 Off Line으로 자동평반타발기로 행한다.

3) 종이단면처리

일반적으로 라미네이트 원지 상면 약 반정도를 자르고 이 부분에 접착제를 도포하여 절반하는 방법으로 행한다. 이 방법은 딱딱하여 반발하는 적층판지를 잘라내기 때문에 cutter 개량이나, 절삭대를 넓히는 등의 노력이 필요하다.

테이프 첩합은 양면에 테이프를 첩합하는 돌합방식(突合方式)이 일반적인데 단면절반식의 결점인 종이가루 문제가 없고 잡부스러기의 문제도 없는 등의 이점이 있다.

4) 제함공정

straight sack machine으로 색(sack)첩합을 행하는데 동부(胴部)는 가스 불꽃을 직접 카톤의 봉함 부위에 가하여 용융시켜 압착 봉함 하는 방식으로 스피드가 빨라 생산성이 좋다.

5) 음용구 부착공정

외부부착방식과 내부부착방식이 있다. 외부부착방식은 카톤에 구멍을 내고 이곳을 Al - foil laminate 제품으로 피복하고 그 외측에 열봉함 방식으로 음용구를 부착하는 방식으로 내용음료를 충전한 후에 행한다. 이 음용구는 재봉(reclose)성이 있고 안정감이 있어 청주 등에 많이 사용된다.

내부부착방식은 카톤에 구멍을 내고 충전기상에서 음용구를 초음파 봉함 등에 의해 봉함을 행하여 충전 봉함공정으로 보낸다. 이 음용구가 구조가 간단하고 값이 싸다.

6. 음료용 종이용기의 보존기법

액체종이용기에 각종음료를 담을 때의 보존기법을 [표 2－35]에 나타냈다. 음료의 종류에 따라 식품포장시의 기법이 다르다.

┃표 2-35┃ 음료용 종이용기의 보존기법(식품과 용기의 포장기법과의 관련)

음료의 종류		유통	식품품질보존의 조건과 기법	용기에의 요구품질	식품포장기법	용 기 예
우유 등의 음료		저온	clean환경 살균 초발균수를 줄인다.	값이 싸고, 무취성, 위생성(내면PE) 종 이단면처리는 안함	clean환경 초발균수를 줄인다. 살균	gable top (chilled) BIB, Cup형 입방체
우유 등의 음료(LL)		상온	살균(고온단시간, 내 열균의 사멸: 완전살 균	clean포장용기 종이단면처리 위생성, 산소차단성, 차광성	무균포장, 초발균수 절감	gable top (상온) BIB, 입방체
주류음료	청주 양조주	상온	살균(65℃이상) clean 환경	종이단면처리, 무취 및 윤적(潤滴)성 산소차단성, 차광성, 고급감, 사용의 편 의성(마개,개구성)	clean환경 열시충전 (65℃이상)	gable top (상온) BIC,BIB, Cup형(상온) 입방체
주류음료	소주 증류주	상온	clean환경	단면처리 각종 가스차단성 고급감	열시충전 냉시충전	gable top (상온) Cup형 (상온) 입방체
청량음료수	산성 음료	상온	clean환경 살균(93℃에서 열살균) pH조정(산에 의한 정 균)	단면처리 열과 진공에 의한 변형 산소차단성, 차광성	clean환경 열시충전 (93℃에서 살균), 산에 의한 기계 녹의 보호	gable top (상온) BIB, Cup형 (상온) 입방체 원통

청량음료수	산성음료	저온	clean환경 살균(저온이어서 생육되지않는 정균상태) pH조정(산에 의한 정균)	저온이어서 침투문제가 없어 단면처리 안함	clean환경 열시충전 (93℃에서 살균), 산에 의한 기계녹의 보호 초발균수 절감	gable top (저온) BIB, Cup형 (저온) 입방체
	저산성음료	상온	clean환경 clean(무균)도 향상 살균(고온단시간, 내열균의 사멸:완전살균)	내열성(boiling, retort), 무취성, 산소차단성, 무균포장(clean포장재)	bio clean화 무균포장 (전살균) retort(후살균)	gable top (상온) BIB(무균), Cup형(상온) 입방체, 원통
		저온	clean환경 clean(무균)도 향상 살균(저온이어서 생육되지않는 정균상태)	저온이어서 침투문제가 없어 단면처리 안함, clean포장재	bio clean화 초발균수 절감 열시충전	gable top (저온) BIB(무균), BIC Cup형(저온) 입방체,
기타 저산성식품		상온	clean환경 clean(무균)도 향상 살균(고온단시간, 내열균의 사멸:완전살균)	retort(내열성,무취성), 차단성, 무균포장 (clean포장재)	bio clean화 무균포장 (전살균) retort(후살균)	gable top (저온) BIB(무균), Cup형(상온) 입방체, 원통
		저온	clean환경 clean(무균)도 향상 살균(저온이어서 생육되지않는 정균상태)	저온이어서 침투문제가 없어 단면처리 안함, clean포장재	bio clean화 초발균수 절감 열시충전	gable top (상온) BIB(무균), BIC Cup형(저온) 입방체,

＊모두 일반위생관리는 기본적으로 필요하며 최근에는 HACCP가 요구되고 있다

7. 복합종이용기의 현황과 전망

지기(紙器)는 종이로 만드는 용기라는 개념에서 벗어나 현재는 금속, 플라스틱 등의 적층제품이 일반화되어 있다. 현재의 지기는 표면가공, 형태, 적층가공 등의 기술개발에 의해 기능성이 추구되어 각종 제품들이 시판되고 있다. 예를 들면 내열성수지를 적층한 전자레인지용 내열성 용기, 흡수성수지를 사용한 take out용 카톤 이나 택배피자용 (crispy)카톤, 즉석라면용 단열성 골판지 부착 종이컵, 상온유통 청주용 종이컵, 청주나 액체세제용 소형 BIB(bag in box), 캔 대체용 스트레이

트원통용기 등이 있다.

이들 제품은 소비자의 요구와 지기제조업체의 기술개발에 의한 것으로 다양한 용도에 널리 적용되고 있다.

복합용기의 장래전망은 이들 요구에 따른 결과제품으로 더욱더 소비자의 요구에 부응하는 기능성을 부여하게 될 것이며 보다 더 정밀하고 보다 더 다양화되어 고기능성복합용기로서 널리 사용되게 될 것이다.

이들 기능성의 추구와 동시에 환경대응성과 포장적정화를 우선적으로 고려하여 기술개발이 진행될 것으로 예상된다.

환경문제는 자원의 리사이클링은 물론이고 기능면과 사용면에 있어서도 충분히 배려해야 할 것이다. 액체세제용 소형 BIB(bag in box)는 주출구(注出口)와 연결한 다층필름 bag을 내대(內袋)로 하고 외측을 카톤으로 보호하여 입체화한 용기이다. 카톤은 종이로서 리사이클의 대상이 되며 다층필름 백은 감용화되어 thermal recycle의 대상이 되어 에너지로 회수 된다.

이와 같은 환경을 우선적으로 고려한 품질설계가 장래에는 필수불가결한 요건이 될 것이다.

앞으로는 기능성추구와 환경 및 에너지 문제를 주체로 포장적정화를 지켜나갈 필요가 있다.

제4절   금속과 용기 

1. 금속용기

1) 금속캔의 역사와 특징

금속이 그릇으로서 사용된 것은 500년 이상 된 것으로 알려져 있으나 통조림이 고안되어 밀봉용기로서의 캔 기술이 확립된 것은 19세기 초(약 200년전)이다. 이

후 금속용기(금속캔)는 식품 등을 장기보존하고 소비자로 수송하기 위한 신뢰성이 높은 용기로서 사용이 확대되어 왔다. 특히 20세기중반부터 고가 음료의 소비가 확대됨에 따라 금속캔은 안전하고 편리한 용기로서 생활 속에 깊숙히 침투되게 되었다.

초기의 금속캔은 내면무도장의 양철판을 사용하여 주석(Sn)이 내용물에 용해되어 내용물(복숭아, 밀감, 배 등의 과실이나 아스파라거스 등)의 갈변에 의한 품질 변화를 억제하는 타잎의 납땜캔으로 대체되게 되었다. 접착캔이나 용접캔, DI캔(drawn & ironed can, 심교캔), DRD캔(drawn & redrawm can), TULC 등의 내면도장 또는 플라스틱 필름이 라미네이트된 캔이 주류를 이루게 되었다. 이들 캔 내면에 적용되는 유기재료의 특성 및 성능이 용기성능을 좌우하는 경우도 많다.

금속캔의 중요한 특징과 그에 따른 효과 또는 영향을 다른 용기와 비교하면 다음과 같다.

(1) 장 점

① 액체, 기체, 빛의 차단성이 우수하다 : 액체나 기체에 부수되어 진입하는 효모나 세균에 의한 변패, 변질이나 빛에 의한 내용물의 변화가 거의 없다.

② 열, 전기의 전도성이 크다 : 식품 등을 충전한 후의 가공이 가능하며, 가열살균, 냉각효율이 높다.

③ 성형성이 우수하다 : 다양한 가공이 고속, 고정밀도로 가능하여 생산성이 우수하다.

④ 강성(剛性)이 우수하다 : 공관(空罐), 실관(實罐)의 취급성이 우수하여 고속생산, 대량수송이 가능하다.

⑤ 리사이클성이 우수하다.

(2) 단 점

① 반응성이 높다 : 내용물에 의한 부식이나 고온, 고습하에서의 발청(發鏽)에 대한 대책이 필요하다.

② 비중이 크다 : 종이나 플라스틱용기에 비해 무겁다.

이외에 미개봉성이나 자기가열성 등의 기능도 부여할 수 있으며, 용기제조나 내용품의 충전, 살균, 수송 등과 더불어 환경부하물질의 배출억제나 재료의 리사이클도 진행되고 있으며 순환형 사회를 지향하는 우수한 용기로서 확고한 위치를 확보하고 있다.

금속캔은 재료와 가공방법의 개발, 소비자요구와 상응하여 적용범위가 확대되고 있는 것으로 이해할 수 있다.

2) 금속캔의 종류와 제조방법, 용도

금속캔을 대별하면 관동(缶胴 : can body)과 2매의 덮개(can top, can end)로 구성되는 3piece can과 바닥이 일체성형된 관동과 1매의 덮개로 구성되는 2piece can이 있다. 3piece can은 can body의 접합방법에 따라 접착캔, 용접캔, 납땜캔으로 분류된다. 한편 2piece can은 성형방법에 따라 분류되고 있다. 금속캔의 제관방법과 종류, 중요 용도를 [표 2-36]에, 또한 캔의 종류와 사용재료를 [표 2-37]에 나타냈다. 각종 금속캔의 제법과 특징은 아래와 같다.

(1) 3-piece can

3-piece can은 모두 약 1 m 각의 금속판에 도장·인쇄하고 1캔 사이즈의 블랭크(blank)로 절단한 후 원통상으로 성형하여 사이드 심(side seam)부라 부르는 부위를 접합하여 관동을 형성한다. side seam부의 접합방법에 따라 납땜관, 접착관, 용접관으로 분류된다. 관동에 한쪽 덮개만 권체한 상태로 출하되어 내용물을 충전한 후 다른쪽 덮개를 권체하여 밀봉한다. 어떤 관종(缶種)에 있어서도 도장·인쇄 공정이나 제관공정에서의 취급성 때문에 사용가능한 판재(板材)의 두께가 제한되게 되며, 캔의 경량화에도 한계가 있다.

① 납땜관 : 양철을 납땜으로 접합하여 관동을 형성하는 것이다. 고가인 주석을 도금한 양철을 사용하여 납땜하여야 하기 때문에 생산성이 낮고 접합부 주위의 무도장 부위를 인쇄할 수 없어 디자인(design)성이 떨어진다. 또한 납땜으로 인한 납용출문제가 있으며 다른 금속관에 비해 재료 가격이 높아 적용에 문제가 있다. 그러나 복숭아나 밀감, 배 등의 과일이나 아스파라거스 등의 야채에는 갈

변을 억제하여 품질보존 기간을 연장시키는 효과가 있어서 이들 용도에는 주석이 노출되도록 내면 무도장 납땜관이 적용되고 있다.

② 접착관 : 1960년대 후반에 주석자원의 고갈이 우려되는 상황이 되어 주석가격이 급등하게 됨에 따라 양철 대체 재료로서 전해크롬산처리강판(tin free steel, TFS)이 개발되었다. 이 TFS는 납땜할 필요가 없어서 관동의 접합방법으로 접착방식을 채용하기 때문에 접착관이라 한다. 생산성은 3piece can 중에서는 가장 양호하며 디자인성도 우수하다. 커피나 과즙음료 등을 주체로 적용되고 있다.

③ 용접관 : side seam부위를 용접에 의해 형성하는 것으로 용접방식에 여러 가지 방법이 제안되어 있는데 현재 주류를 이루고 있는 것은 동선을 사용하는 와이어(wire)용접방식이다. 관내면측의 롤에 의해 지지된 wire와 관외면측의 전극롤로 지지된 wire간에 전기를 통하여 관용금속재료에 의해 생성되는 저항열(抵抗熱)을 이용하여 용접하는 방식이다. 한편 레이저광을 조사하여 접합부 부근을 용접·접합하는 레이저용접 등도 실용화되고 있다.

wire 용접방식 등 전기저항을 이용하는 방법에 있어서는 통전성을 확보할 필요성이 있기 때문에 접합부부근은 무도장으로 하여야 하며, 금속재료도 통전성이 우수한 것을 채용하고 있다. 금속재료로서 실용화되어 있는 것은 얇게 주석·도금한 전기도금양철(ET), 극박주석도금강판(LTS), 주석-니켈합금도금강판(TNS) 등이 있다. 한편 레이저 용접방식을 채용하는 경우에는 유기물의 연소찌꺼기가 잔존하여 용접불량의 원인이 되기 때문에 용접부부근은 무도장으로 하는 수가 많다.

이와 같이 접합부부근은 무도장상태로 형성되기 때문에 관동형성 후에 접합부를 보정도장하여 내식성(耐食性)을 부여할 필요가 있다

용접관의 생산속도는 접착관에 비해 느려 접합부를 보정도장할 필요가 있는 등 생산성면에서는 결점도 많은데, 접합부가 용접구조로 되어 있기 때문에 강도가 높아 에어졸 캔 등의 내압용기로서 사용할 수 있는 이점이 있다.

또한 접합부의 강도가 강하기 때문에 neck in 가공 등에 대응하기 쉽고, 접합부의 두께가 비접합부와 별다른 차이가 없어 단차(段差)가 작아지기 때문에 can end 권체부의 밀봉성이 우수한 이점이 있다.

▮표 2-36▮ 금속캔의 제관방법, 종류와 주요용도

제관방법	종 류	주 용 어
납땜관	식관(食罐) 18 ℓ can aerosol can 일반can	음료, 농수축산물, 유제품, 조리식품 식품, 도료, 유지, 화학제품 살충제, 화장품, 세제, 도료, 가스bomb 조미료, 과자, 김, 차, 유지, 도료, 건전지
접착관	식관(食罐) 18 ℓ can 일반can	과즙음료, 커피, 홍차류, 조리식품 식품, 도료, 유지 조미료, 과자, 김, 차, 유지
용접관	식관(食罐) drum can 18 ℓ can pale can aerosol can 일반can	과즙음료, 커피, 홍차류, 조리식품 화학제품, 도료 화학제품, 도료, 유지 식품, 도료, 유지 살충제, 화장품, 세제, 도료, 가스bomb 조미료, 과자, 김, 차, 유지
DI 관	식관(食罐) aerosol can 일반can	탄산음료, 맥주, 차음료류 화장품, 세제 휘발유, 용제
타발관	식관(食罐)	수산물
DRD관	식관(食罐)	수산물, baby food, pet food
impact관	aerosol can	화장품
TULC	식관(食罐)	탄산음료, 맥주, 과즙음료, 커피, 홍차류

▮표 2-37▮ 관종과 사용재료

부위	관종/재료	양철(tinplate)	TFS	LTS	TNS	Al
can body	납땜관	○	–	–	–	–
	접착관	–	○	–	–	○
	용접관	○	–	○	○	–
	DI can	○	–	–	–	○
	타발관	○	○	–	–	○
	DRD관	○	○	–	–	○
	impact can	–	–	–	–	○
	TULC	–	○	–	–	–
can end		○	○	–	–	○

용접관은 일반식관이나 음료관, 에어졸관, 일반관 등 폭넓은 용도에 적용되고 있는데 용도에 따라 내면도료 등의 유기재료는 각종의 것이 다양하게 사용되고 있다. 위에서 기술한 바와 같이 접합부의 강도는 충분히 강하게 할 수 있는데, 적용되는 유기재료와의 조합에 따라 그 적용범위가 달라진다.

최근에는 글라비아인쇄된 PET(polyethylene terephthalate)필름을 외면에, 또한 내면에는 투명한 PET필름을 라미네이트한 용접관도 시판되고 있다. 미려한 인쇄를 실시할 수 있는데, 글라비아 인쇄에 사용되는 잉크유래의 용제나 접착제유래의 용제 등 환경부하물질의 배출량이 증가되는 결점이 있다.

(2) 2-piece can

타발관이나 DRD관 등, 미리 도장·인쇄된 금속재료로 형성시킨 것이나 PET계 재료를 라미네이트한 소재로 형성시켜 성형 후에 인쇄하는 TULC, 무도장금속판으로 형성시켜 성형후에 도장·인쇄하는 DI관, Al합금으로 형성시키는 임팩트 캔(impact can) 등이 있으며 각종용도에 다양하게 사용되고 있다.

① DI can : Al합금을 이용한 Al DI 캔과 전기도금양철을 이용한 steel DI can이 있다. 이들 금속재료는 코일(coil)상으로 공급되어 컵상으로 타발된다. 이 컵의 벽면을 압연가공함으로써 박육화(薄肉化)하여 관동을 형성한다. 이 압연가공은 매우 혹독한 것이어서 가공열이 상당히 발생한다.

따라서 압연공정은 쿨란트(coolant)라 불리는 윤활유 에멀젼(emulsion)을 취부(吹付)하여 냉각시키면서 하기 때문에 성형가공후에 세정공정이 필요하며, 또한 세정폐수를 처리하는 공정도 필요하다. 이 폐수처리로 인하여 발생되는 슬러지는 고형폐기물로 되기 때문에 제조공정에서 다량의 폐기물이 발생된다.

성형, 세정된 DI 캔은 표면처리, 내외면의 도장·인쇄 등의 공정을 거쳐 제품으로 된다. 이와 같이 DI 캔의 제조공정은 재료투입에서 제품취출까지 일련의 설비로 되어 있어서 생산성은 매우 좋다.

DI 캔용도료는 최초로 수성화가 달성되었다. 이에 따라 건조·소부 오븐(oven)에서 배출되는 용제량이 억제되게 되었으며, 또한 도료의 보관·사용에 관한 소방법상의 위험물 취급관리 대상에서 제외되는 등의 효과가 얻어지게 되었다.

 DI 캔은 측벽부의 판후(板厚)가 매우 얇아지게 될 때까지 가공하여 경량화를 도모하고 있다. 따라서 내용물이 충전되어 시장에 유통되는 경우에는 양압(陽壓)으로 하여 강도를 유지시키고 있다.

 이와 같은 이유로 맥주나 탄산음료와 같이 내용물 그 자체가 탄산가스를 용해하고 있는 것에 가장 적합하게 적용할 수 있다. 그러나 최근에는 음용차류 등에 적용시키기 위해 밀봉직전에 액체질소를 첨가함으로써 관내압(缶內壓)을 발생시키는 경우도 있다

② TULC : TULC(Toyo Ultimate Light-weighting Can)는 PET를 주체로 한 copolyester 필름을 TFS의 양면에 라미네이트한 소재로 제조한 2 piece can으로 동양제관에서 개발한 것이다.

 라미네이트재료를 사용하는 것을 제외하고는 DI 캔과 비슷한 공정으로 제조되는데, 측벽부의 가공방법이 다르다. DI 캔은 단순한 압연가공이어서 가공열이 발생되어 쿨란트(coolant)사용이 필수적이지만, TULC의 경우에는 stretch drawn가공과 압연가공을 조합하는 방식을 채용하기 때문에 가공열발생이 억제되어 쿨란트를 사용할 필요가 없다. 즉 dry성형법이어서 성형 후에 캔을 세정할 필요가 없으며 폐수도 발생하지 않는다. 또한 내외면 모두 PET계필름을 라미네이트하기 때문에 성형후에 도장할 필요가 없이 그대로 외면에 인쇄할 수 있다. 이와 같이 TULC의 제조는 고형폐기물 등의 환경부하물질의 발생을 크게 억제한 환경대응성이 우수한 공정으로 행해진다. [표 2-38]에 DI 캔과 TULC의 제조공정에서의 환경부하를 나타냈다.

 TULC에는 맥주나 탄산음료에 사용하는 양압용과 커피음료나 음용차류 등에

▌표 2-38▌ DI can과 TULC의 제조공정에서의 환경부하 비교

	단위	TULC	steel DI can
물사용량	m³/5,000만 can	0	9,160
CO_2배출량	kℓ/h	211	702
고형폐기물량	kg/5,000만 can	120	40,000
제조에너지	MJ/can	0.09	0.35

사용하는 음압용이 있다. 양압용 TULC의 공관중량은 이미 steel DI can보다 가벼워졌으며 음압용 TULC의 공관중량은 같은 용도에 적용되고 있는 3-piece can 보다 가볍다. 이와 같이 TULC는 자원절약면에서도 이미 기존의 금속캔을 능가하게 되었다.

③ DRD can : 도장인쇄한 금속재료를 drawn & redrawn가공하여 제조한 것이다.

캔의 높이가 높은 것을 만드는 경우에는 내면도막이 가공에 따라 얼어지는 경우가 많다.

캔의 높이가 낮은 것이 실용화되어 어육이나 조리식품, 베이비푸드(baby food), 페트푸드(pet food) 등에 채용되고 있다.

$1m^2$정도의 평판에 도장·인쇄한 후 press성형하여 제품을 만든다.

이 성형 공정은 TULC와 마찬가지로 측벽부를 박육화할 수 없어 용량당 공관중량이 무겁다. 소재의 이용효율을 높이기 위해 소재는 scrol·cut되며, 또한 인쇄에는 성형후에 정규형태로 되도록 distortion인쇄 등의 기술도 채용되고 있다.

④ 타발관 : 생선튀김이나 생선구이 등에 적용되고 있는 비교적 얇은 캔이 이에 속한다. 제조 공정은 DRD 캔과 거의 같은데, 교가공과 타발을 1공정으로 행하여 제조하는 것이 타발관이며 재교(再絞)에 의해 캔의 높이를 높인 것이 DRD 캔이라 해도 좋다.

⑤ impact can : Al합금을 충격·후방압출가공하여 제조하는 2 piece can으로 구경이 작고 높이가 높은 것이 얻어진다. 성형은 쿨란트(coolant) 중에서 행해지며, 후공정은 DI 캔과 같다. 화장품 등의 에어졸 제품에 채용되고 있는데, 생산성이 낮아 고가이다. 최근에는 DI 캔에도 비교적 구경이 작은 것이 제조되고 있으며, 일부는 DI 캔으로 대체되고 있다. 그러나 비식품 고급품용도를 중심으로

▌표 2-39▌ can용 Al재의 합금조성

화학조성(%)	Si	Fe	Cu	Mn	Mg	Cr	Zn	Ti
3004	0.30	0.7	0.25	1.0~1.5	0.8~1.3	—	0.25	—
5052	0.25	0.40	0.10	0.10	2.2~2.8	0.15~0.35	0.10	0.05
UBC*	0.23	0.50	0.22	0.91	1.9	—	0.15	—

* 금속캔회수재

소량이지만 현재도 생산되고 있다.

3) 금속캔의 특징 비교

(1) steel 과 Al(소재)

금속캔에 사용되는 steel소재에는 양철, TFS(tin free steel), TNS, LTS 등이 있으며, 양철은 납땜관, 용접관, steel DI관 등으로 사용되고 TFS는 접착관이나 DRD관, TULC용원판 등으로, 또한 TNS와 LTS는 주로 용접관으로 사용되고 있다. 한편 Al 재료로서는 Al DI 캔에 사용되는 3000계 합금과 can end 등으로 사용되는 5000계 합금이 있다. [표 2−42]에 캔용 Al재의 합금조성을 나타냈다.

금속캔(납땜관)이 최초로 개발된 당시에는 용융주석도금양철이 사용되었는데, 이 용융주석도료양철은 주석도금량이 매우 많으며, 주석자원의 고갈과 가격앙등이 예상되게 되어 주석도금량이 절감되는 전기도금양철이나 주석도금량이 매우 작은 LTS, 주석/니켈 합금도금을 시행하는 TNS, 주석을 전혀 사용하지 않는 TFS 등이 개발되게 되었다.

또한 경제적인 측면에서 보면 steel소재는 국내에서 제강, 압연, 표면처리되어 국제시장가격에 대한 영향이 적으나 Al소재는 대부분이 해외에서 정연(精鍊)된 Al 원료를 수입하여 국내에서 성분조정, 압연, 표면처리하고 있기 때문에 국제시장가격의 영향을 크게 받으며 가격변동폭이 커서 안정적이지 못하다. 더욱이 단위면적당으로 보아도 단위중량당으로 보아도 Al의 가격이 높아 제조업계에서는 가격이 안정되고 값싼 steel을 선호하는 경향이 있다.

(2) 2piece can 과 3piece can(형태)

금속캔은 비용을 절감할 목적으로 특히 DI관이나 TULC를 중심으로 경량화가 추진되고 있다. *Al* DI 캔의 경량화가 추진되어온 경과를 [그림 2−34]에 나타냈다.

Al DI 캔뿐만 아니라 steel DI 캔도 마찬가지로 경량화가 추진되어 왔으며 모두 이미 측벽부의 두께(板厚)는 캔의 강도면에서 거의 한계에 가깝다. 그리고 neck in 가공에 의해 입구를 좁혀 can end 면적을 줄임으로써 재료사용량을 절감하는 방법이 행해지고 있다.

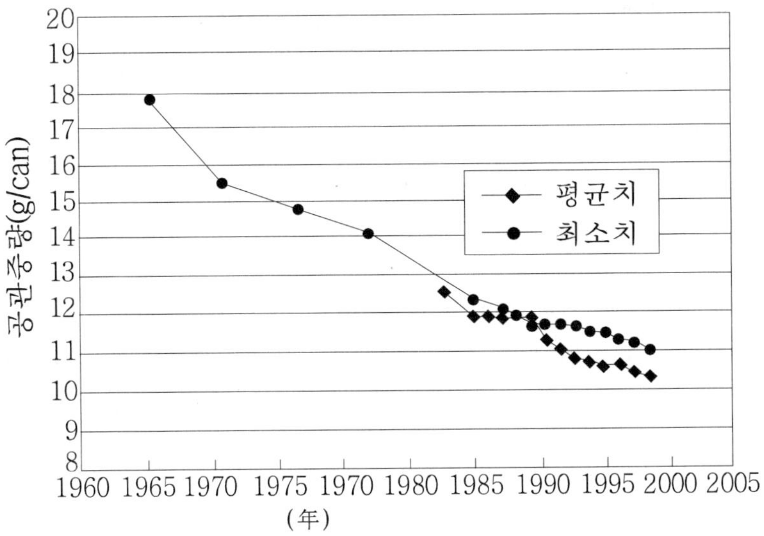

┃그림 2-34┃ *Al* DI can의 경량화 추이(미국)

이 neck in가공에 관해서는 *Al*과 steel의 재료차는 적으며, 오히려 3piece can의 경우에는 2piece can의 경우만큼 가공할 수 없는 등 캔의 종류에 따른 차이는 크다. TULC에 있어서도 측벽부의 박육화나 neck in가공이 행해져 경량화가 추진되어 이미 캔중량은 steel can보다 가볍다.

3piece can에 있어서는 관동부위의 박육화에는 한계가 있다.

강도면에서는 원래 steel DI 캔의 측벽부와 동등한 두께까지는 적용이 가능하지만 steel면적당 가격은 두께가 얇은 영역에서는 두께에 가격이 비례하지 않는다. 이 영역까지 얇게 하는 경우에는 압연, 소둔(燒鈍), 압연의 공정을 거듭할 필요가 있으며 단지 압연만에 의해 얇게 하면 가공경화 현상이 두드러지게 나타나게 될 뿐만 아니라 제품의 평면성도 나빠지게 된다. 이와 같이 3piece can 용 판재(板材)의 박육화에는 경제성면에서도 한계가 있다. 더욱이 두께를 어느 정도 이하까지 얇게 하면 도장, 인쇄, 제관 등의 공정이나 또한 user의 충전설비에서의 취급(handling)도 곤란하게 된다. 이것을 취급하기 위해서는 그에 맞도록 설비를 대폭 개조할 필요가 생겨 투자대효과를 고려하면 merit가 없어지게 된다.

3piece can의 경우에도 관동부위에 비드(bead)가공을 실시함으로써 강도를 부여하여 두께를 얇게 하는 기술이 개발되어 행해지고 있다.

최근에는 관동부위에 다이아몬드상의 가공을 실시함으로써 강도를 부여하여 얇은 금속판을 적용시키는 방법도 채용되고 있다. 그러나 3piece can의 경우에는 아무리 박육화를 촉진하여도 2piece can 만큼 얇게 할 수가 없으며 재료사용량의 면에서 보면 2piece can의 경우가 3piece can의 경우보다 유리하다.

2piece can과 3piece can의 우열을 비교하는 경우, 우선적으로 생산성을 비교하여야 한다. DI can이나 TULC의 경우에는 긴 coil상의 판재가 공급되어 최종제품으로 완성되기까지 연속된 공정으로 처리된다. 또한 1 line당 생산속도는 1000~2500can/min으로 매우 생산성이 양호하다. 이에 비해 3piece can의 경우에는 도장, 인쇄, 제관 등의 각 공정에 판재가 적상(積上)되어 작업이 중단되는 경우가 많아서 이들 공정마다 사람의 손이 필요하기 때문에 생산속도가 1000can/min 정도로 느리다.

따라서 생산성면에서도 2piece can의 경우가 3piece can 보다 유리하다.

3piece can의 이점으로서는 미려한 인쇄를 할 수 있다는 점을 들 수 있다.

이것은 인쇄방식의 차에 따른 것인데 2piece can의 인쇄공정에 3piece can의 인쇄방식을 도입하는 것은 불가능하다. 2piece can의 인쇄방식에 대해서도 검토가 계속되고 있어 서서히 개량되고 있는데 아직 3piece can의 인쇄품질까지는 이르지 못하고 있다. 한편 3piece can에 있어서도 글라비아 인쇄된 PET필름을 라미네이트한 용접관이 실용화되고 있다.

이 기술에 의하면 종래의 평판인쇄보다는 확실히 미려한 인쇄품질이 얻어진다.

그러나 외면인쇄는 내용물을 보호하기 위한 용기의 기본성능과는 무관한 것으로 상품가치를 높이기 위한 부가가치적 성능이다. 이와 같은 부가가치를 높이기 위한 목적으로 다량의 유기용제를 사용하는 글라비아인쇄나 라미네이트라는 환경부하가 큰 공정을 도입하는 것에 대한 시비는 앞으로 상당한 문제가 될 것으로 예상된다.

(3) DI can과 TULC (제법)

위에서 기술한 바와 같이 DI can의 가공에는 윤활과 냉각의 목적으로 coolant가 사용되는데, TULC의 가공은 건조성형으로 [표 2-38]에 나타난바와 같이 이 성형방법의 차이에 따라 공정에 사용하는 물의 양이나 CO_2 배출량, 고형폐기물량, 제조에너지에 큰 차이가 생긴다.

특히 폐수처리에 의해 발생되는 슬러지가 고형폐기물량에 크게 기여하게 된다. 또한 사용하는 물의 양이나 CO_2배출량, 제조에너지도 다른 관종(缶種)에 비해 적다.

앞으로는 환경부하절감에 대한 요구가 더욱더 엄격하게 될 것으로 예상된다.

4) recycle 특성

미국이나 유럽, 일본 등의 선진국에서는 이미 "용기포장 리사이클법"이 시행되어 각종용기포장에 대한 리사이클의무가 규제되고 있다. 그러나 금속캔의 경우에는 이미 업계에서 리사이클 시스템이 확립되어 "용기포장 리사이클법"의 규제대상에서 제외되고 있는 실정이다.

앞으로도 이 리사이클율을 높이기 위한 노력이 계속될 것으로 예상된다.

여기서는 Al과 steel을 대상으로 회수된 공관(空罐)의 재이용에 대하여 설명하기로 한다. 일본에서의 Al can과 steel can, PET bottle의 recycle율의 추이를 [그림 2-35]에 나타냈다.

(1) Al can의 recycle

일본에서는 Al can의 recycle은 Al can 리사이클협회가 중심이 되어 추진하고 있으며 리사이클율이 매년 상승되고 있다. 회수된 Al can은 다시 금속캔용 소재로 재생(can-to-can recycle)되는 경우도 있으나 대체로 가스켓 리사이클(gasket recycle)

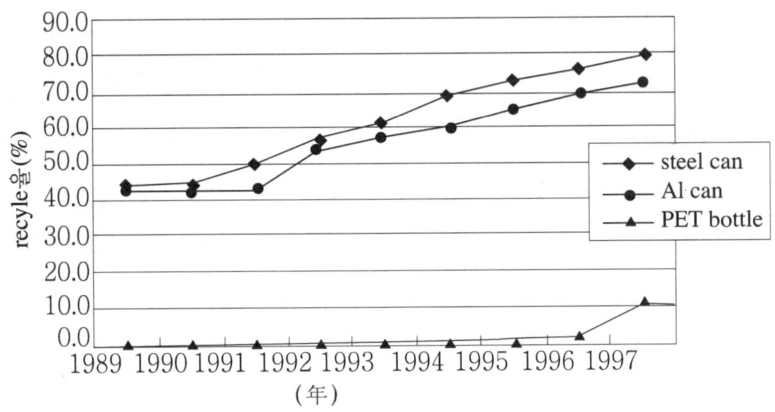

▎그림 2-35▎ 각종용기의 recycle율의 추이(일본)

(저품위의 Al재로 재생하여 이용하는 방법)이 채용되고 있다. 그 이유는 관동부분과 can end부분에는 합금조성이 다른 재료가 사용되고 있기 때문이다. 따라서 어떤 소재로 리사이클하기 위해서는 순 Al을 첨가하여 희석하고, 각종합금성분을 첨가하여 성분조정을 하여야 한다. 캔용재료의 사용량이 증가함에 따른 재생재의 용도도 확대되고 있다.

캔투캔(can-to-can) 리사이클은 실제로 행해지고 있으나 UBC의 전량이 캔투캔리사이클되는 것은 아니다. 나머지 UBC는 건축자재용도 등의 Al합금원료로서 사용되고 있다. 이와 같이 첨가합금성분이 증가하면 첨가합금성분이 적은 조성으로의 재생이 더욱더 곤란해진다. Al합금을 전해정련(電解精鍊)하여 순 Al으로 리사이클하는 것은 전혀 경제성이 없어 보다 저품위로 첨가합금 성분이 많은 용도로 리사이클하게 된다. 이것이 Al에 있어서 가스켓 리사이클(gasket recycle)이다.

(2) steel can의 recycle

일본에서는 steel can recycle은 공관처리대책협회가 중심이 되어 추진되고 있으며 recycle 율은 [그림 2-35]에 나타난 바와 같이 매년 상승되고 있다.

steel can의 경우에도 일부는 can용소재로서 recycle되어 재생되는데, 일부는 가스켓 리사이클(gasket recycle)되고 있다. 즉 제철공정에서 고로원료로서 공관을 포함한 쇄철이 이용되고 있다. 이 경우 금속캔의 양철 유래의 주석이 과다할수록 철의 품질이 나빠진다. 따라서 나머지 다량의 공관을 투입할 수 없으나 조강(粗鋼)생산량에 비하여 공관회수량이 매우 적기 때문에 실제로는 그다지 문제가 없다. 또한 can end의 Al이나 TFS, TNS 등에 사용되고 있는 Cr, Ni 등은 강철의 품질에 악영향을 미칠 정도의 양은 아니다. Al은 철의 환원제로서 작용하여 오히려 유용하게 작용한다. 이와 같이 recycle 적성면에서 보면 용접관의 경우에는 양철의 사용을 줄이고 TNS나 LTS를 증가시키는 것이 좋으며, 납땜관이나 steel DI can 등의 양철을 사용하는 can 은 TULC나 접착관, 용접관 등으로 대체하는 것이 바람직하다.

공관 등의 쇄철 용도로서 큰 것으로 전로용(電爐用)원료가 있다. 전로에서는 주로 쇄철을 용해하여 주물용소재를 제조하고 있는데, 이 방법은 gasket recycle의 범주에 드는 것으로 볼 수 있다.

5) 금속캔의 장래전망

금속캔 시장의 장래전망을 예측하기 위해서는 우선 음료소비량의 동향을 예측하여야 하는데, 음료소비량은 **GDP**의 증가와 직접적인 상관관계를 갖고 있다. 또한 음료소비량은 기후의 영향도 받으며, 특히 여름철에 그다지 덥지 않다면 음료소비량이 저하된다.

한편 금속캔의 동향을 예측하는 경우에는 **PET** 병과의 경합에 따라 상당한 영향을 받는데, 나아가서는 금속캔 중에서도 관종(罐鍾)에 따라 수요가 다르다. 그리고 앞으로 이들 예측에 있어서 key word는 "환경대응형"이 될 것이다.

(1) PET bottle과의 경합

소형 **PET** 병이 시장에 투입된 이래로 청량음료용도에 있어서 금속캔의 비율은 저하되는 경향이 나타나고 있다. 앞으로의 동향을 예측하는 경우, 미국의 현황을 분석하는 것이 큰 도움이 될 것이다. 미국에서는 소형 **PET** 병의 시장투입을 규제하지 않고 시장원리에 맡겨두고 있다. 따라서 미국의 현황을 보면 청량음료의 용량기준으로 금속캔과 **PET** 병의 비율은 거의 같은 정도로 되어 있으며, 앞으로 PET병이 약간 우세하게 될 것으로 예상된다. 그러나 이 예상에는 가정내소비용 대형(1.5ℓ, 2ℓ 등) PET병이 포함되어 있어서 개수기준으로는 금속캔이 아직도 우세한 상황에 있다. 일본에 있어서도 이미 용량기준으로는 **PET**병 음료의 소비량이 금속캔음료에 육박하고 있으며, 앞으로 얼마 안 있어 미국과 마찬가지로 용량기준에서의 비율은 같아질 것으로 예상된다.

한편 **PET** 병에의 충전속도는 금속캔에 비해 늦어 생산성이 떨어진다. 가정내소비용 대형 **PET**병은 별도로 하고 소형 **PET**병에 대한 금속캔과의 경합이 점차 극심해지고 있으며 특히 **350ml**이하의 경우에는 더욱더 경합이 심하다

현재에는 금속캔과 **PET** 병의 우위를 가릴 수 없는 상태이지만, 환경문제(용기제조에너지, **recycle**, 폐기물문제 등)에 대한 법규제에 따라 결판지어질 것으로 예상된다.

(2) 장래의 금속캔

주석자원의 고갈이 우려되어 납땜관이 접착관이나 용접관, DI can 등으로 대체될 것으로 예상된다. 현재는 주석자원이 고갈된 상태는 아니지만 주석가격이 높아서 주석을 다량으로 사용하는 양철관의 생산이 자제되고 있으며, 용접관에 있어서도 전기도금양철의 사용이 줄어 특수용도를 제외하고는 TNS나 LTS를 주로 사용하고 있다. steel DI can도 양철을 사용하기 때문에 주석가격과 recycle면에서 불리하여 앞으로 그 사용이 점차 줄어들 것으로 예상된다.

양철을 사용하지 않는 용접관 (TNS, LTS를 사용)이나 접착관(TFS를 사용)사용에 있어서도 사용재료의 절감(공관중량의 절감)에는 한계가 있어서 이들 can은 Al DI can이나 TULC로 대체되고 있다.

한편 Al DI can은 원료가격이 높아 가스켓 리사이클(gasket recycle)이 주가 되고 있다.

그러나 원료가격이 높다는 것은 공관을 회수한 쇄Al(UBC)의 가격이 높다는 것이어서 recycle을 추진하는 측에서 보면 메리트(merit)가 있다.

각종 사회단체나 학교 등에서 회수된 공관의 가격이 높을수록 리사이클운동을 전개하기에는 유리하다. 쇄철 가격이 낮을 경우에는 steel can을 회수하여도 운송비 등의 비용이 쇄철 가격을 웃돌게 되어 판로가 없어 리사이클 운동전개에 문제가 있다. 그러나 순환형 사회구축을 목표로 지향하는 입장에서 보면 리사이클이 매우 중요하기 때문에 국가적으로 대책을 수립하고 있다. 이와 같이 장래에는 Al DI can과 TULC가 금속캔의 주류를 이룰 것으로 예상된다. 환경부하절감과 순환형 사회구축을 염두에 둔다면 TULC는 궁극적으로 그 목적에 부합되기 때문이다.

(3) 환경 hormone 문제

금속캔의 내면도장에 사용되는 에폭시(epoxy)계 도료에는 에폭시수지 원료로서 사용되는 bisphenolA(BPA)가 미량으로 함유되어 있다. BPA에 에스트로디엔(여성호르몬)활성이 있다는 것은 오래전부터 알려져 있는 사실인데, 이것이 통조림 내용물로 이행하여 인체에 악영향을 미칠 우려가 있다. 이것이 금속캔에 있어서 이른바 환경호르몬(hormone)이다.

미국의 플라스틱 공업협회(SPI)나 유럽의 플라스틱공업협회(CEFIC) 등이 중심이 되어 광범위한 실험을 행하고 있으며, 현재까지의 연구결과에서는 ① 통조림 식품을 통하여 섭취할 가능성이 있는 BPA량은 6.3μg/day정도로 허용섭취량(TDI)에는 미치지 않는 미량이다. ② 체내에 도입된 BPA는 대사를 통하여 배설되어 생체축적성은 없다. ③ 환경 중에 방출된 BPA는 비교적 단기간에 분해되어 환경축적성은 없다는 등의 결론이 얻어졌다. 이와 같은 실험 결과로 보아서는 현재 레벨(level)로서는 인체에 악영향을 미칠 가능성은 매우 낮은 것으로 알려졌다.

한편 무작용량(NOEL)보다 훨씬 적은 양의 BPA를 쥐에 투여한 결과 숫놈의 전립선비대가 확인되었다는 보고가 있으며, 이를 저용량효과설이라 한다.

이 저용량효과설이 사실이라면 종래의 독성평가방법 그 자체를 재검토할 필요가 있다. 그러나 이 결과는 광범위한 추가시험에 있어서도 재현되지 않아, 아직 학회의 정설로 인정되고 있지 않으나 하루 빨리 그 진위가 밝혀져야 할 것이다.

BPA는 can의 내면도로에 함유되어 있는 것이어서 PET필름을 라미네이트(laminate)한 소재로 제조한 TULC나 유사한 소재로 제조한 용접관 등의 소재에서는 추출되지 않는다. 그러나 TULC에 있어서도 can end내면에는 에폭시계 도료가 도포되어 있으며, 라미네이트용접관에 있어서는 can end에 첨가하여 관동접합부의 보정에도 에폭시계도료가 사용되고 있어서 TULC나 라미네이트용접관의 경우에도 극히 미량이지만 BPA가 추출된다.

제관업체에서는 이들 캔에 사용되는 도료는 물론이고 다른 관종(罐種)에 사용되는 도료에 대해서도 BPA절감을 위하여 노력하고 있으며, 현재 시판되고 있는 제품에는 BPA이행량이 극히 소량에 지나지 않는다. 그러나 에폭시계 도료를 사용하는 이상에는 BPA이행량을 제로(zero)로 할 수는 없으며 에폭시계 도료의 우수한 특성을 다른 재료로 대체하는 것도 곤란한 상황에 있다.

이 문제에 관해서는 논쟁이 계속되고 있는 저용량 효과설의 영향이 매우 크다. 하루빨리 진위가 밝혀져 TDI가 재설정(또는 재확인)되어야 할 것이다. 제관업체는 BPA 이행량을 이 TDI보다 충분히 낮은 레벨(level)로 억제하도록 노력을 기울이고 있다.

21C는 모든 산업과 민생분야에서 환경부하절감과 순환형사회구축이 요구되는

시대로 되었다. 포장용기업계도 마찬가지로 이와 같은 추세에 발맞추어 용기의 제조는 물론이고 원재료의 제조에서부터 제품의 수송, 충전, 살균 등의 통조림제조공정, 유통, 소비과정, 사용한 후의 빈 용기의 리사이클과정까지를 포함하여 모든 과정에서 환경부하절감을 위한 노력을 기울이고 있다. 또한 리사이클을 고려한 제품설계(ecodesign)가 이루어지고 있다. 이와 같은 관점에서도 금속캔은 PET 병이나 유리병, 종이제용기 등과 더욱더 치열한 경합을 하게 될 것으로 예상된다.

또한 인쇄품질의 개량이나 형상의 다양화 등 부가가치 향상을 목표로 한 개량이 계속 추진될 것으로 예상된다.

2. Al - foil과 용기

1) Al - foil의 수요

오래전부터 금속을 얇게 신전시켜 foil(箔)로 하여 장식용으로 사용하여 왔다. 이들 금속은 신전성(伸展性)이 양호한 금, 은, 동 등이 주로 사용되어 왔다. Al이 foil로서 사용된 것은 19C말에 Al이 전해정련법(電解精鍊法)에 의해 생산된 것이 처음이다.

당시에는 수타(手打)에 의존하였으나 그 후 압연기가 도입되어 연속적인 롤압연이 가능하게 되어 공업적으로 생산되게 되었다. 처음에는 담배포장용으로 사용되었으며, 점차 식품, 의약품 등의 포장재료, 전기, 일용품재료 등으로 용도가 넓어짐에 따라 생산량도 크게 증가되었다.

Al - foil은 미려한 금속광택, 방습성, 기체차단성, 열안정성, 열전도성이 양호하고 값이 싸기 때문에 각종 산업분야에 널리 이용되고 있다.

특히 포장분야가 차지하는 비율이 비교적 크고 그 수요도 매년 증가되고 있다.

Al - foil이 포장재료로서 이용되는 경우는 Al - foil단체로 사용되는 경우는 드물고 종이나 플라스틱필름과 첩합하거나, 코팅, 인쇄, 형부(型付)되어 사용되는 경우가 대부분이다.

2) 성형가공

Al - foil은 신전성이 풍부하여 우수한 기계가공적성을 지닐 뿐만 아니라 Fe, Si, Mn, Mg 등의 원소와 합금한 합금박은 성형재료로서 매우 유용한 것이 많다.

이 용도에는 $30{\sim}150\mu\mathrm{m}$두께 범위의 것이 많이 사용되며, 성형되는 용기의 형상과 깊이, 필요한 강성(剛性) 등에 따라서 Al - foil의 재질, 두께 등이 결정된다.

(1) 용기의 종류와 용도

① 주름잡은 Al - foil용기 : foil container 또는 semi-rigid foil container라 부르며 외관상의 특징으로서 용기의 측면과 플랜지(flange)부에 무수한 주름이 있다. 이 용기는 주로 일용품, 제과, 냉동식품분야에 사용되고 있다.

② 주름없는 Al - foil 용기 : 형태적으로는 주름없는 편평한 측면과 평활한 수면 flange 부분을 갖추고 있는 용기로 외관기능상은 전자와 크게 다르기 때문에 일반적으로 스무스 월 컨테이너(smooth wall container)라 부른다.

이 용기는 가공구성, 용도에 따라 다음과 같이 2가지로 분류된다.

- 내면랙커코팅 type : 젤리, 잼, 퓨린(purine) 등의 용기로 사용되고 있다.
- 내면필름 type : 내면에 pp필름을 드라이 라미네이트(dry laminate)한 것으로 레토르트(retort)식품용기로 사용되고 있다.

③ Al - foil, 수지 복합 용기 : Al - foil의 구성비율에서 차지하는 비율이 비교적 작으나 플라스틱필름, 시트(sheet)의 특성을 살린 새로운 복합용기이다.

첫째는 제조공정의 in line으로 성형, 충전, 밀봉 봉함이 행해지는 장출(張出)성형용기가 있다. 사용예로서는 의약품 정제 캅셀포장, 액체, 점성체에 가장 적합한 튜브(tube), 병 형상의 것이 있다.

둘째는 Al - foil과 $200{\sim}300\mu\mathrm{m}$정도 두께의 플라스틱 시트를 라미네이트시킨 교(絞)성형용기이다. 이지필(easy peel)성, 기체차단성 기능을 지닌 Al - foil용기의 결점이었던 용기변형 등의 문제점을 해소할 수 있는 용기이다.

세 번째는 외견상으로는 플라스틱용기와 다르지 않으나 덮개에는 풀탭(pull tab)방식의 이개봉(easy open)기능을 갖게 하고 can end와 can body 부위에 Al - foil, 수지의 다층구성인 2piece 및 3piece구조의 용기이다.

모두 레토르트식품용도에 적용되고 있으며 종래의 Al‑foil용기의 이미지와는 크게 다른 용기이다.

(2) 성형용 Al‑foil재료

① **교가공 성형용 Al‑foil** : 순Al계와 **Al‑Mn** 합금계 **Al‑foil**이 사용되고 있다.

순Al계는 인장강도는 낮으나 신전율이 높고, **Al‑Mn**합금계는 신전율은 낮으나 인장강도가 높다. 이것은 교성형주름형 Al‑foil용기에 많이 사용되고 있다.

② **장출성형용 Al‑foil** : 장출(張出)성형용 **Al‑foil**은 재료의 신전만으로 성형가공되기 때문에 특히 **Al‑foil**의 신연성(伸延性)을 높이는 것이 중요하다. 따라서 교성형과는 약간 달라서 **Al‑Fe**합금계가 사용된다. **Al‑Fe**계의 합금은 결정립의 크기가 작아져 신연성이 높아진다.

장출 성형재료는 **Al‑foil**이 $20 \sim 50 \mu m$의 얇은 것이 사용되며, 전체구성에서 차지하는 **Al‑foil**의 비율이 작기 때문에 성형에 대하여 복합된 플라스틱필름의 물성이 큰 영향을 미친다. 또한 구성재료간의 접착성도 간과해서는 안될 중요한 요소이다.

③ **교가공성형용 Al‑foil, 수지복합재료** : 복합화된 플라스틱필름, 시트의 물성이 매우 큰 요소를 차지한다.

물성면 이외에도 필름, 시트의 편육(偏肉)에 따른 두께의 착오나 겔(gel) 등의 이물에 의한 결함에 유의하여야 한다.

(3) 성형방법

① **교성형** : 교성형 공정으로서 다음의 4공정이 있다.

- 블랭크(blank)를 잘라낸다(절단)
- 용기로 성형한다.(교성형)
- 컬(curl)을 형성시킨다.
- 성형 금형에서 뽑아낸다.

교성형에는 [그림 2‑36]에 나타낸 바와 같이 블랭크(blank)직경에서 중심방향으로 재료를 부어 넣기 때문에 외원주부(外原周部)에서는 원주부 방향으로 응축

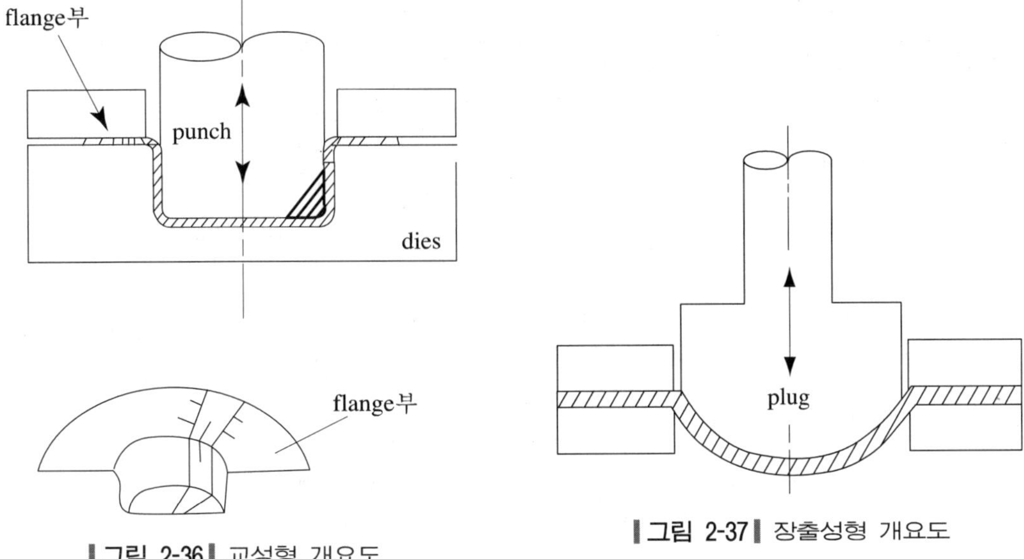

┃그림 2-36┃ 교성형 개요도

┃그림 2-37┃ 장출성형 개요도

압력이 걸리면, 반경방향에서는 인장응력이 작용한다. 따라서 주름 압력의 대소, 펀치(punch)와 다이(die)간의 클리어런스(clearance) 등에 의해 용기의 측면이나 플랜지(flange) 부분에 주름이 생긴다. 주름 없는 **Al - foil** 용기의 경우는 이와 같은 주름이 생기지 않도록 성형한 것을 말한다.

② **장출성형** : 장출성형은 교성형과 달라서 [그림 2−37]에 나타낸 바와 같이 플랜지 부분이 완전하게 클램프(clamp)된 상태로 성형 펀치(punch)에 의해 재료의 신연만으로 성형된다. 따라서 장출성형에 있어서는 보다 깊은 용기를 얻기 위해 어떻게 재료를 균등하게 신연시키는가가 가장 중요한 점이 된다.

장출 성형성에 대하여 미치는 성형조건의 영향은 다음의 3가지를 들 수 있다.

- 펀치의 가공속도
- 성형 펀치, 다이의 형상
- 성형 펀치와 재료간의 마찰계수

3) Al-foil의 용도

Al - foil은 그 우수한 특성을 살려서 포장재료, 전기재료, 일용품재료 등으로 널

┃ 표 2-40 ┃ Al-foil포장재료의 용도와 구성

대분류	중분류	용 도	Al-foil(μm)	재 료 구 성
식료품	과자	츄잉껌(내장)	7	Al-foil/왁스/박엽지
		츄잉껌(외장)	7	방습셀로판(인쇄)/PE/Al-foil/PVA/모조지/왁스/박엽지
		양갱	7	(인쇄) S roll지/PVA/Al-foil/PE
		비스켓	7	(인쇄) Al-foil/PVA/상질지
		아이스바	7	(인쇄) Al-foil/왁스/박엽지
		판쵸코렛	9~13	(착색) Al-foil/vinyl coating
		캔디	7	(인쇄) Al-foil/PVA/모조지/silicon 셀로판/(인쇄)/우레탄/Al foil
	낙농	버터, 마가린	7~9	(인쇄) Al foil/PVA/parchment/(내유지)
		치즈	12~15	(인쇄) OP coating/Al foil/vinyl coating
	음식품	분말식품	7~9	셀로판(인쇄)/PE/Alfoil/PVA/상질지/PE 셀로판(인쇄)/PE/Al foil/PE
		우유음료(덮개재)	20~40	PET(인쇄)/우레탄/Al-foil/PE/hotmelt, (인쇄)Al-foil/PE/hotmelt, PET(인쇄)/우레탄/Al-foil/vinyl coating
		라면스프	7	셀로판(인쇄)/PE/Al-foil/PE
		커피(inner seal)	10~15	왁스/Al foil(인쇄)/PE/(인쇄)/glassine지
		tuck seal label	7	(인쇄) Al-foil/PVA/상질지/감압접착제/이형지
		조리식품(pouch)	7~13	PET(인쇄)/우레탄/Al-foil/우레탄/PP
		조리식품(container)	90~120	(인쇄)/Al-foil/우레탄/PP 또는 PE
		label	7~9	(인쇄) Al-foil/PVA/상질지
담배	담배	담배	6~7	Al-foil/박엽지 (착색)Al-foil/PVA/상질지, 순백roll Al foil/PVA/상질지,순백roll
화학	의약품	약품(strip 포장)	7~30	셀로판(인쇄)/PE/Al-foil/PE PP(인쇄)/PE/Al-foil/PE
		약품(PTP)	15~20	OP/인쇄/Al-foil/인쇄/vinyl coating
		약품(stick)	7	glassine(인쇄)/PE/Al-foil/PE
	화학품	비누	7	(인쇄) Al-foil/PVA/박엽지/hotmelt
		치약	9	셀로판(인쇄)/PVA/Al-foil/PE
		화장품	7~10	(인쇄) Al-foil/PVA/판지
기타	건설	단열재	7~9	(인쇄) Al-foil/PVA/kraft지
		종이	7	종이/PE/Al-foil/PE/골판지/PVA/발포스티롤

리 사용되고 있다.

(1) 포장재료

수증기, 기체 등에 대한 차단성을 지님과 동시에 그 금속광택에 의한 장식성을 살려 Al‑foil은 포장재료로서 가장 많이 사용되고 있다.

Al‑foil의 대부분이 인쇄, 수지 코팅, 첩합가공되어 포장재료로서 사용된다.

이렇게 포장된 식품이나 약품 등을 외부로부터의 수분, 기체, 빛으로부터 보호함으로써 장기간에 걸쳐서 그 품질을 보존할 수 있다. 특히 레토르트식품의 포장에는 차단성이 우수한 포장재료가 필요한데, 그 품질을 보증하기 위해 Al‑foil을 사용한다. [표 2‑40]에 대표적인 포장재료로서의 Al‑foil의 사용예를 나타냈다.

(2) 기타 재료

전기재료로서의 Al‑foil의 대표적인 용도는 종이 콘덴서(paper condenser), 고순도 foil을 사용하는 전해 콘덴서가 있다. 종이 콘덴서용으로서는 $4\sim6\mu\text{m}$두께의 엷은 foil을 사용하고, 전해 콘덴서용에는 99.9% 이상의 $60\sim110\mu\text{m}$ 두께의 고순도 foil을 사용한다. 그 외에 전선피복재, 전자파 차단용 등이 있다.

건축재료로서의 Al콘foil의 용도는 우수한 단열특성을 살린 닥터 커버(duct cover)용의 단열재, 칼라(color)도장하여 그 장식성을 살린 벽재, 도어(door)재 등이 있다.

일용품재료로서의 Al콘foil의 용도는 단열성, 무미, 무취성 및 청결감이 있는 특성을 살린 가정용 foil이 조리, 보존용으로서 널리 사용되고 있다.

또한 업소용의 Al콘foil성형가공품도 많다. 그 대표적 예로서 가스레인지용품인 환기날개 카바(cover)용품 등이 있다.

제5절   유리병

1. 유리병의 품질관리

1) 중량, 용량 및 치수

포장업체의 충전 라인 고속화와 더불어 병의 취급(handling)적성 및 내용량의 보증면에서 병의 중량, 용량, 치수정도(寸法精度)는 매우 중요하다. 먼저 엄격한 규격치와 허용차가 결정되고, 그 값에 근거한 품질관리가 행해지고 있다. 또한 소비자보호 또는 제품표준화 등의 관점에서 각종 법률 등에 의해 각 제품의 품질, 안전성, 표시 등의 규격기준이 설정되어 있다.

2) 강도

유리병은 금속용기나 플라스틱용기에 비해 각종 요인으로 파손되기 쉽다.

따라서 유리병의 강도면에서의 설계와 품질관리는 특히 중요하다. 유리병이 사용 중에 받는 응력(應力)으로서는 내압, 열충격, 기계충격 등에 의한 것이 있다. 따라서 이들 응력에 견디는 강도가 필요하다.

(1) 내내압강도

맥주나 사이다 등의 탄산음료 등을 병에 충전하면 내압이 발생한다. 이 내압은 0.2~0.4MPa인데 40℃로 되면 0.35~MPa정도까지 상승한다. 내내압강도는 병의 두께가 두터울수록 유리하다.

(2) 기계충격강도

병이 깨지는 직접원인은 대부분의 경우 기계적 충격에 의해서이다. 병은 충전공정이나 수송단계에서 각종 충격력을 받는다. 충격강도는 병의 형상이나 두께, 충격부위, 충격방법에 따라 뚜렷이 다르기 때문에 구체적인 충격에 대한 강도설계와 그에 따른 품질관리가 필요하다. 또한 기계적 충격에 대하여 병의 표면상처유무는 중요하여 특히 관리할 필요가 있다.

(3) 열충격강도

병은 세병공정이나 충전공정 등에서 급격한 가열이나 냉각 등의 열변화를 받게 된다. 병은 서서히 열변화를 받게 되면 내열성이나 내한성이 상당히 높으나 급격한 열변화 특히 급냉변화에 대해서는 강도가 약하다.

이 열충격강도에 대해서는 병의 두께가 얇을수록 유리하다.

(4) 기타

이상 열거한 외에도 수직하중강도, 주행충격강도 등을 고려하여야 한다.

더욱이 병이 카톤 등에 포장되는 경우의 강도에 대해서는 워터 해머(water hammer) 강도, 포장낙하강도, 진동강도 등을 체크(check) 하여야 한다.

3) 화학적 내구성

유리는 우수한 내식성을 나타내는데 엄밀하게는 알칼리성 용액에 서서히 침식된다. 따라서 주사약 용기의 경우에는 대책으로서 앰플병은 경질 또는 반경질유리를 사용하고 링겔병은 양질의 규산염유리에 블룸(bloom)처리를 행하여 내알칼리액성을 확보하고 있다.

2. 유리병의 환경대응

포장·용기의 환경에 미치는 영향은 매우 크며, 유리병의 경우에도 마찬가지이다. 유리병에 대하여 고려해야 할 항목으로서는 ① 리터너블(returnable)인가 one way 인가, ② 유리병의 경량화, ③ 유리병의 리사이클링 등이 있다.

유리병은 종래 회수하여 재사용하는 리터너블(returnable)병이 주류를 이루었으나 최근에는 일회 사용하고 폐기하는 one way 병이 많이 사용되고 있다.

리터너블(returnable)병인가 one way병인가의 선택은 지금까지의 용도나 사용환경 등을 고려한 경제성에 의해 결정되었으나 최근에는 환경에의 영향을 충분히 고려하여 결정하여야 한다.

폐기물처리량을 줄이기 위해서는 리터너블(returnable)병의 사용이 유리하다. 그러나 회수에 필요한 에너지, 세정에 따른 환경에의 영향 등을 고려하여야 한다. 선택에는 LCA(life cycle analysis)적으로 충분히 고려할 필요가 있다.

유리병의 경량화는 경제성과 환경적응성의 양면에서 중요하다. 유리병의 경량화 방법으로서는 cold&coating, hot&coating, 화학강화, 플라스틱 coating, prelabel 등이 있다.

최근에는 환경적응성을 배려하여 종래의 coating 두께보다 조금 두꺼운 열시코팅(hot&coating)을 실시하여 강화한 상당히 경량화된 리터너블 (returnable)병이 사용되고 있다.

유리병의 리사이클링은 회수유리파편을 조정한 카렛을 유리원료로서 재사용하는 형태를 행하고 있는데 앞으로 여러 가지 면에서 더욱더 카렛사용을 확대강화할 필요가 있다. 유리병의 리사이클링의 한가지 큰 문제는 착색병의 회수, 분별이다. 최근에는 무색병에 리사이클링단계에 박리하기 쉬운 칼라 코팅(color coating)을 실시한 유리병이 개발되어 사용되고 있다. 이상과 같이 환경문제에의 대응은 앞으로 여러 가지 면에서 접근할 필요가 있다.

제6절　장래의 포장재 및 포장용기 

1. 식품포장에 요구되는 기능의 변화

식품포장의 목적은 다음과 같다.

① 상품에 있어서 내용물의 보호와 품질보존

② 먼지, 미생물 부착방지에 의한 위생성의 보존

③ 포장의 기계화, 고속화에 의한 생산의 합리화, 자원절약화

④ 유통 및 수송의 합리화, 계획화

⑤ 인쇄, 디자인에 의한 상품가치의 향상, 정보부여

⑥ 소비자취급의 편리성 등

　이들 목적에 따라서 포장재료, 포장에는 다양한 기능이 부여되어 왔다.

　이들 목적과 요구되는 기능을 나타내면 다음과 같다.

① 내용물보호 : 역학적강도(인장강도, 파열강도, 압축강도, 내압강도, 충격강도)

　　　　　　　차단성(기체차단성, 방습성, 방수성, 차광성, 단열성, 보향성 등)

　　　　　　　안정성(내수성, 내유성, 내광성, 내열성, 내한성, 내약품성 등)

② 생산성향상 : 포장기계적성(seal성, 미끄럼성, 내blocking성, 열안정성, 치수안정성,

　　　　　　　stiffness, 비curl성, 비대전성 등)

③ 상품성향상 : 광택, 투명성, 평활성, 인쇄적성, 전시성 등

④ 편리성향상 : 개봉성, 재봉성, 휴대성 등

　이외에도 포장재에는 포장재 자체의 위생성, 안전성 및 경제성 등이 고려되어야

한다.

　최근에는 소비자의 편리성향상을 목적으로 한 포장재와 포장의 개발이 활발하

게 이루어지고 있는데, 이전에는 상품을 제조하는 기업측의 입장을 중시한 개발,

즉 내용물보호, 생산성향상 또는 전시효과향상 등을 목적으로 한 개발이 중심이었

으며, 상품을 사용하는 소비자측의 편리성은 다소 경시되는 경향이 있었다.

　소비자의 편리성향상을 목적으로 한 개발이 활발하게된 원인은 다음과 같다.

① 고령화 사회의 가속화

② 여성 사회진출의 확대

③ 식생활의 변화

④ 환경의식제고 등 사회 환경의 변화

고령화 사회에서는 고령자도 쉽게 사용할 수 있는 **barrier free package**가 요구된다.

또한 여성의 사회진출로 인한 가정에서의 조리가 간략화되는 경향이 나타나 식생활형태 그 자체가 변화되고 있다. 그리고 이와 같은 식생활변화에 대응한 새로운 포장형태도 요구되고 있다.

더욱이 대부분의 포장은 사용 후는 폐기물로 버려졌었는데, 환경의식이 높아짐에 따라 리사이클(recycle)성이나 생분해성 등의 환경대응형 포장이 요구되고 있다. 이와 같이 포장이나 포장재에는 지금까지보다 소비자에 대한 편리성향상이 더욱 더 요구될 뿐만 아니라 환경대응 등 새로운 기능도 요구되고 있다.

이와 같은 사회 환경변화에 대응한 포장재 및 포장의 개발이 장래에는 매우 중요하다. 따라서 여기서는 배리어 프리(barrier free), 유니버설 디자인, 식생활변화 및 환경에 대응할 수 있는 21C에 요구되는 포장재와 포장에 대하여 살펴보기로 한다.

2. Universal design

1) barrier free와 universal design

barrier free란 말은 최근에 와서 일반적으로 사용되고 있는데, 이 개념은 1974년에 UN의 장애자생활환경전문가회의에서 「barrier free design」이라는 보고서가 제출됨으로써 비롯되었다. 이 보고서는 건물이나 주거환경에 있어서의 계단 없애기 등, 장애인이 사회생활을 하는데 있어서의 물리적인 장애(barrier)를 제거해야 한다는 뜻이다. 그러나 최근에는 건축물뿐만이 아니라 모든 분야에 적용되게 되었으며, 장애인에 국한되지 않고 고령자에 까지 그 범위가 확대되게 되었다.

따라서 포장에 있어서도 barrier free가 당연하게 요구되고 있다. 그러면 포장에 있어서 barrier free란 어떠한 것인가?

가장 우선적으로 생각할 수 있는 것이 개봉성이다. 따라서 일반인뿐만 아니라 장애인이나 고령자도 쉽게 개봉할 수 있도록 포장의 barrier free를 달성하여야 한다. 일반적으로 시판되고 있는 상품은 모든 사람들이 구입하여 사용할 수 있다는 것이 전제가 되어야 한다. 일반소비자 중에는 장애인이나 고령자 이외에도 힘이 약한 여성이나 어린이를 비롯하여 부상자, 임산부, 환자 등 일반인이지만 몸이 불편한 사람이 매우 많다. 또한 소비자 중에는 글을 읽지 못하는 문맹자나 외국인도 있다. 장래에는 이와 같은 사람들도 사용하기 쉬운 포장이 요구된다.

그리고 barrier free보다도 넓은 개념으로서 1990년대에 North Calorina State University의 Ronald L. Mace에 의해 「universal design」이 제창되었다. 유니버셜 디자인이란 체격, 연령, 성별, 장애자 비율에 상관없이, 어느 누구나 사용할 수 있는 제품이나 환경을 창조하는 것이다. 다시 말하면 barrier free란 현실에 존재하는 barrier를 제거하는 기술인데 비하여, 유니버셜 디자인은 유통에서 폐기에 이르기까지의 모든 경우에 고려되는 문제점을 사전에 상정하여 이들 문제에 대한 대책을 제품개발단계에서부터 강구하여야 한다는 사상이다.

따라서 장래의 포장은 barrier free도 필요하지만, universal design을 추진하는 것이 더욱더 중요하다. 즉 장래의 포장은 특정인에 대하여 배려하는 포장에 그치지 않고, 유니버셜 디자인을 고려하여 개발함으로써 모든 사람이 쾌적하게 사용할 수 있는 package가 되어야 한다.

2) package에 있어서의 barrier

소비자가 포장에 있어서 느끼는 barrier(장애)는 [표 2-41]과 같이 상위 7개 항목이 전체의 약 80%를 차지하고 있다. 그러나 이 7개 항목만 배제한다고 barrier free package가 완성되는 것은 아니다. 그 이유는 [표 2-41]에 나타낸 배리어(barrier:장애)는 대부분이 상품 사용시에 소비자가 느끼는 barrier, 즉 포장을 사용하는 쪽에 관한 것이다. 그런데 실제로는 소비자가 판매점에서 상품을 포장된 상태로 구입하기 때문에, 상품을 구입하여 내용물을 사용하거나 보관한 후 포장을 폐기물로서 폐기할 때까지의 각 단계에서 장애가 되는 문제가 있다. 그러나 소비자가 사용하거나 보관할 때 느끼는 배리어(barrier)의 인상이 다른 단계에서의 문제에 비하여 강하기 때문에 조사결과는 [표 2-41]과 같이 나타난다.

▎**표 2-41** ▎ 소비자가 포장용기에 있어서 느끼는 barrier(장애)

barrier 항목	비 율(%)
개봉하기 어렵다	17.0
표시가 알아보기 어렵다	13.4
내용식품을 꺼내기 어렵다	12.6
보관하기 어렵다	11.5
오해나 현혹의 여지가 있다	9.8
재봉하기 어렵다	9.1
인쇄가 알아보기 어렵다	6.2
기타	20.4

따라서 유니버셜 디자인(universal design)의 관점에서 보면, 사용시에 소비자가 실감하는 barrier뿐만이 아니라 판매점에서 폐기까지의 각 단계에서의 barrier를 포함하는 모든 문제가 해결되는 포장이 되어야 한다.

따라서 각 단계에서 필요한 포장의 기능을 정리하면 다음과 같다.

① **구입시** : 식별성, 운반성

② **사용시** : 개봉성, 사용성, 안전성

③ **보관시** : 수납성, 재봉성

④ **폐기시** : 분별성, 처리성

이와 같은 관점에서 포장을 관찰하면, 현재의 포장은 유니버셜 디자인이 되어야 한다. 소비자의 관점에서 포장의 개선이 필요한 점에 대하여 조사한 바에 의하면, [표 2−42]와 같다. 그 결과 상위 2항목의 문제점은 80% 이상의 상품에서 지적되었으며, 3−5위의 문제점에서도 1/3 이상의 상품에서 대응이 제대로 되고 있지 않다. 이 상위 5항목 중에서 [표 2−41]에서도 들어 있는 것은 개봉성과 문자([표 2−41]에서는 표시)의 2가지 사항이다. 즉 현실에서는 대부분의 사람들은 barrier(장애)라고 느끼지 않지만, 일부 사람들에게는 barrier(장애)로 느껴지는 문제가 포장에서는 많이 존재한다는 것이 된다. 이와 같은 문제까지 모두 해결되어 상품구입에서 포장재료폐기까지의 모든 과정에서 모든 사람에게 불편함이 없이 쾌적하게 사용할 수 있는 포장이 바람직하다.

3) package의 universal design

여기서는 포장의 유니버셜 디자인을 추진함에 있어서 어떠한 점에 주의해야 하는가를 구입에서 폐기에 이르기까지의 각 단계에서 필요한 기능을 중심으로 설명하기로 한다. 또한 표시사항에 대해서는 모든 단계에서 관계되기 때문에 일괄적으로 설명하기로 한다.

(1) 구입시

① 식별성 : 포장을 보고 내용물이 무엇인가를 쉽게 알 수 있어야 한다. 또한 내용물 이외에도 용량 등의 구입시 필요한 정보, 즉 포장만으로 상품의 특징을 소비자가 쉽게 식별할 수 있어야 한다. 그러기 위해서는 상품명, 그림, 삽화(illustration), 사진, 설명문 등의 표시에 각별한 주의를 기울여야 하며, 특히 소비자에게 오해를 일으키지 않도록 주의하여야 한다.

다른 상품을 연상시키는 상품명이나 내용물을 정확하게 전달하지 않는 그림, 삽화 등은 피하여야 한다. 예를들면 얼핏 보아 청량음료수인지 알콜음료인지가 구별되지 않으면, 청량음료로 착각하여 알콜음료를 잘못 알고 마실 우려가 있다. 또한 우리나라 말을 모르는 외국인은 포장의 그림이나 삽화를 보고 그 상품의 내용물을 판단한다는 것도 예상하여야 한다. 따라서 내용물과 다른 그림이나 삽화는 오해를 일으키는 원인이 된다. 즉 얼핏 보아도 그 상품을 이해할 수 있도록 표시하여야 한다.

또한 시각장애인의 경우에는 손의 촉감으로 내용물을 식별할 수 있도록 배려하여야 한다.

[표 2−42]에 나타난 바와 같이 대부분의 포장에 대책이 마련되어 있지 않다. 조미료, 음료, 과자 등과 같이 유사형상의 포장이 많은 상품인 경우에는 특히 세심한 배려를 하여야 한다.

최근에 일부 상품에는 포장에 점자로 표시하고 있는데, 시각장애자 중에 점자를 읽을 수 있는 사람의 비율은 10% 정도에 지나지 않는다는 보고도 있어 점자로 표시하는 것만으로는 시각장애자 대책이 완전하지 않다. 포장의 형상변

┃표 2-42┃ 시판상품의 개선검토 point

문 제 점	비 율(%)
촉각에 의한 식별이 불가능하다	92.7
recycle 시스템의 대응이 불충분하다	82.3
개봉성에 검토의 여지가 있다	44.8
체적(용량)을 줄이기 위한 노력의 여지가 있다	34.4
글씨의 크기나 색에 문제가 있다	32.3
표시장소에 대한 검토가 필요하다	26.0
해독하기 어려운 표기가 있다	26.0
정면의 상품특징 전달성에 대한 노력이 필요하다	24.0
어린이의 사고대책에 대한 검토가 필요하다	22.9
재봉성에 대한 검토가 필요하다	20.8
더욱더 친절한 표시를 위한 노력이 필요하다	19.8
사용중에 다칠 위험성에 대한 검토가 필요하다	13.5
내용물의 취출성(取出性)에 대한 검토의 여지가 있다	10.4
분해 및 분별성을 향상시키기 위한 노력의 여지가 있다	7.3
복잡한 사용방법을 더욱더 쉽게 고쳐야 한다	4.2
휴대 및 운반성에 대한 검토가 필요하다	2.1
보관의 용이성에 대한 검토가 필요하다	1.0

경, 엠보스(emboss) 가공 등에 의해 촉각으로 식별할 수 있도록 하여야 한다.

② 운반성 : 소비자가 구입할 때에 상품진열대에서 꺼내기 쉽도록 할 것이나 취급하기 쉽도록 하는 등의 운반성이 필요하다. 이를 위해서는 손잡이를 설치하여 들기 쉽게 하거나 엠보스(emboss)가공이나 포장 표면의 요철 또는 재질을 달리함으로써 운반성을 부여할 필요가 있다. 더욱이 크기나 무게에 대한 배려도 운반성의 중요한 요소이다.

예를 들면, 손잡이 부착에 있어서도 한 손으로 들 수 없는 무거운 상품인 경우에는 양손으로 들 수 있도록 배려하여야 하며 상품에 따라서는 어린아이가 들 수 있도록 작게 설계하여 운반성을 부여할 필요가 있다.

(2) 사용시

① 개봉성 : 개봉성에 관해서는 캔 오프너(can opener)등의 도구를 별도로 필요 없

이 개봉할 수 있도록 설계하여야 한다. 개봉할 때에 도구를 사용하지 않고 개봉할 수 있도록 개봉성을 부여하는 것은 일종의 배리어프리(barrier free) 설계라 할 수 있다. 또한 도구를 사용하지 않고도 고령자나 어린이도 쉽게 개봉할 수 있어야 한다. 최근의 포장은 이점에 관해서는 상당히 개선되어 있으며, 그 개선 예가 풀탭(pull tab) 방식의 통조림이나 스트로우(straw) 부착 파우치(pouch) 등이다. 그러나 한편 개봉 방법이나 개봉 장소를 알기 어렵고, 봉함(seal) 강도가 강하여 개봉하기 어렵고, 개봉부의 손잡이 부분이 작아서 잡기 어렵고, 파우치(pouch)가 절단하기 어렵거나 잘 절단되지 않는 등 아직도 개선의 여지가 남아있는 포장도 많다.

예를 들면 파우치의 절단부위에 관하여 살펴보면, I notch 보다도 V notch를 넣는 것이 보고 판단하기 쉬우며 접촉하여 절개부위를 판단하기도 쉬워서 유니버셜 디자인(universal design)으로서 더욱더 우수하다.

또한 개봉하기 어렵거나 개봉할 때 내용물이 흐르거나 넘치는 포장상품도 있다. 이와 같은 점에서도 [표 2−41]에 나타난 바와 같이, 개봉성은 소비자가 가장 절실하게 느끼고 있는 barrier이며 앞으로 장래의 포장에 있어서 반드시 개선되어야 할 것으로 생각된다.

② 사용성 : [표 2−41]에서 내용물을 사용할 때 마지막까지 내용물을 꺼내어 사용할 수 있는가, 또한 다시 넣을 때 내용물이 넘치지 않는가, 그리고 조미료 등의 경우에는 적당량을 꺼내어 사용할 수 있는가 하는 등이 문제점으로 지적되었다. 이와 같은 문제를 해결하기 위해서는 포장의 형상이나 재질, 또는 개구부의 형상이나 치수에 세심한 배려를 하여야 한다. 특히 조미료 등의 경우에는 세제류 등의 포장에 일부 사용되고 있는 계량 기능 부착 포장 등도 유효한 수단으로 채용되고 있다.

더욱이 개봉성과도 관련이 있는데, 사용 장소에 따라서는 원 터치(one touch) 기능 또는 편수개전기능(한 손으로 마개를 딸 수 있도록 한 기능), 그리고 편수사용기능 등 다양한 기능이 요구되는 경우가 있다.

③ 안전성 : 통조림을 개봉할 때 개봉부에 의해 다칠 우려가 있다. 이 점에서 풀오픈캔(pull open can)은 개봉성과 아울러 안전성에도 세심한 배려를 하여야 한다.

그 외의 포장에서도 어떠한 경우에 다칠 가능성이 있는가를 검토하여 대책을 세워야 한다.

또한 의약품이나 알콜음료 등의 경우에는 어린이가 잘못 알고 먹지 않도록 예방하기 위한 대책도 필요하다. 예를 들면, 어린이는 개봉할 수 없고 성인은 쉽게 개봉할 수 있는 개봉기구를 고려함으로써 배리어프리(barrier free)나 유니버셜 디자인(universal design)과 모순이 되지 않도록 하여야 한다.

(3) 보관시

① 수납성 : 구입에서부터 사용하기까지의 보관과, 상품을 뜯어 사용하고 완전히 소비할 때까지 보관하는 두 가지 경우가 있는데 모두 수납성이 중요하다.

포장설계단계에서부터 냉장고나 수납장에 어떻게 수납할 것인가, 진동으로 넘어지지 않는가, 눕혀서 보관하여도 내용물이 흐르지 않는가, 포개어 보관하여도 되는가 등을 충분히 고려하여야 한다.

② 재봉성 : 일회용이 아닌 재사용 상품의 경우에는 간단하게 재봉 및 재개봉 할 수 있어야 한다. 다만 재봉기능만 필요한지, 넘어지거나 눕혀서 보관하여도 내용물이 쏟아지지 않도록 설계해야 할 것인가를 고려하여야 한다.

(4) 폐기시

폐기시의 문제는 환경문제와 밀접한 관계가 있어 뒤에 기술하는 환경대응항목에서 상세하게 설명하기로 하고 여기서는 간단한 설명만 하기로 한다.

① 분별성 : 포장은 최종적으로는 폐기물로서 버리게 된다. 그러나 최근에는 이 폐기물의 분리수거가 이루어지고 있으며 일부 재질의 경우에는 리사이클(recycle)도 매우 활발하게 추진되고 있다. 포장도 이들 시스템에 대응할 수 있도록 할 필요가 있으며 소비자에게 폐기 시, 분리수거 등 폐기방법에 대하여 알기 쉽게 표시하여야 한다.

현재의 포장에서는 [표 2-42]에 나타난 바와 같이 폐기방법이 제대로 표시되어 있지 않은 경우가 80% 이상이며, 장래에는 이의 개선이 절대적으로 요망된다.

② 처리성 : 폐기물의 처리성은 폐기물로서 버리는 경우에 폐기물의 체적을 줄일

수 있는 방법에 대하여 소비자가 알기 쉽게 처리방법을 표시하여야 한다.

(5) 표시

표시는 소비자에게 상품정보를 전달하는 매우 중요한 수단이다. 따라서 표시장소, 표시내용, 표시에 사용하는 문자나 배색 등에 세심한 배려를 기울여야 한다.

① 표시장소 : 소비자가 알아야 할 상품정보를 어디에 표시할 것인가를 기준과 규격에 맞게 결정하여야 한다. 또한 외부포장을 뜯고 단위포장(item packaging)으로서 보관하는 경우도 고려해야 하는데 이와 같은 상품의 경우에는 조리방법이나 유통기한 등의 표시를 외부포장 뿐만 아니라 단위포장에도 별도로 표시하여야 한다.

② 표시내용 : 표시내용은 누구나 이해하기 쉬운 내용으로 표시하여야 한다. 문장표시는 짧아야 하고 전문용어나 업계용의, 또는 외국어를 사용하는 경우에는 쉬운 말로 표현하여야 한다. 가급적이면 한번 얼핏 보아도 판단할 수 있도록 그림이나 삽화(illustration)를 사용하여야 한다. 특히 주의사항의 표시는 문장보다도 그림이나 삽화로 표시하는 것이 이해하기 쉽다.

또한 같은 내용을 표시하더라도, 예를 들면 식품의 영양소나 칼로리 표시의 경우에는 단위중량 당이 아니라 일식분 또는 한 개 당의 양을 기재한다면 소비자가 자신이 섭취해야 하는 양을 쉽게 파악할 수 있어 소비자의 측면에서 유리할 것이다.

③ 문자와 색 : 문자에 관해서는 글씨체, 크기, 문자의 색과 바탕색의 배색관계에 특히 유의하여 소비자가 식별하기 쉽게 표시하여야 한다. 글씨체는 명조체보다도 고딕체가 일반적으로 알아보기 쉬울 것이며 크기는 클수록 알아보기 쉬울 것이다. 따라서 글씨체의 크기는 적어도 **8 point** 이상의 크기로 할 필요가 있다. 그러나 포장의 면적이 제한되어 있는 작은 상품의 경우에는 부득이하게 **8 point** 이하로 표시할 수밖에 없다.

글씨체나 글씨 크기에 주의를 기울이더라도 문자의 색과 바탕색과의 배색관계를 무시한다면 의미가 없는데, 이 관계는 디자인(design)상 매우 중요한 표시사항이다. 배색은 소비자가 구별하여 알아보기 쉽게 디자인하여야 한다. 색맹은 물론이고 색약이나 백내장 등의 안과 질환이 있는 사람인 경우에는 고령자가 아니더라도 색에 대한 구별 능력이 매우 저하되기 때문에 이에 대한 배려도 소비자 측면에서 세심하게 주의를 기울여야 한다.

따라서 황색과 적색, 또는 청색과 흑색과 같이 소비자가 구별하기 어려운 배색을 조합하여서는 안되며 소비자가 쉽게 구별할 수 있는 디자인의 배색으로 하여야 한다.

4) barrier free, universal design의 추구

(1) package의 universal design

포장의 구입시에 필요한 식별성, 운반성, 사용시에 필요한 개봉성, 사용성, 안전성, 보관시에 필요한 수납성, 재봉성, 폐기시에 필요한 분별성, 처리성 등과 표시장소, 표시내용, 문자와 배색 등의 표시사항에 대한 배리어프리(barrier free)설계를 하였다 하더라도 배리어프리(barrier free)에 대한 느낌은 소비자에 따라서 다양하게 나타날 것이다. 따라서 이개봉성(易開封性) 포장이라 하더라도 무엇을 기준으로 이개봉성이라 할 것인가가 문제가 된다. 예를 들면 자사의 종래의 상품보다도 개봉성이 우수하다고 해서 개봉성에 대한 배리어프리(barrier free)를 실현하였다고 할 수는 없는 것이고 소비자가 그 여부를 판단할 수 있는 것이다.

즉 개봉성, 휴대성, 표시의 식별성 등에 관해서는 앞으로 barrier free설계에 대한 어떤 규격 및 기준의 재정이 선행되어야 할 것이다.

(2) universal design의 추진

21C를 맞이하여 포장에는 지금까지보다도 더욱더 소비자의 요구에 부응하는 포장, 즉 유니버셜 디자인(universal design)이 추구될 것이다.

포장설계자가 포장을 설계함에 있어서 제조상의 이유나 종래의 의식으로 포장설계를 시행하여서는 안되며 스스로 설계된 포장의 편리함과 불편함을 결정하여서도 안된다. 앞으로 21C를 맞이한 포장설계자의 정신적 자세는 일반적인 사람뿐만 아니라 장애인을 포함한 비정상적인 사람에 대한 배려도 충분히 함으로써 유니버셜 디자인을 추진하여야 할 것이다.

포장의 유니버셜 디자인을 도입함에 있어서 장애인을 포함한 모든 사람이 사용하기 쉽도록 포장설계 하여야 하며, 이렇게 함으로써 [그림 2−38]에 나타난 바와 같이 소비자의 연령이나 대상의 폭이 넓어져 그 상품 판매 시장의 확대에도 이바지하게 될 것이다.

3. Meal solution 과 home meal replacement 대응

1) 식생활의 변화

이전에는 일반가정에서의 저녁식사는 주부가 재료를 구입하여 가정에서 조리한 요리를 가족전원이 함께 식사하는 경우가 많았으나 최근에는 이와 같은 가정은 급격히 감소되고 오히려 슈퍼마켓(supermarket)이나 편의점(convenience store)에서 조리식품, 반조리식품, 냉동식품 등을 구매하여 간단히 식사하는 경우가 많아졌으며 또한 패스트푸드(fast food) 점이나 다양한 형태의 식당에서 따뜻한 식사를 간편하게 할 수 있게 되었다.

이와 같은 식생활의 변화 원인을 살펴보면, 가장 큰 이유는 여성의 사회 진출이 날로 증가되었기 때문이다.

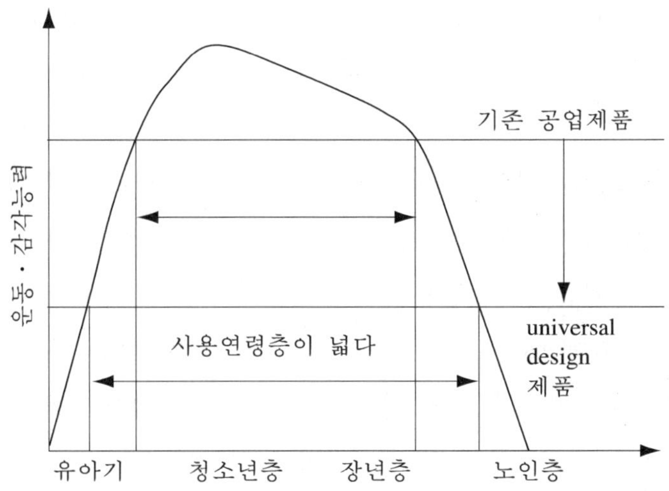

┃그림 2-38┃ universal design에 따른 시장 규모의 확대

두 번째 이유는 독신자의 증가를 들 수 있다. 따라서 1인분의 식사를 준비하는 경우 재료비나 조리시간 등을 감안할 때 오히려 외식이 경비가 적게 들고 시간적인 제약을 받지 않고 자유롭기 때문에 가정에서의 식사가 더욱더 줄어들고 있다.

세 번째 이유로서 식품보존기술이나 유통의 발달과 전자레인지의 보급을 들 수 있다. 레토르트(retort) 식품이나 냉동식품은 장기보존이 가능하고 전자레인지 등으로 데워서 간단하게 식사할 수 있어서 그 편리성으로 인하여 이와 같은 형태의 식생활이 점차 증가되고 있다.

이와 같은 식생활의 변화 경향은 앞으로도 더욱더 두드러질 것으로 예상되며, 또한 이와 같은 식생활의 변화에 대응한 포장의 요구도 더욱더 증가될 것으로 예상된다.

2) meal solution 과 home meal replacement

식생활의 변화에 따라서 MS(meal solution)이나 HMR(home meal replacement)와 같은 용어가 식품업계나 유통업계에서 보편적으로 사용되게 되었다.

MS란 직역하면, 「식사의 해결법」으로 식사에 관한 소비자의 다양한 요구에 대응하여 저녁식사를 어떻게 할 것인가 고민하는 사람들에게 그 해결책을 제안하는 것이다. 한편 HMR은 「가정에서의 식사 대행」으로 소비자를 식사준비로부터 해방시켜 가정에서 만드는 요리를 대체하여 전문가의 맛을 가정에 제공하는 것이다. 두 가지 다 소비자에 대하여 식사에 관한 여러 가지 해결책을 제공한다는 점에서는 공통적이다.

즉 MS나 HMR은 현대인의 식생활 변화에 대응하여 그 식사내용의 level up을 도모하는 것이다. 구체적으로는 MS에 대하여 「조리방법이나 시간을 해결해주는 식사제안 ; 조리방법이나 시간을 소비자에게 알려줌으로써 맛있고 건강지향적인 식사를 하고자 하는 소비자의 요구에 대응하여 식사재료구입 뿐만 아니라 조리시간을 단축시킬 수 있는 메뉴나 본격적인 식사 등 식탁을 다채롭게 할 수 있는 제안을 행하는 것이다」라 할 수 있으며, HMR은 「바로 식탁에 올릴 수 있는 본격적인 메뉴 ; 신선도나 생산지를 엄선한 식품재료를 사용하여 조리방법을 비롯한 본격적인 맛의 식사내용을 강화하여 레스토랑의 맛을 가정으로 옮겨 식도락을 즐기려는 소비자의 요구에 부응한 것이다」라 할 수 있다.

MS나 HMR은 우리 나라에 있어서는 아직 도입 단계에 있으나 미국이나 유럽 등 선진국에서는 보편적으로 성행되고 있다. 우리 나라에서도 앞으로 급격한 식생활의 변화에 대비하여 MS나 HMR을 외식산업의 전략적인 PR품목으로 본격적으로 식품업체에서 도입할 것으로 예상된다. 또한 MS나 HMR을 전문으로 하는 업종이 크게 발달할 가능성도 있다. 한편 소비자 측면에서도 식생활에 대한 의식변화로 인하여 보다 맛있는 식사를 보다 손쉽게 접하고자 하는 욕구가 더욱더 강해져 MS나 HMR에 대한 요구가 더욱 높아질 것으로 예상된다. 따라서 당연히 MS나 HMR 대응형 포장에 대한 요구도 급격히 증가될 것으로 예상된다.

3) MS · HMR 대응 package

(1) MS · HMR 대응 package의 기능

MS나 HMR용 포장에는 일반적인 포장의 기본적인 기능 이외에도 그 용도에 따라서 다양한 기능이 요구될 것이다.

① 내수성, 내유성 : MS나 HMR의 경우에는 주로 조리식품을 포장하는데, 식품에는 수분(액체)이 많은 식품도 있고 또 유지가 많은 식품도 있다. 이와 같은 식품을 포장할 때 수분이나 유지가 베어나오지 않고 물이나 기름으로 인하여 포장강도가 저하되지 않아야 하는 등의 기능이 포장에 요구된다.

② 전자레인지 적성 : 소비자가 식사하기 전에 전자레인지로 데워서 먹게 되는데, 이때 식품을 식기에 옮기지 않고 구입한 package(용기)채로 데우는 것이 편리하기 때문에 전자레인지 적성이 요구된다. 전자레인지 적성이란, 가열에 견디는 내열성을 가지고 Al 등의 금속을 함유하지 않는 등의 전자레인지 조리에 대응한 적성을 말한다.

③ 보온성, 단열성 : 구입하여 식사할 때까지의 시간이나 식사 중에 식지 않는 보온성, 전자레인지에서 꺼내어 먹을 때 손으로 잡아도 뜨겁지 않는 단열성 등의 기능이 요구된다.

④ 식기기능 : MS나 HMR에 대응한 기능의 하나로서 특히 포장용기를 그대로 식기로서 사용할 수 있는 식기기능성은 소비자가 식품을 식기에 별도로 옮기는 수고를 덜어줄 수 있는 매우 편리한 기능이다. 이때 식기기능성 용기에는 식탁에 올려도 위화감을 주지 않는 포장 디자인이 요구된다.

이와 같은 MS, HMR대응 포장에 특별히 필요한 기능 이외에도 다른 포장과 마찬가지로 판매시의 식별성, 사용 후의 폐기성 등도 매우 중요하다.

또한, 따뜻하게 데워서 바로 식사할 수 있는 조리식품(RTH ;ready to heat)의 경우에는 전자레인지 가열시간이 포장에 표시되어야 하는데 반조리식품(RTC ;ready to cook)의 경우에는 단순히 가열하는 것뿐만이 아니라 조리까지 하여야 하기 때문에 다양한 조리조건을 설정할 수 있는 다기능 전자레인지 등이 필요하다. 따라서 RTC식품의 경우에는 다기능 전자레인지에 의한 조리방법을 소비자가 알기 쉽게 포장에 표시하여야 한다.

이와 같은 조리방법의 설정은 소비자에 따라서는 번거로움이 될 수도 있어 배리어프리(barrier free)나 유니버셜 디자인에 대한 배려도 충분히 하여야 한다. 따라서 장래에는 조리조건을 바코드(universal product code system ; 세계상품코드시스템) 등으로 포장에 인쇄하여 조리시 그 바코드(bar code)를 전자레인지가 읽어내어 자동적으로 조리할 수 있도록 하는 일종의 인텔리전트 패키지(intelligent package)의 개발을 전자레인지 제조업체와 함께 추진할 필요성이 있을 것으로 예상된다.

(2) MS · HMR용 package

MS나 HMR용 포장은 형태상으로 현재 일반식품 포장용기와 별다른 차이가 없다. 그러나 이미 일부 포장재료생산업체에서는 MS, HMR용 포장의 개발이 추진되고 있는데 앞으로는 재질면이나 형태면(design면)에서 위에 기술한 각종 기능을 더욱더 향상시킨 포장이 계속 요구될 것으로 예상된다.

4. 환경대응 용기

1) package와 폐기물 문제

포장에 있어서 환경 대응에는 폐기물 문제가 가장 중요하다. 일반 가정에서 배출되는 폐기물의 약 60%가 포장 폐기물이며 포장이 폐기물문제의 원흉인 것같이 취급받고 있다. 포장은 내용물을 사용한 후에는 불필요하게 되어 버리면 폐기물로 될 뿐인데 금속 캔이나 유리병과 같이 리사이클이 가능한 것은 유용한 자원이 된다. 그러나 플라스틱이나 종이포장은 폐기물로서 버리는 비율이 높아 앞으로 더욱 더 리사이클율을 향상시킬 필요가 있다. 미국이나 유럽, 일본 등 선진국에서는 폐기물의 감량화를 도모하고 패키지의 리사이클을 추진하기 위한 용기포장 리사이클법이 제정되어 시행되고 있다.

용기포장 리사이클법에 대응한 리사이클하기 쉬운 포장의 개발이 필요하다. 그러나 현재에는 모든 포장을 리사이클화하는 것은 불가능하고 폐기물로서 버리는 포장의 양이나 용적을 줄일 수 있는 포장의 개발이 필요하다. 폐기물로서 버리는 것을 전제로한 포장의 개발은 환경대응이라는 관점에서는 문제가 많지만 전체폐기물을 리사이클할 수 없는 이상은 이와같은 포장 폐기물의 감량과 감용화도 추진되어야 한다.

더욱이 포장의 안전성은 포장개발의 대전제로서 소비자가 안심하고 포장상품을 구입할 수 있는 바탕이 된다. 그러나 최근에는 내용물에 대한 안전성뿐만 아니라 환경에 대해서도 안전한 포장이 요구되고 있다. 포장을 폐기물로서 처리하는 방법은 소각법과 매립법으로 구별할 수 있는데 이와같은 폐기물 처리시에 환경중에 유해물질을 배출하지 않는 포장이 요구되고 있다. 여기서 말하는 유해물질이란 외인성 내분비교란물질 이른바 환경호르몬이나 소각시에 발생하는 유해가스 등의 물질이다. 외인성 내분비교란물질에 대해서는 일부를 제외하고 아직 상세하게 판별되지 않았는데 앞으로 21C 포장개발에 있어서는 의심이 가는 물질은 사용하지 않도록 세심한 배려를 하여야 한다.

2) 환경대응형 package

(1) 환경대응형 package의 종류

한마디로 환경대응형 포장이라 하여도 실제로는 다양한 포장이 고려된다. 이들을 환경대응 대책관점에서 분류하면 다음과 같이 다섯종류로 대별된다.

① 리사이클(recycle) 대응 package

② reuse 대응 package

③ 감량화 package

④ 이소각 package

⑤ 이감용화 package

여기서 ①과 ②는 package의 재이용, ③~⑤는 package의 폐기물처리에 관련된 것으로 이들 환경대응형 package의 특징을 [표 2-43]에 나타내었다.

① recycle 대응 package : 여기서 말하는 recycle이란 유리병과 같이 포장에 그대로 재사용(reuse)할 수 있는 것이 아니라 재생하여 자원으로서 유효하게 이용하는 것이다(앞에서 기술한 리사이클은 다음에 기술하는 reuse를 포함한 뜻으로 사용하였다).

리사이클 대응 포장에는 재자원화하기 쉬운 포장과 재생지나 재생수지 등의 재생자원을 사용한 포장의 두 종류가 있다.

재자원화 하기 위해서는 금속캔이나 PET 병과 같이 단일 재료로 만드는 것이 바람직하다. BIB(bag in box)나 카톤(carton) 등과 같이 사용 후 소재별로 쉽게 분리할 수 있어 소재별로 리사이클할 수 있도록 배려하여야한다. 또한 우유팩(pack)은 종이와 플라스틱으로 만들고 있는데 종이로서 리사이클이 가능하다. 그러나 주류팩과 같은 Al-foil을 사용한 종이 복합 용기는 리사이클이 곤란하기 때문에 대체소재나 새로운 포장을 개발하여 리사이클할 수 있도록 할 필요가 있다. 예를 들면 Al-foil대신에 금속산화물 증착필름을 사용함으로써 우유팩과 같이 리사이클이 가능하도록 한 주류용 종이용기도 있다.

한편 재생자원이용에 관해서는 식품이나 의약품의 일차용기로서의 사용은

┃ 표 2-43 ┃ 환경대응형 package의 특징

환경대응 항목	Package의 특징
recycle	단일소재로 만든다
	재질별로 분리시킨다
	복합재료로서 알루미늄을 사용하지 않는다
	재생수지나 재생지를 이용한다
reuse	형상이 규격화되어 있다
	내용물을 교체하기 쉬운 형상이다
감량화	포장의 두께가 얇다
	과잉포장하지 않는다
	형상이 compact하다
이소각화 (소각용이성)	복합재료로서 알루미늄을 사용하지 않는다
	염소계 재료를 사용하지 않는다
	연소칼로리가 낮은 재료를 사용한다
이감용적화 (감용적용이성)	파괴하기 쉽고 포개기 쉽다
	pouch형상으로 한다
	생분해성 재료를 사용한다

위생적인 관점에서 현시점에서는 곤란하며 이차용기나 완충제로서 또는 다른 용도의 포장으로서 사용하고 있다.

그러나 장래에는 플라스틱은 모노머(monomer) 까지 분해하여 재합성하는 등 재생기술이 더욱더 발달되어 위생적인 문제도 해결됨으로써 일차용기로서 사용 될 수 있게 될 가능성도 있다.

② reuse 대응 package : reuse(재사용)란 맥주병이나 한되들이 병 등과 같이 포장을 그대로의 형태로 재사용한 것이다. reuse방법으로서는 유리병과 같이 생산업체가 회수하여 재이용하는 방법과 소비자가 내용물을 사용한 후 재사용하는 방법이 있다.

재이용 방법은 유리병뿐만 아니라 앞으로 플라스틱병 등에도 보급될 가능성이 있다. 그러나 생산업체마다 포장규격이 다르면 회수 등의 장애가 되기 때문에 맥주병이나 한되들이병과 같이 생산업체에서 통일된 규격으로 할 필요가 있다.

　　재사용하는 방법은 **rigid package**를 재사용하고 내용물을 파우치(pouch) 등의 **package**로 감량화를 추진할 수 있는데 리사이클과 마찬가지로 식품이나 의약품의 경우에는 위생면에서 분말조미료 등과 같이 미생물오염의 우려가 없는 제품을 제외하고는 사용하기 곤란하다.

　　또한 가능한 경우에도 내용물을 바꿔담기 쉬운 형태 등을 고려하여야한다.

③ 감량화 package : package(포장)의 감량화는 폐기물로서 처리되는 포장총량을 줄이는 것과 자원을 유효하게 이용하는 것이 목적으로 사용하는 재료를 줄이는 것이다. 그 방법으로서는 포장을 얇게 하는 방법과 형상을 compact하게 하는 방법이 있다.

　　포장을 얇게 하는 방법은 플라스틱 병의 두께를 얇게 하거나 종이 용기에 사용하는 종이의 평량을 줄이거나 라미네이트필름(laminate film)의 적층구성을 줄이는 등의 방법이 있으며 실제로 이와 같은 방향으로 개발이 진행되고 있다. 그러나, 포장을 얇게함으로써 포장에 요구되는 강도나 보존성 등의 기능이 부족하게 되지 않도록 주의하여야 한다.

　　사용하는 재료를 줄이는 방법은 같은 부피라도 형상을 적절하게 설계함으로서 가급적 컴팩트(compact)화하여 사용하는 재료를 줄이는 포장이다. 포장에는 과잉포장이 자주 문제시되고 있는데 불필요하게 큰 포장이나 불필요한 외장은 앞으로 사용하지 않도록 규제되어야 할 것이다.

④ 이소각 package : 폐기물 처리방법은 소각법과 매립법이 있다. 이(易)소각 **package**는 소각처리를 전제로 한 포장이다. 이 소각의 주요조건은 금속 등의 불연물을 포함하지 않고 소각 시에 유해가스를 발생하지 않아야하며 연소 칼로리가 낮아야하는 등의 세 가지이다. 금속에 관해서는 복합재료에 **Al – foil**을 사용하지 않는 것으로 리사이클포장(recycle package)과 중복되는 내용이다. 염소 시 유해가스문제는 **K – coating film** 이나 **PVC** 수지 등 연소를 함유하는 재료를 사용하지 않도록 대체소재를 개발할 필요가 있다. 연소 칼로리 문제는 종이나 **PET** 등 연소되기 쉬운 재료를 사용할 필요가 있다.

⑤ 이감용화 package : 폐기물문제에서 포장이 지적되는 원인의 한가지로 포장의 용적문제를 들 수 있다. 따라서 폐기할 때 용적을 줄이는 것도 중요하며 특히

매립 처리하는 경우에는 감용화가 매우 중요하다. 리사이클이나 **reuse** 뿐만 아니라 소각도 되지 않는 포장은 가급적 폐기시에 감용화를 행할 필요가 있다.

따라서 감용화하기 쉽다는 이유에서 복합용기를 포함한 종이 용기나 파우치 형태의 포장이 유리하다. 또한 감량화와도 중복되는데 플라스틱 병의 두께를 얇게 하는 박육화도 감용화에 도움이 된다.

감용화 수단으로서 생분해성 재료를 사용하는 방법이 매우 바람직한데 생분해성 재료는 이감용화 **package**와는 달리 폐기(埋立)된 후에 미생물 등에 의해 분해 되어 용적이 줄게 된다. 또한 생분해성 플라스틱은 토양이나 일광에 분해 되는 특징이 있다.

[표 2-44]에 나타난바와 같이 이미 여러 가지 생분해성 플라스틱이 개발되어있으며 앞으로 더욱더 널리 이용될 것으로 기대되고 있는데, 가공성이나 물성의 향상 등 장래 개선해야 할 사항들이 많다. 또한 생분해성 플라스틱을 사용하는 경우는 잉크나 접착제 등 다른 재료도 생분해성으로 하는 것이 바람직 하며 종이 등의 천연재료와 복합화 하는 것도 좋은 방안이다.

3) 장래의 환경대응형 package

위에 기술한 각종 환경대응형 **package**중에는 이미 상품화, 실용화 되어있는 것도 많이 있다.

또한 복수의 항목에 대응이 가능한 **package**도 개발되고 있으며 앞으로 이와 같은 포장에 대한 요구가 더욱더 높아질 것으로 예상된다. 그러나 환경대응형 포장에는 **package** 기능이 종래의 **package**와 비교하여 불충분한 것도 있어서 기능을 우선으로 하기 위해서는 환경 비대응형 포장을 사용할 수밖에 없는 경우도 있다. 그러나 환경문제는 앞으로도 더욱더 중요시되는 문제로서 환경대응형 포장에 대한 요구도 더욱더 커질 것이다. 따라서 포장으로서의 기능(성능)을 충분히 갖춘 **package**를 개발할 필요가 있다.

또한 환경대응형 **package**는 사용 후에 어떻게 처리하는가가 매우 중요하다. **recycle** 가능한 것을 폐기물로서 처리한다거나 폐기물로서의 처리방법이 잘못된 경우에는 문제시된다. 이와 같은 환경대응형 포장에는 소비자의 의식도 매우 중요한 관계가 있으며 단지 환경대응형 포장을 개발하여 사용하는 것뿐만 아니라 그 포장의 사용후의 처리방법을 소비자에게 제대로 PR하여 이해시키는 노력도 중요하다. 장래의 포장을 고려하는 경우에 있어서 유니버셜 디자인(universal design)과 환경대응은 가장 중요한 키워드(key word)이다. 그러나 포장개발에 있어서 예를 들면 유리병은 리사이클 시스템(recycle system)이 정비된 우수한 환경대응형 포장인데 유니버셜 디자인 면에서는 무겁고 깨지기 쉽고 개봉에 별도의 도구가 필요한 등 문제점이 많은 재료이어서 양자가 서로 대립되는 경우도 예상된다. 더욱이 식생활의 변화 등 사회 환경 변화에도 대응하도록 하려면 유니버셜 디자인이나 환경대응의 사상과는 역행될 가능성도 있다. 특히 하나의 기능을 지향하면 다른 기능이 지장을 받게 되는 경우가 있다. 따라서 유니버셜 디자인과 환경대응, 그리고 포장의 기본기능을 의식한 균형(balance) 있는 package의 개발이 필요할 것이다.

▌표 2-44▌ 대표적인 생분해성 플라스틱

종류	생분해성 플라스틱
미생물 생산	biopolyester(PHB, PHV 등)
	박테리아 cellulose
	미생물 다당류(pullulan 등)
화학합성	polycaprolactone
	polylactate
	polyvinylalchol
	polyamino산류
	nylonoligomer
천연물	cellulose
	kitosan
	starch

* PHB : poly(3−hydroxybutylate)
* PHV : poly(3−hydroxyvarilate)

농식품포장전략

제1절 국내외 동향

제3장 농식품포장전략은 최근 수년간 학술심포지엄, 학술세미나 등에서 강연한 내용이어서 다른 chapter의 내용과 중복되는 부분이 있으나 그대로 싣기로 한다.

1. 선진국의 동향

21C의 농업은 친환경적인 농업기술이 요망되고 있으며 포장기술도 기능적인 면은 물론이고 안전성과 환경적인 측면이 매우 중요시되고 있다.

포장분야의 기술개발은 재질, 강도, 경제성, 기능성, 안전성 및 환경친화성 등이 충분히 고려된 포장재의 개발이 우선적으로 이루어져야 하며 수송, 보관, 하역 등의 물적 유통(물류 : Physical Distribution, Logistics)을 위하여 수확 후 예냉처리, 저온유통체계(Cold Chain System) 및 일관유통체계(ULS : Unit Load System)의 적용에 적합한 포장규격과 형태 및 치수가 개발되어야 한다. 또한 각종 농산물 품종에 따라 적합한 포장기법이 개발되어야 하며 유통기한 연장을 위해 적당한 투과성을 지닌 플라스틱 필름을 이용하는 MA 포장(Modified Atmosphere Packaging)에 대한 연구도 매우 중요하다.

미국을 비롯한 선진국에서는 1930년대에 이미 플라스틱 필름의 개발에 성공하여 현대적인 Super Market 형태의 유통방식이 정착되었으며 지속적이고 활발한 기초 연구, 실제 적용 연구, 실용화 연구, 상품화 과정을 거쳐 전반적인 포장기술 분야의 기술수준이 괄목할만한 발전을 거듭하여 소비자의 욕구를 충족시킬 수 있는 신선한 농산물을 제공해 주고 있다.

또한 환경친화성에 대한 소비자의 욕구를 충족시키기 위하여 1970년경부터 가식성 필름, 분해성 플라스틱 등의 개발을 위한 활발한 연구가 진행되었으며 1990년에는 이미 IoPP(미국 포장전문가 협회 : The Institute of Packaging Professionals)에서 포장의 감량화를 위한 포장설계기준을 제시하였다.

한편 수확 농산물의 예냉처리, 가공, 선별, 등급화, 포장, 저장, 수송, 보관, 판매 등 수확농산물의 유통관리에 있어서 농산물 품목별 수확후 유통관리기술 manual 이 농산물 유통 및 포장에 종사하는 모든 사람들에게 Handbook으로 활용되어 신선한 농산물을 소비자에게 제공하고 있다.

2. 한국의 동향

1) 농식품포장 및 물류분야의 정책방향

농산물과 관련해서 1990년대 중반이후 농산물유통개혁대책을 마련하는 등 물류비절감을 위한 정책들을 본격적으로 시행해 나가고 있다.

특히 현 정부에서는 농산물유통개혁을 위한 하드웨어보다는 소프트웨어의 개혁에 더욱 많은 투자가 이루어지고 있다. 소프트웨어에 대한 투자는 농산물의 규격화·등급화 등 표준화을 비롯하여 규격출하 유도 등 유통부문의 운영지원을 의미하는 것으로 농산물 물류표준화의 핵심요체인 것이다.

농산물은 그 특성상 유통비용이 많이 들고 그 중에서도 물류비가 차지하는 비율이 매우 높다. 국가전체 물류비는 '98년 현재 74조 1,700억원으로 GDP 444조 4천억원의 16.7%인데 이 중 농산물 물류비는 '98년 현재 6조 6천억원으로 생산자 출하액 26조 6,982억원의 24.7%로 타 산업부문에 비해 월등히 높아 물류비 절감을 위한 더욱 과감한 투자가 필요하다.

이처럼 농산물의 물류비가 타산업부문에 비해 월등히 높은 비율을 차지하는 것은 우선 농산물의 상품적 특성에서 그 이유를 찾을 수 있다. 농산물은 그 특성상 부패되기 쉽고 부피에 비해 가격이 낮아 물류비용이 상대적으로 많이 소요된다. 또한 물동량의 계절적인 변동이 심할 뿐만 아니라 농산물의 형태가 부정형이며 다양하다는 점이다. 그리고 생산농가가 다수인 반면 각각의 출하물량은 소량이며, 유통단계가 복잡하고 표준화·기계화·자동화가 미흡하여 유통과정에서 감모발생율이 높아 일반 공산품에 비해 유통마진이 상대적으로 높은 편이다. 농산물의 소비자구매총액('98)은 46조 1,476억원으로 추정되는데 이중 유통마진이 19조 4,584억원으로 농업인이 생산하여 수취하는 금액이나 유통비용 및 유통마진이 비슷한 실정이다. 따라서 물류비 절감없이는 유통개혁을 이룰 수 없고 농가는 안정적인 소득을 얻을 수 없다는 판단아래 정부는 '98년 유통개혁대책을 마련하여 농산물 유통개혁을 강력하게 추진해 나가고 있다.

정부의 유통개혁대책의 내용은 하드웨어면에서는 국가전체 물류기반확충의 한 부분으로 농산물 물류시설 기반을 구축하고, 소프트웨어적으로는 도매시장, 물류센터에 포장화 및 규격출하 비율을 높이는 것이 주요 골자이다.

정부의 이러한 유통개혁의 결과가 유통환경의 변화와 함께 나타나기 시작했는데 농수산물유통공사에 따르면 대도시 5개 지역 도매시장에 출하된 농산물의 포장화율은 [표 3-1]에 나타난 바와 같이 '98년 75.1%, '99년 79.3%, '00년 88%로 증가추세에 있다. 특히 임산물은 '99년 99.7%, '00년 100%의 포장화율을 나타내었으며 과일류와 서류도 '00년에는 99.8%와 99.7%로 거의 100%에 도달하였다. 또한 과채류도 '99년 88.8%, '00년 91.0%에 이르렀으며, 화훼류는 '98년 66.4%, '99년 75.8%로 비교적 포장화율이 낮았으나 최근에 화훼류 수출증대에 힘입어 '00년에는 100%의 포장화율을 나타내었다. 그리고 농림부에서는 농산물 126개 품목에 대해서 표준규격을 정하고 있는데 표준규격출하율도 '99년 26.9%에서 '00년 39.8%로 높은 성장세를 보이고 있다

이와 같이 농산물의 포장화 및 표준규격출하율이 높아진 것은 소비자 및 일반 시민들의 농산물 유통에 대한 높은 관심과 유통종사자들의 의식이 변화해 가면서 농산물 유통환경이 급격하게 변화해 가고 이에 정부의 유통개혁 정책이 뒷받침되었기 때문이다.

┃표 3-1┃ 농산물 포장화율 (%)

	과일류	과채류	엽채류	양념류	서류	임산물	화훼류	평균
1998년	85.3	83.6	65.4	32.4	95.3	83.3	66.4	75.1
1999년	93.4	88.8	68.0	37.3	98.1	99.7	75.8	79.3
200년	99.8	91.0	79.2	43.5	99.7	100.0	100.0	88.0

농산물의 공급과잉과 함께 소비자의 경제수준 향상은 농산물에 대한 품질과 안전성, 영양에 대한 관심을 확대시키게 되었으며, 특히 농산물에 대한 다양한 선호체계와 함께 핵가족화의 진전에 따른 소비자 중심의 소포장 유통이 요구되게 되었다.

또한 대형 유통업체의 발달과 디지털기술의 눈부신 발달에 따른 농산물 전자상거래의 도입을 통해 유통경로가 다원화되면서 유통시장의 구조적 변화가 진행되고 있다.

이러한 농산물 유통과정의 전 부분에서 일어나고 있는 변화는 그 기본에 농산물의 포장화가 전제되고 있다.

공급부문에서는 연중생산과 저장이 가능한 상황에서 다른 지역의 농산물과 차별화하고 감모율을 낮추기 위해서 브랜드를 부착한 고급포장재를 사용하여 출하하게 되었다.

소비자들은 과거의 대량구매에서 소량구매로 바뀌면서 믿을 수 있는 오픈형 포장재를 원하고 있으며 유통경로면에서는 전자상거래가 정착되기 위해 바코드가 포장재에 부착된 농산물이 유통되기에 이르렀다.

2) 농산물 규격출하를 위한 지원시책

최근에 시행되고 있는 농산물 규격출하를 위한 지원시책의 방향을 살펴보면 다음과 같다.

■ 소비자 중심으로 농산물 표준규격 전면개편
■ 디지털 유통을 위한 표준바코드 도입
■ 포장재비 지원확대 및 지원방식 개선
■ 물류기기 지원을 통한 물류표준화 추진

물류표준화의 목표를 3S1L(Speedy, Safely, Surely, Low) 즉 '빠르고, 안전하고, 확실하게, 그리고 저렴하게'라고 표현할 수 있다.

따라서 물류표준화를 달성하기 위해서는 물류의 첫 단계로 유통과정 즉 운송, 보관, 거래, 사용 등에 있어 그 가치와 상태를 보호 유지하기 위하여 적합한 재료 또는 용기 등을 시공한 포장이 제대로 이루어져야 하고, 포장이 제대로 이루어질 때

물류의 마지막단계인 소비자에게 경쟁력 있는 농산물로 제공될 수 있는 것이다. 결국 '포장은 물류의 시작이자 끝'이라 할 수 있고 이러한 점에서 정부의 농산물 규격출하 지원시책도 규격포장화 비용 지원에 그 중점을 두고 있다 할 수 있다.

3) 소비자포장시대의 전개

'98년 양재동물류센터의 건설을 시작으로 농산물의 본격적인 소비자포장(상업포장)시대가 열렸다고 볼 수 있다. '95년 1월 WTO체제 출범으로 농산물시장이 전면 개방되고 '96년 유통업이 완전 개방되면서 까르푸, 월마트, 프라이스클럽 등 선진국의 대형유통업체들이 진출, 기존 도매시장 유통과 다른 새로운 업태의 등장이 예고되었다. 정부도 '94년 농안법 파동과 시장개방에 대응해 2004년까지 16개소의 물류센터를 건설하기로 함에 따라 '98년부터 양재동 종합유통센터를 시작으로 문을 열기 시작하였다.

이들 신업태들은 기존의 도매시장에서 농산물을 구매, 재선별, 포장, 판매하던 것에서 탈피하여 산지에서 직접 규격화 표준화된 농산물을 소포장화해 구매하면서 새로운 유통경로가 형성되었다. 이들은 핵가족화 되고 소득수준이 높아져 식품의 안전성과 품질, 맛을 중시하는 소비자를 겨냥한 것이다. 또한 파렛타이징화 하고 하역을 기계화해 물류비를 절감하는 한편, 국가물류표준화와 보조를 맞추었다.

이에 따라 산지에서도 영세소농구조에서 벗어나 표준화된 농산물을 생산하기 위한 노력들이 나타났다.

산지유통센터(APC)가 대형유통업체들과 직거래하는 등 산지에서의 소포장화가 확산되게 되었으며, 정부에서는 '98년부터 산지유통센터 설립을 지원해 지난해 149개소로 늘어났고, 2004년까지 220개소로 확대한다는 계획이다.

또한 작목반 등에 농산물 규격출하 생산조직을 대상으로 포장재 제작비를 국고에서 보조해 2000년에만 415억원을 지원했다.

4) 포장의 마케팅화

신유통업태의 등장과 전자상거래의 확산, TV 홈쇼핑과 통신판매업의 발전으로 이제 농산물 포장은 단순히 상품을 싸는 범주를 벗어나, 생산자와 판매자, 그리고 고객과의 만남을 연결하고 상품의 가치를 한층 더 높여 주는 단계에 이르고 있다.

이제 포장이 마케팅 활동의 중심으로 이동하고 있다. 그래서 마케팅의 일환으로 포장의 기법, 구조, 재질 등과 핵심적인 이미지가 되는 포장디자인(시각디자인 및 구조디자인)에 관심이 쏠리게 되었다.

일예로 쌀의 포장화는 우리나라 쌀의 도소매구조를 변화시킨 대표적인 사례이다. 산지에 미곡종합처리장이 설치된 후 80kg 쌀가마니가 사라지고 20kg, 10kg, 5kg등 소량의 종이 및 플라스틱 봉지포장으로 재질과 규격, 디자인이 다양화되면서, 쌀가게도 슈퍼마켓과 백화점, 대형할인매장으로 변했다.

또한 포장화가 어려울 것으로 여겨지던 수박의 유통단위가 대·중·소 등 크기 중심에서 kg단위의 중량 중심으로 바뀌고 골판지 포장화도 실현되었다. 이에 따라 수박이 컨테이너박스에 넣어져 파렛트 출하됨으로써, 차당 적재율이 높아지고 하역비도 크게 절감되었다.

해남참다래유통사업단은 참다래와 고구마를 산지에서 규격화, 소포장화함으로써 산지에서의 소비자포장화를 이루어 내었다. 또한 경북 상주의 외서농협은 지난해 기존의 15kg 상자포장 '연봉배' 브랜드와 구분되는 브랜드로서 선별과정을 거쳐 5kg, 7kg 등으로 소포장화하여 고급화한 '참마을배' 브랜드를 출하해 전국최고 규모의 매출을 기록하게 되었다.

5) 기능성포장시대의 전개

농산물의 신선도 유지는 포장재의 재질 및 규격과 밀접한 관계가 있으며, 수송형태에 따라 선도가 크게 좌우되는데, 골판지 상자와 스티로폼이 수송포장재의 주류를 이루고 있다.

특히 골판지는 가볍고 값이 싸다는 장점 때문에 대부분의 농산물이 골판지 상자에 넣어져 유통되고 있다. 그러나 골판지는 농산물의 품질유지나 우천시에 약하다는 단점이 있다. 따라서 최근 신선도유지 기능이 부여된 기능성 포장재의 활용이 증가하고 있다.

스티로폼상자는 강한 내수성과 완충성으로 인해 다양한 농산물 상자로 사용되고 있다. 딸기, 포도 등의 저장유통에 많이 이용되고 있으나 점차 그 사용범위가 증가되는 추세이다. 특히 골판지에 비해 가스 차단력이 우수하며, 우천시에도 작업이 가능하고 운반시 가벼울 뿐만 아니라 환경기체조절포장(MAP) 효과도 뛰어나다는 평가를 받고 있다.

최근에는 수송포장과 상업포장을 결합하기 위한 포장재가 널리 사용되고 있다. 파렛트 출하와 연계해 참외, 복숭아 등을 3~5개 단위로 판매할 수 있도록 하는 그물망과 레노백을 사용한 양파(풀빛영농법인) 등이 등장했으며, 딸기, 참외 등은 골판지포장 안에 다시 투명PET(일명 투명캡)나 그물망, 플라스틱봉지(pouch)로 소포장한 제품을 출하해 소비자와 유통업자의 호평을 받고 있다. 이와 같은 포장재는 농산물유통의 고질적 병폐인 속박이를 원천적으로 근절할 수 있다는 장점도 있다.

이 밖에도 기능성포장재가 속속 등장하고 있다. 제주농협의 감귤과 대관령농협의 해피700 감자와 옥수수 등은 바이오세라믹 성분이 함유된 플라스틱필름 포장재에 소포장되어 출하되고 있다. 이 밖에 포장재 전문업체인 율촌화학은 항균포장재와 수분을 흡수하는 드라이킵(Dry Keep)포장재도 선보였다. 이 포장재는 이슬이 맺히는 결로를 방지하고 습도를 조절하는 기능을 갖추고 있다.

6) 환경친화·규격화 포장

농산물포장산업은 이제 초기단계에서 도약단계로 접어들고 있다. 그래서 아직 비용에 대한 개념이 약하고 포장규격도 불확실한 상황이다.

일부 품목에서는 포장이 곧 고급화라고 인식하기까지 한다. 사과상자에 4도 이상의 칼라인쇄가 들어가거나 재활용이 어려운 재질의 포장 등 과대포장으로 비용을 낭비하거나 환경친화적 측면이 고려되지 않은 포장사례가 많았다. 아직은 선발업체를 중심으로 하여 차별화의 수단으로 이와 같은 다양한 포장기법이 도입되고 있으며, 어느 정도 소득효과를 거두고 있는 것으로 보이지만 적정포장(Appropriate Package)에 대한 논의가 본격화될 전망이다. 실제로 현재까지 사과, 배, 포도 등을 표준규격으로 소포장 출하했을 경우, 일반 포장때보다 20~30%가량 농가의 수취 가격이 높은 것으로 조사되고 있다.

또한 현재의 포장규격은 모든 품목에 일괄적으로 적용시키고 있어 규격에 맞지 않는 품종이 있으며, 이 규격을 평균적으로 적용함으로써 계절별로 크기가 다른 품목의 경우 부적합한 포장사례도 있다. 이 밖에도 포장 및 거래단위가 너무 커서 제품보호에 문제가 있으며, 상·중·하로 구분되고 있는 등급규격도 기준이 애매 모호하여 농산물 포장발전에 장애요인이 되고 있다.

따라서 앞으로 포장은 마케팅활동 뿐만 아니라 생산비를 절감해 마진폭을 높이는 직접적인 부가가치 창출에 관심이 모아질 것이다. 2004년에 이르면 포장재비가 농산물 물류비의 20%를 차지할 것으로 전망되는 점에 비추어 포장비 절감은 생산성 향상의 중요한 과제라 할수 있다.

따라서 농산물 포장의 주요관심도 압상방지, 파렛타이징을 위한 규격화, 표준화에 따른 포장규격, 브랜드화에서 농산물만의 특성을 살리는 수확후관리기술(Post —harvest Technology)이라는 측면으로 접근해야 한다.

즉 농산물은 공산품과 달리 수확 후에도 살아서 숨쉬는 생명체이기 때문에 수확 후소비자에게 전달되는 유통과정에서 최대한 생리활동을 억제하고 신선도를 유지하는 방안으로서 저온저장(Cold Chain System), 예냉에 부합하는 기능성 포장재 분야의 발전이 두드러질 전망이다.

7) 소비자요구대응 수출용농산물포장

유통과정이나 보관에서의 충격으로부터 보호될 수 있는 구조 디자인(Structural Design)인지, 상품의 변질, 파손, 부패 방지의 역할을 할 수 있는 포장재를 사용하고 있는지의 여부가 우선 소비자들에게 큰 영향을 미치게 되는 것이다.

또한 소비자들이 필요한 양만큼 구입할 수 있게 단계별 소포장, 간편 포장(Convenience Package)이 잘 되어 있는 지와 함께 소비자가 제품의 내용을 알 수 있도록 중량, 생산자, 원산지 및 유통기한 등의 표기사항이 명확하게 기재되어 있는지 여부 또한 농산물포장에 있어서 소비자들이 제품을 선택할 때 고려하게 되는 중요한 사항 중의 하나이다.

아울러 소비자가 농산물 포장에서 중시하는 부분은 수많은 제품들 사이에서 눈길을 끌 수 있는 독특한 멋을 가지고 있는지 여부(선호하는 칼라 사용 여부 등)라 할 수 있을 것이다.

세계 시장에서 농산물 포장에 대한 소비자의 일반적인 의식 및 태도를 살펴보면 우선 미주 시장에서 소비자는 주황색, 노란색 등 원색계열의 칼라를 선호하는 것으로 나타났으며, 유럽 시장에서는 제품의 신선도를 중시하는 현지 소비자의 기호에 맞춰 신선함을 소비자가 직접 보고 느낄 수 있도록 전면을 OPEN형태로 포장디자인하는 경향이 나타났다. 이는 제품을 편안하고 자연스럽게 보여주면서 브랜드를 강조하기 위해 그래픽 처리로 일부 장식을 하여 상품에 포인트를 주는 디스플레이 기법이 포장디자인에 도입되고 있는 것이다.

한편 일본 시장에서도 유럽 시장의 소비자가 중점을 두고 있는 부분인 '신선함'을 부각시키기 위해 '신선한 제품'이라는 이미지의 전달과 '위생상의 안전성'에 주안점을 두고 있다.

대부분의 포장에 전통적인 붓글씨 형태의 로고와 제품의 실사를 삽입하여 효과적인 시각전달을 하고 화려한 원색보다는 잔잔한 파스텔톤의 중간 색상을 사용하고 있는 것으로 나타났다.

이와 같은 다양한 소비자 욕구에 부응하기 위하여 수출용 농산물 포장은 지속적으로 변화하고 있다.

우리 농산물 포장은 브랜드(Brand) = 제품의 질(Quality)이라는 브랜드 중요성의 인지도가 낮았으며, 수출 대상국별 현지 통관, 유통상의 표시사항에 대한 표기가 미흡하고, 대형포장 위주의 상품화로 인해 소비자의 구매심리를 저하시키는 등 많은 문제점을 내포하고 있었다.

또한 포장소재 개발 노력 및 판매를 위한 전시 진열 상태의 고려, 대상국의 기호도(색상 및 디자인 등)에 대한 정보가 미흡하였으나 점차 무역경쟁시장에서의 수출농산물 포장에 대한 중요성을 인지하게 되어 이와 같은 문제점을 점차 보완키 시작하여, 이제는 수출 대상국에 대한 정보를 수집하고, 그에 맞는 제품 포장을 위해 노력하고 있다.

또한 현지 통관, 유통 상의 표기사항들을 준수하고, 소비자의 구매심리를 저하시키는 원인 중의 하나였던 대형포장을 세계적인 추세인 소포장으로 점차 포장단위를 축소하여 소비자의 구매심리를 자극하고 있으며, 자사 브랜드를 활용한 다양한 디자인의 개발과 적용을 위해 노력하고 있는 것으로 나타났다.

이러한 농산물포장에 대한 일반적인 소비자 인식 및 소비자 요구에 맞춰 변화된 수출농산물에 대한 포장실태는 최근 해외시장에서 높은 관심을 보이고 있는 '김치'의 포장변화에서도 잘 나타나고 있다.

한 예로 일본시장에서의 김치포장 변화를 살펴보면 최근 김치포장은 병포장에서 PET필름 봉지포장으로 점차 변화하고 있으며, 일본 도착 후 소포장으로 재포장하는 경우도 점차 늘고 있는 것으로 나타났다.

또한 소포장을 선호하는 소비자의 요구에 맞춰 200g, 400g, 500g 단위의 소포장이 개발되어 점차 소비시장을 주도해 나가고 있으며, 아울러 브랜드에 대한 소비자 인식이 점차 중요시되고 있는 점을 반영하는 등 김치수출업체에서는 자사 브랜드를 개발(예 : 두산의 '종갓집')하여 소비자에게 브랜드에 대한 강한 인식을 심어주어 제품 선택 시 브랜드만을 보고 안심하고 선택할 수 있도록 소비자 구매심리를 자극하고 있는 것으로 나타났다. 이와 같은 현상은 OEM방식 수출이 60~70%이상이었으나, 최근 1~2년 사이에 자사 브랜드 제품이 증가한 것으로도 알 수 있다.

한편 최근 김치에 관심이 많은 해외소비자들의 구매심리를 자극시키기 위해 수출용 김치포장에 김치요리법(김치찌개, 두부김치, 김치볶음밥 등)을 소개하는 제품들도 증가하고 있는 것으로 나타났다.

이처럼 좋은 디자인이란 포장의 표현 부분인 비주얼 디자인(Visual Design)에만 국한되는 것이 아니라, 소비자 입장에 서서 소비자가 제품을 쓰기 쉽고 편리하도록 만드는 기능적인 면이 포함되는 것이다. 그러므로 포장은 상품의 얼굴일 뿐만 아니라 기업 이미지의 확립을 위한 중요한 요소로 대두되고 있다.

즉 '말없는 세일즈맨(Silent salesman)'으로서 그 역할이 대단히 중요하며, 항상 소비자의 위치에 서서 생각하는 것이 무엇보다 중요할 것이다. 또한 지금처럼 환경문제가 심각하게 대두되고 있는 현실에서 과실류 포장으로 소비자의 가장 큰 선호도를 얻은 '골판지 상자'와 같이 회수하여 반복 사용할 수 있는 포장용기를 개발하여 소비자의 요구에 맞으면서도 폐기물량을 최소화할 수 있는 포장용기로 전환하는 방안 또한 농산물 포장 개선시에 한번쯤 생각해 봐야 할 문제라 생각된다.

계속적으로 변화하고 있는 소비자의 요구를 정확하게 파악하여 그에 맞는 수출 농산물 포장을 지속적으로 개발해 나가는 것, 이것이 바로 국제 시장에서 한국 농산물의 경쟁력을 확보할 수 있는 여건을 마련해 줄 것이라 생각되며, 해외소비자들이 한국 농산물에 대한 인지도를 제고할 기회를 마련해줄 수 있을 것으로 기대된다.

소비자가 농산물을 구매하는데 고려하는 사항으로 안전성, 신선도, 우수한 품질, 적정한 가격, 포장의 적정성 등을 꼽을 수가 있다.

소비자 요구에 부응하는 농산물 포장을 위해서는 다음과 같은 조건을 갖추어야 한다

- 포장 내용물의 품질을 믿을 수 있어야 한다.
- 포장의 표시내용과 내용물이 일치해야 한다.
- 소비자의 생활 패턴에 맞는 중·소형 포장을 개발하여야 한다.
- 내용물을 한눈에 살펴볼 수 있어야 한다.
- 농가 개별선별이 아닌 공동·선별된 상품으로 포장해야 한다.
- 상품의 포장은 소비자의 구매의욕을 자극할 수 있어야 한다.
- 농산물도 브랜드화 되어야 한다.
- 농산물 포장에도 **Bar-Code**가 도입되어야 한다.

특히 농산물포장에 바코드를 도입함으로써 물류합리화를 위한 판매정보를 축적할 수 있다. 즉 얼마나 구입했는지, 몇 개가 팔리는지, 재고는 얼마나 되는지, 이러한 정보들이 축적되면 요일별, 주간별, 월별 또는 산지별로 판매예측이 가능해진다. 따라서 산지의 생산 및 유통관리(예냉처리, 가공, 선별, 등급화, 포장, 저장, 수송, 보관, 판매 등)를 효율적이고 능률적으로 운영할 수 있게 되어 유통경비절감 및 농산물가격안정을 도모할 수 있다.

제2절 향후 혁신과제

1. 혁신과제

선진국의 경우에는 이미 수십년전에 과실류, 채소류, 버섯류 등의 신선 농산물을 비롯한 각종 수확 후 농산물의 예냉처리, 가공, 선별, 등급화, 포장, 저장, 수송, 판매 등 저장, 유통(물류) 및 포장에 관련된 기술이 체계적이고 합리적으로 정립되어 있어, 저온유통체계(Cold Chain System) 및 ULS(Unit Load System : 단위화물적재시스템)의 일괄적인 적용을 위한 농산물 품목별 수확 후 유통관리기술 manual이 농산물 저장, 유통 및 포장 분야의 모든 종사자에게 핸드북으로서 보편적으로 활용되어 신선한 농산물을 소비자에게 제공하고 있는 실정이다.

국내에서는 수확 후 농산물의 저장, 유통 및 포장에 많은 문제점을 지니고 있어 앞으로 선진국과의 기술수준 격차를 좁히기 위해서는 지속적이고 과감한 연구개발비의 투자가 있어야 할 것이며 각 분야별로 다음과 같은 연구방향과 과제수행이 요망된다.

1) 문제점

(1) 포장규격
- 예냉과 콜드체인시스템을 고려하지 않은 표준출하규격
- 표준포장치수규격의 복잡다양
- 소비자포장규격과 수송포장규격의 구분 애매모호

(2) 포장설계
- 통기공 설계 개념 미흡
- 시대 흐름에 맞는 소포장 부재
- 보호성, 편의성, 경제성을 무시한 포장

(3) 포장강도

- 적정포장 개념 부족
- 예냉형태별 포장강도 기준설정 부재
- 경제성 최우선 원칙 무시

(4) 유통관리

- 환경친화성, 재활용 인식 미흡
- 포장재 검수 및 품질관리 부재
- 물류과정과의 접목 미흡

2) 개선방향

(1) 포장치수 및 설계

- 소비자 구매 패턴의 변화에 따른 품목별 소포장 규격 개발 : 품목별로 소비자 취향에 따라 300g, 500g, 1kg, 2kg, 3kg, 5kg 등의 소포장 개발
- 단위포장과 집합포장의 호환성 확보 : 10kg상자는 5kg상자 2단, 15kg상자는 3kg 5단 혹은 5kg 3단 등으로 구성되도록 하여 중량별로 별도의 상자규격 지정 사례 최소화
- 표준파렛트 적재효율 극대화와 신유통 추세에 부합하는 상자규격 : 현행 농산물 표준규격은 T11형 표준파렛트 규격에 정합하는 규격이지만 예냉과 저온유통에 적합하지 않는 규격(돌려쌓기 적재 형태의 포장규격 등)이 있으므로 일부 품목 개선 필요
- 0200계열(구 A형) 상자보다는 0400형(트레이형)상자로의 설계 전환 검토 : 대부분 DW에서 SW로 전환 요망

(2) 포장강도 및 재질

- 필요압축강도 산출 기본 방법 제시 필요 : 가장 단순한 방법으로서 필요압축강도=상품 포장된 상자 1개 무게×(최대 적재단수−1)×안전계수(통상3~5)
- 골판지상자의 압축강도 산출방법 제시 : KS A 1531의 산출방법 검토 포장재질

표시 및 관리수준 85%적용 시 최저 압축강도(업체 보증 압축강도)표시

- 압축강도 저하요인과 저하율에 대한 기준 검토 : 통기공 크기 및 위치, 인쇄방법, 온습도 변화, 취급방법 등
- 내수도 측정기준 확립 : 신유통 체계 확산에 따라 발수도 대신 내수도 기준 필요하므로 이에 대한 구체적인 기준마련

(3) 농산물 표준규격 중 포장규격에 대한 재검토

- 외부포장용 골판지상자의 경우, 압축강도 및 파열강도를 구체적으로 지정하고 있으므로 양면 혹은 이중양면골판지 지정 무의미함
- 수분함량은 천편일률적으로 10±2%로 지정되어 있으나 실제로는 검사하는 경우 거의 없음
- 파열강도와 압축강도는 어느 정도 상관관계가 있으므로 보다 중요한 요소인 압축강도로만 지정하는 문제 검토
- 품목별 압축강도 지정은 상자 가격과 관련되므로 현재의 50kg 단위보다 세분화하여 10kg단위로 지정하는 문제 검토
- 발수도는 다음과 같은 2가지 측면에서 근본적인 검토가 필요함

첫째, 시험방법은 **KS M** 7057에 명확히 규정되어 있으나 제조업체에서 $R_0 \sim R_{10}$을 구분하여 발수처리하는 시설 및 기술을 가지고 있지 않아 대부분 규정보다 높게 처리되고 있는 상태임

둘째, 예냉과 저온유통체계에서의 겉포장골판지상자는 발수성보다 내수성이 더 필요한 경우가 많아질 것이므로 이에 대한 연구 필요

(4) 포장과 물류관리 개념 도입

- T11형(1,100×1,100mm) 공용의 500×366mm, 440×330mm, 365×275mm등의 치수 사용 검토
- 포장비 절감과 환경문제 대처를 위한 **Pallet Pool System** 사용 검토
- 물류센터에서의 처리 : 예냉, 선별, 포장 등의 기계화, 보관창고 사용 효율화(간이랙 및 모빌랙 등 설치 검토)

- WTO체제하에서는 정부의 포장재 지원이 무한정 계속될 수 없으므로 물류비 절감을 위해서는 농산물 포장설계방법, 적정 포장재료 선정 방법, 포장재 가격 산출 방법 등을 생산농가에 교육 및 홍보.

(5) 포장재의 환경친화성

- 환경친화적인 분해성 플라스틱의 개발 및 적용
- 농업부산물이용 포장재 및 완충재의 개발 및 적용
- 기타 환경친화성 포장재의 개발 및 적용

(6) 기능성포장재 개발

- 각종 유·무기계 천연항균소재 개발 및 적용
- 항균성 포장재의 개발 및 적용
- 가식성 필름을 비롯한 각종 포장재의 개발 및 적용
- 선도보존용 포장재의 개발 및 적용
- 기타 기능성포장재의 개발 및 적용

(7) 포장기법

- 농산물 품목별 CA 포장기법의 개발 및 적용
- 농산물 품목별 MA 포장기법의 개발 및 적용
- 기타 포장기법의 개발 및 적용

(8) 포장재의 안전성

- 농산물 포장재의 안전성 검증
- 포장재 유해물질의 식품 이행(migration) 메커니즘
- 기타 포장재의 안전성에 관한 연구

2. 농산물 포장개선을 위한 정책제안

1) 범위(Scope)와 대상

(1) 범위

① 포장표준화 검토 및 개선

■ 각 품목별 농산물 포장용 골판지상자의 재질 및 강도에 대한 기준정립

■ 수출용 농산물 포장용 골판지상자의 재질 및 강도에 대한 기준 정립

② 저온유통 시스템을 대비한 농산물 포장개선

■ 저온유통체계 및 디지털 유통에 적합한 포장재질 및 규격 정립

③ 고부가가치 농산물의 상품화 지원

■ 농산물 품목별 CA, MA 포장기법의 개발 및 적용

■ 친환경성 완충포장재의 개발 및 적용

④ 품목별 농산물 유통관리기술 manual(포장설계 및 디자인 매뉴얼) 개발 및 보급

⑤ 기능성포장재 및 기법의 현장적용 확대

■ 친환경성 발수코팅제, 내수제의 개발 및 적용

■ 환경친화성 포장재의 개발 및 적용

■ 각종 유·무기계 천연항균소재 포장재의 개발 및 적용

■ 가식성 필름을 비롯한 각종 포장재의 개발 및 적용

■ 선도보존용 포장재의 개발 및 적용

■ 기타 기능성포장재의 개발

⑥ 시·군 단위 소비자포장유통센터 건립 운영

(2) 대상

■ 수확 후 유통되는 농산물 및 임산물의 포장관련 정책 전반

2) 현황(문제상황)

① 포장분야는 수확 후 유통관리 기술에 있어서 간과해서는 안될 주요한 요소이

| 표 3-2 | 물류비 전망   (단위 : 십억원)

구 분	1996	1998	2001	2001(B)	비고
합 계	5,723	7,233	9,223	11,745	증가율(B/A)205%
포장비	1,405	1,517	1,935	2,463	물류비의 약 20%내외
운송비	1,528	2,019	2,574	3,278	
보관비	672	866	1,105	1,407	
감모·청소비	987	1,209	1,645	2,095	
하역비	753	1,069	1,363	1,735	
물류관리비	378	472	602	766	

* 농수산물유통공사 인터넷 자료(2000년)

나 정부, 농가, 유통업체의 관심부족으로 포장분야의 기술적, 마케팅적인 특이
성을 무시한 비효율적인 정책이 남발되고 있음.

② 특히 농가가 지불해야 하는 포장비는 2004년에는 12조원에 달할 것으로 전망
되는 농산물 물류비의 20%를 차지하고 있음.

③ 그러나 포장분야는 정부의 정책 개발이나 개선을 통해 가장 빠르고 효율적으
로 물류비 절감효과를 볼 수 있으며 특히 관련분야(수송, 보관, 정보, 하역 등
물류제반 요소)에 대한 파급효과가 매우 큼

④ 최근 전국적으로 확대 실시하고 있는 포장표준화 사업의 경우 이러한 파급효
과를 극대화시킬 수 있는 바람직한 정책으로 인정받고 있음.

⑤ 그러나 아직까지 각 품목별 농산물 포장용골판지상자의 재질 및 강도에 대한
기준이 정립되지 못하여 많은 농가, 유통업체가 혼란스러워하고 있으며 특히
저온유통체계 및 디지털 유통에 적합한 포장설계에는 아직 많은 연구가 필요
한 실정임.

⑥ 또 포장의 기술적 측면을 충분히 살려 농산물의 고부가가치화를 위한 상품화
지원 정책, 품목별 농산물 유통관리기술 manual(포장설계 및 디자인 매뉴얼)
개발 및 보급, 기능성포장재 및 기법의 현장적용 확대가 요망됨.

3) 핵심과제

(1) 포장 표준화 검토 및 개선

① 현황 및 문제점

- 규격포장출하에 대한 농민과 유통종사자들의 인식이 부족하고 산지의 시설기반이 취약하여 관행적 산물출하 성행
- 채소의 경우 유통단계마다 하차 → 다듬기 → 쓰레기 발생과정을 반복함으로서 유통비용의 누적적인 증가 초래
- 농수산물 표준출하규격 을 제정하여 시행중이나 출하농가의 참여가 미흡
- 포장출하가 이루어지는 경우도 품목별, 출하조직별로 포장재와 격이 상이하여 물류효율 저하

② 정책 건의·제안

- 현행 표준출하규격을 ULS(Unit Load System : 단위화물 적재시스템) 통칙에 맞도록 정비, 보강하여 하역, 보관, 수송의 기계화 기반 마련
- 이를 규격상품화시책과 연계·추진함으로써 표준화와 상표별로 포장된 상품의 품질균일화를 동시에 추진하여 생산농가단위유통을 공산품처럼 고유상표단위 유통으로 전환
- 장기적으로는 관련규격을 통합하여 가칭 한국농업표준규격(KAS : Korean Agricultural Standards)으로 제정하여 시행

(2) 저온유통 시스템을 대비한 농산물 포장개선

① 현황 및 문제점

- 최근 농산물 유통에 급속하게 확대되고 있는 예냉과 저온유통 시스템으로 인해 기존 농산물 포장방법의 변경 및 개선이 요구됨.
- 소비자의 농산물 구매패턴이 단기간 소량구매로 바뀜에 따라 소포장 위주의 소비자포장 개발 필요성 대두.
- 물류의 중요성이 강조되는 시대의 흐름에 맞추어 농산물 유통에 효율적인 포장설계기법 적용 및 표준화 작업이 요망됨.

③ 정책 건의·제안

- 우선적으로 저온유통시스템 적용이 필요한 전체 농산물 중 1차년도 10개 품목에 대한 포장개선 및 개발

> ※대상품목(안) : 과일류(6개 품목) : 사과, 배, 복숭아, 딸기, 포도, 방울토마토
> 　　　　　　　채소류(4개 품목) : 배추, 상추, 오이, 양파

- 저온유통시스템에 적합한 표준포장규격 및 재질 개발

> ※10개 품목에 대하여 포장규격, 포장설계방법, 포장재질의 선정, 포장재 관리, 포장작업 방법 등을 제시한 종합규격서 제작하고, 전국 농산물 물류센터 및 농민 단체 등을 대상으로 실용화 교육을 통한 보급 시행

- 추진방법 : TF팀 구성을 통해 대상품목별 1 개 시범단체 지정하여 포장개발안에 대한 실제 적용 시험 실시 → 수정보완 및 표준규격(안) 완성
- 검토 : 저온유통시스템 적용관련 단체, 전문가 혹은 주요 인사들로 구성된 「기술자문위원회」의 의견 수렴 → 최종포장규격 및 재질 확정
- 홍보 : 연구보고서 제작 및 보급·확산을 위한 전국순회 설명회 개최

(3) 고부가가치 농산물의 상품화 지원

① 현황 및 문제점

- 최근 농산물시장 개방으로 인해 우리나라 농산물의 국제경쟁력강화를 통한 수출증대 필요성 증가
- 소비자의 농산물 구매패턴이 단기간 소량구매로 바뀜에 따라 소포장 위주의 소비자포장 개발 필요성 대두.
- 아직까지 많은 농가, 무역업체들의 주먹구구식 포장방법으로 인해 상품의 부가가치 향상은커녕 오히려 물류비 증가, 상품성 저하 등의 요인이 되고 있음.

② 정책 건의·제안

- 수출농산물의 성공은 품질 + 상품화
- 수출농산물 상품화 지원사업은 수출농산물 생산자, 판매업자의 생산품을 상품화하기 위하여 패키지 마케팅 측면에서 지원
- 개발능력이 부족한 수출업체, 농가 등을 위한 수출농산물의 포장규격 설정, 설

계, 디자인 등을 통합 해결할 수 있는 전문기관설치 또는 관련법률 보완

■ 농산물 물류비뿐만 아니라 포장개발비 및 인력 지원에 필요

(4) 품목별 농산물유통관리기술 manual(포장설계 및 디자인 매뉴얼)개발 및 보급

① 현황 및 문제점

■ 생산농가, 관련 유통업체 및 무역업체 등의 실무자가 손쉽게 접근할 수 있는 유통기술 및 포장관련 매뉴얼 부재

■ 미국 등 농업선진국은 물론 UN 산하 International Trade Centre(ITC)에서도 포장관련 매뉴얼을 품목별로 발간, 무료로 배포하고 있음.

② 정책 건의·제안

■ 생산농가, 관련 유통 및 무역업체 등의 실무자가 손쉽게 접근할 수 있는 품목별 농산물 유통관리기술또는 포장설계 및 디자인 매뉴얼을 개발 및 보급

■ 매뉴얼의 발간은 학계, 유통업계, 농가, 정부의 공동작업으로 매년 2−3편씩 발간.

■ 포장과 보관, 수송, 물류를 연계한 포장설계 매뉴얼을 우선적으로 개발하고 장기적으로 농축수산물의 수확 후 관리방법을 포괄적으로 설명하는 유통관리기술 매뉴얼로 지속적으로 확대.

(5) 기능성포장재 및 기법의 현장적용 확대

① 현황 및 문제점

■ 국내외 개발중이거나 개발된 각종 기능성포장재와 기법이 연구차원에 그치고 있어 이를 구체적으로 현장에 적용할 수 있는 정책 및 지원 시스템이 필요

※예 : 감귤은 제주도 과실의 상징이며, 감귤은 제주도에 매우 중요한 수입원 중의 하나임.최근 3~4년간 제주도 감귤은 일본산 왁스를 수입 코팅하여 판매하여왔으나, 코팅에 대한 개념이나 두께조절을 위한 코팅설비 및 이에 대한 연구 없이 주먹구구식으로 일관하여 왔음.감귤은 살아있는 생물체로 코팅을 잘못하면, 호흡 및 생리작용에 이상을 초래하여, 알콜생성 등 품질에 악영향을 줄 수 있음으로 최근 제주도 감귤에 왁스코팅제을 처리하지 않기로 기본 방침을 결정하였음. 외국의 경우 코팅제를 선택할 때는 호흡관계, 코팅제의 wetting control, 코팅두께 조절 및코팅 후 품질변화를 체계적으로 연구하여, 코팅된 과일의 경우 무코팅제에 비하여 30~40%의 품질보존과 손실방지의 성과가 있었음.미국 및 유럽선진국의 감귤이 95%가 코팅제로 처리되어 유통 및 수출되고 있는 현실을 볼 때, 제주도 감귤의 무코팅 정책은 선진국의 정책과 정반대의 정책이며 졸속임을 알 수 있음.

② 정책 건의·제안

- 기능성 포장재 및 기법 개발과 적용에 있어서 관련 정부기관의 정책을 농가, 무역(유통)업체, 학교 등과 공동 심의할 수 있는 제도적 장치 마련.

(6) 시·군 단위 소비자포장유통센터 건립 운영

① 현황 및 문제점

- 유통단계가 복잡하여 생산자는 헐값에 팔고 소비자는 비싸게 구입하는 불합리한 구조를 개선할 필요성 대두
- 농식품은 유통기한이 짧기 때문에 안정적인 수요공급조절이 불가능하며 특히 중국 등 농축수산물의 유입으로 농축수산물 시장이 무차별적으로 휩쓸리고 있음.
- 따라서 우리나라의 농식품이 외국과 경쟁할 수 있도록 소비자가 구매하기 용이한 단위로 포장(이하 소비자포장이라고 함)하여 복잡한 유통구조를 타파할 필요성이 있음.

② 정책 건의·제안

- 재래시장과 대형할인매장은 물론, 슈퍼, 일반소비자에게 직접 판매하고 전자상거래와 택배를 활용한 사이버판매가 가능한 소비자포장 도입
- 읍·면 단위별로 저온창고, 가공창고들을 지어 효율적으로 활용하지 못하고 있는 점을 개선, 소비자포장유통센터로 활용하여 이곳에서 농축수산물의 선별과 포장을 한꺼번에 이루어 유통구조 변화에 대해 적극 대처
- 1, 2개 읍면을 대상으로 시범사업 후 전국 확대 추진.

제 4 장 소비자포장전략

제1절 소비자요구에 부응하는 포장 

제4장 소비자포장전략은 최근 수년간 학술심포지엄, 학술세미나 등에서 강연한 내용이어서 다른 chapter의 내용과 중복되는 부분이 있으나 그대로 싣기로 한다.

포장이 담당하는 역할은 일반적으로 보유하는 기본적인 기능과 추가로 요구되는 구비요건으로 나눌 수 있다.

포장의 기본적 기능은 보호기능, 편리기능, 정보기능 등이 있으며, 포장식품에는 포장이 일반적으로 담당해야 하는 기본적인 기능 이외에도 안전위생성, 사회환경성, 생산적성, 경제성 등의 구비요건이 추가적으로 요구되고 있다.

－"포장은 물류의 기본이고 물류의 시작이며 끝이다"－. 농산물도 이제 소비자의 요구에 부응하는 포장을 함으로써 소비자에게 appeal하는 상품으로서 소비자에게 다가가야 한다. 농산물도 이제 무포장(bulk)상태의 단순한 농산물이 아니라 제대로 포장하여 물류합리화를 도모함으로써 우수한 신선도와 품질을 갖춘 소비자가 선호하는 상품으로서 소비자에게 appeal하여야 한다.

－ "포장은 말없는 salesman이다"－.포장이 제대로의 기능과 규격기준을 갖춘다면 그야말로 수송, 보관, 하역의 물류 기본기능은 물론이고 상품에 대한 모든 정보를 소비자에게는 물론이고, bar code system을 적용함으로써 POS, VAN 등으로 판매시점에 모든 상품유통에 관한 정보를 공유할 수 있게 되어 경영의 합리화가 이루어질 뿐만 아니라 저온유통체계(Cold Chain System), 단위화물 적재시스템(Unit Load System)의 적용으로 물류의 합리화를 도모할 수 있으며, 이로 인하여 소비자에게는 풍요롭고 신선한 농산물을 식탁에 제공할 수 있으며, 생산자인 농민에게는 농가소득증대를, 그리고 유통업자에게는 부가가치창출을 통한 수익을 동시에 가져다 줄 수 있으며, 국가는 국가신인도제고를 통한 수출증대를 동시에 도모할 수 있게 된다.

포장은 보유하는 기능으로 충분히 역할을 담당하는 것이 당연하지만, 포장에 대한 역할 기대가 점차 확대되어 더욱더 새로운 기능이 요구되고 있다. 따라서 추가적으로 요구되는 포장의 역할을 요약하여 보면 다음과 같다.

소비자포장에서는 단순히 내용물을 보호하는 역할로서의 포장에 그치지 않고 내용물과 일체를 이루어 상품을 형성해야 하는 역할이 요구되고 있다. 특히 소비 단계를 중심으로 한 다양한 편리성과 다양한 특징을 지닌 상품이 요구되고 있다. 따라서 포장은 생활에 필요한 다양한 상품을 제공해야 하는 역할을 충실히 수행 하지 않으면 안된다.

포장 그 자체는 에너지를 소비하지만 포장에 의해 상품의 수송효율과 보관효율 을 높이는 효과가 더욱더 크기 때문에 물류(logistics, physical distribution)를 위한 자원 및 에너지를 대폭 절약하는 역할이 중요시되고 있다. 식량자원 측면에서도 식품의 품질보존기술과 아울러 포장이 식량자원절약에 크나큰 역할을 하고 있다.

또한 의학기술이 진보되고 건강에 대한 관심이 더욱더 높아짐에 따라 포장식품 의 품질보존과 안전성 확보가 매우 중요시되고 있다.

슈퍼마켓, 편의점, 대형할인매장 등 선진국형 신유통형태의 발달로 인한 유통환 경의 변화, 생활습관의 변화에 따른 식품에 대한 요구의 다양화, 여성의 사회진출 과 활동의 다양화(고학력에 따른 자기실현의욕 제고)로 인하여 조리식품이나 반조 리식품, 1일분 또는 1회분 포장식품, 레토르트나 레인지에 대응가능한 포장식품 등 식품에 대한 요구가 매우 다양해졌으며, 오늘날의 식생활에 크게 영향을 미치 고 있다.

대부분의 상품은 포장되고 있으며, 포장이 완전한 상태라는 것은 포장식품의 품 질을 보증할 수 있다는 것이다. 또한 필요한 정보가 포장식품에 정확하게 표시됨 으로써 내용식품을 정확하게 이해하고 선택하여 올바르게 사용할 수 있다.

포장이 제공하는 부가가치는 오늘날 인류생활의 풍요로움과 편리함에 크게 기 여하고 있다.

[표 4-1]에 식품포장의 기본적 보유기능과 추가구비요건에 대하여 나타냈다.

고령화와 정보화가 더욱더 진전되어 barrier free, universal design을 비롯하여 포 장에 대한 역할기대가 한층 더 다양화, 고도화되고 있다.

또한 현대의 가장 심각한 문제인 환경대책과 안전성의 확보는 포장이 담당해야 할 본질적인 과제이며, 피할 수 없는 숙제이다.

1. 포장의 목적과 요구특성

포장의 목적은 다음과 같다.

① 상품에 있어서 내용물의 보호와 품질보존
② 먼지, 미생물 부착방지에 의한 위생성의 보존
③ 포장의 기계화, 고속화에 의한 생산의 합리화, 자원절약화
④ 유통 및 수송의 합리화, 계획화
⑤ 인쇄, 디자인에 의한 상품가치의 향상, 정보부여
⑥ 소비자취급의 편리성 등

포장의 목적을 달성하기 위하여 요구되는 기능, 즉 요구특성은 다음과 같다.

① 내용물보호 : 역학적강도(인장강도, 파열강도, 압축강도, 내압강도, 충격강도)
　　　　　　　차단성(기체차단성, 방습성, 방수성, 차광성, 단열성, 보향성 등)
　　　　　　　안정성(내수성, 내유성, 내광성, 내열성, 내한성, 내약품성 등)
② 생산성향상 : 포장기계적성(seal성, 미끄럼성, 내blocking성, 열안정성, 치수안정성,
　　　　　　　stiffness, 비curl성, 비대전성 등)
③ 상품성향상 : 광택, 투명성, 평활성, 인쇄적성, 전시성 등
④ 편리성향상 : 개봉성, 재봉성, 휴대성 등

이외에도 포장에는 포장재 자체의 환경친화성과 위생성, 안전성 및 경제성 등이 고려되어야 한다.

최근에는 소비자의 편리성 향상을 목적으로 한 포장재와 포장의 개발이 활발하게 이루어지고 있는데, 이전에는 상품을 제조하는 기업측의 입장을 중시한 개발, 즉 내용물보호, 생산성향상 또는 전시효과 향상 등을 목적으로 한 개발이 중심이었으며, 상품을 사용하는 소비자측의 편리성은 다소 경시되는 경향이 있었다.

소비자의 편리성 향상을 목적으로 한 개발이 활발하게 된 원인은 다음과 같다.

① 고령화 사회의 가속화
② 여성 사회진출의 확대

③ 식생활의 변화

④ 환경의식제고 등 사회환경의 변화

┃표 4-1┃ 식품포장의 기본적 보유기능과 추가구비요건

	기능 또는 요건	내 용
기본적 보유 기능	보호기능	• 물리적요인으로부터의 보호: 유통 중의 압축, 진동·낙하·충격에 의한 파손, 외력에 의한 변형, 열, 전기, 습기, 수분
		• 화학적요인으로부터의 보호 : 산화, 빛에 의한 열화(光劣化), 부식, 활성화학물질에 의한 작용, 냄새
		• 생물적요인으로부터의 보호 : 미생물(세균, 곰팡이), 해충, 쥐
		• 인위적요인으로부터의 보호 : 변조, 위조, 오용
	편리기능	• 유통상의 편리 : 하역 (운반편의성, 휴대편의성), 보관 (적재편의성, 보관편의성), 소포장화 편의성,
		• 판매상의 편리 : 진열, 단위
		• 소비상의 편리 : 개봉, 재봉, 휴대, 인스턴트 (retort 및 전자레인지 대응)
		• 폐기상의 편리 : 분별성, 파괴용이성, 감용성(減容性)
	정보기능	• 소구성(訴求性) : 상품의 어필, 미장효과, 디자인, 패션, 차별화, 로고마크, 기본인쇄색
		• 상품표시 : ① 식품위생법, KS법 등에 근거한 표시 : 명칭, 품종, 식품첨가물, 원재료명, 내용량, 유통기한, 보존방법, 제조자, 원산지, 성분표시, 사용상의 주의, 조리방법, PL법대응, 취급상주의
		• code, 하역상의 주의, care marker, 개봉방법 등
		• 포장재료 : 재질표시, 폐기방법
추가구비요건	안전위생성	• 식품위생성 : 식품위생법 대응
		• 인체안전성의 확보 : PL법 대응
		• 미생물 관리, 냄새관리, 이물(異物)관리, 방충방서(防蟲防鼠)관리, GMP 대응, HACCP대응
	사회환경성	• 자원절약목적 : 자원재이용, reuse적성, recycle적성, 폐기성(소각 배출가스, 생분해성, 광분해성)
		• 적정포장
		• 소비자보호법 적합성
		• 다이옥신 등 환경호르몬 문제
	생산적성	• 포장작업성: 포장기계 및 라인화 적성, 재료의 대량생산 및 공급 안정성, 품질안정성(규격치수, 형태오차, 고유성능, 결점 등)
	경제성	• 재료가격 : 재료가격의 안정성, 조달용이성

고령화 사회에서는 고령자도 쉽게 사용할 수 있는 barrier free package가 요구된다.

또한 여성의 사회진출로 인한 가정에서의 조리가 간략화되는 경향이 나타나 식생활형태 그 자체가 변화되고 있다. 따라서 이와 같은 식생활변화에 대응한 새로운 포장형태도 요구되고 있다. 더욱이 대부분의 package는 사용 후는 폐기물로 버려졌었는데, 환경의식이 높아짐에 따라 recycle성이나 생분해성 등의 환경대응형 package가 요구되고 있다. 이와 같이 포장이나 포장재료에는 지금까지보다 소비자에 대한 편리성의 향상이 더욱더 요구될 뿐만 아니라 환경대응 등 새로운 기능도 요구되고 있으며, 이와 같은 사회환경변화에 대응한 포장재 및 포장의 개발이 장래에는 매우 중요하다.

2. Universal design

1) barrier free와 universal design

barrier free란 말은 최근에 와서 일반적으로 사용되고 있는데, 이 개념은 1974년에 UN의 장애자생활환경전문가회의에서 「barrier free design」이라는 보고서가 제출됨으로써 비롯되었다. 이 보고서는 건물이나 주거환경에 있어서의 계단 없애기 등, 장애인이 사회생활을 하는데 있어서의 물리적인 장애(barrier)를 제거해야 한다는 뜻이다. 그러나 최근에는 건축물뿐만이 아니라 모든 분야에 적용되게 되었으며, 장애인에 국한되지 않고 고령자에까지 그 범위가 확대되게 되었다.

따라서 포장에 있어서도 barrier free가 당연하게 요구되고 있다.

그러면 포장에 있어서 barrier free란 어떠한 것인가?

가장 우선적으로 생각할 수 있는 것이 개봉성이다. 따라서 일반인뿐만 아니라 장애인이나 고령자도 쉽게 개봉할 수 있도록 포장(package)의 barrier free를 달성하여야 한다. 일반적으로 시판되고 있는 상품은 모든 사람들이 구입하여 사용할 수 있다는 것이 전제가 되어야 한다. 일반소비자 중에는 장애인이나 고령자 이외에도 힘이 약한 여성이나 어린이를 비롯하여 부상자, 임산부, 환자 등 일반인이지만 몸이 불편한 사람이 매우 많다. 또한 소비자 중에는 글을 읽지 못하는 문맹자나 외국인도 있다. 장래에는 이와 같은 사람들도 사용하기 쉬운 포장이 요구된다.

그리고 barrier free보다도 넓은 개념으로서 1990년대에 North Calorina State University의 Ronald L. Mace에 의해 「universal design」이 제창되었다. universal design이란 체격, 연령, 성별, 장애자 비율에 상관없이, 어느 누구나 사용할 수 있는 제품이나 환경을 창조하는 것이다. 다시 말하면 barrier free란 현실에 존재하는 barrier를 제거하는 기술인데 비하여, universal design은 유통에서 폐기에 이르기까지의 모든 경우에 고려되는 문제점을 사전에 상정하여 이들 문제에 대한 대책을 제품개발단계에서부터 강구하여야 한다는 사상이다.

앞으로의 포장은 barrier free도 필요하지만, universal design을 추진하는 것이 더욱더 중요하다. 즉 장래의 포장은 특정인에 대하여 배려하는 포장에 그치지 않고, universal design을 고려하여 개발함으로써 모든 사람이 쾌적하게 사용할 수 있는 포장이 되어야 한다.

2) 포장에 있어서의 barrier

barrier는 대부분이 상품 사용시에 소비자가 느끼는 barrier, 즉 포장을 사용하는 쪽에 관한 것이다. 그런데 실제로는 소비자가 판매점에서 상품, 즉 포장된 상태로 구입하기 때문에, 상품을 구입하여 내용물을 사용하거나 보관한 후 포장을 폐기물로서 폐기할 때까지의 각 단계에서 장애가 되는 문제가 있다.

따라서 universal design의 관점에서 보면, 사용시에 소비자가 실감하는 barrier뿐만이 아니라 판매점에서 폐기까지의 각 단계에서의 barrier를 포함하는 모든 문제가 해결되는 포장이 되어야 한다.

따라서 각 단계에서 필요한 포장의 기능을 정리하면 다음과 같다.

① 구입시 : 식별성, 운반성
② 사용시 : 개봉성, 사용성, 안전성
③ 보관시 : 수납성, 재봉성
④ 폐기시 : 분별성, 처리성

이와 같은 관점에서 포장을 관찰하면, 앞으로의 포장은 universal design이 되어야 한다. 즉 현실에서는 대부분의 사람들이 barrier라고 느끼지 않지만, 일부 사람들에게는 barrier로 느껴지는 문제가 포장에서는 많이 존재한다는 것이 된다. 이와 같은 문제까지 모두 해결되어 상품구입에서 포장재 폐기까지의 모든 과정에서 모든 사람에게 불편함이 없이 쾌적하게 사용할 수 있는 포장이 바람직하다.

3) 포장의 universal design

포장의 universal design을 추진함에 있어서 어떠한 점에 주의해야 하는가를 구입에서 폐기에 이르기까지의 각 단계에서 필요한 기능을 중심으로 살펴보기로 한다.

(1) 구입시

① 식별성 : 포장을 보고 내용물이 무엇인가를 쉽게 알수 있어야 한다. 또한 내용물외에도 용량 등의 구입시 필요한 정보, 즉 포장만으로 상품의 특징을 소비자가 쉽게 식별할 수 있어야 한다. 그러기 위해서는 상품명, 그림, illustration, 사진, 설명문 등의 표시에 각별한 주의를 기울여야 하며, 특히 소비자에게 오해를 일으키지 않도록 주의하여야 한다.

다른 상품을 연상시키는 상품명이나 내용물을 정확하게 전달하지 않는 그림, illustration 등은 피하여야 한다. 예를 들면 얼핏 보아 청량음료수인지 알콜음료인지가 구별되지 않으면, 청량음료로 착각하여 알콜음료를 잘못 알고 마실 우려가 있다. 또한 우리나라 말을 모르는 외국인은 포장의 그림이나 illustration을 보고 그 상품의 내용물을 판단한다는 것도 예상하여야 한다. 따라서 내용물과 다른 그림이나 illustration은 오해를 일으키는 원인이 된다. 즉 얼핏 보아도 그 상품을 이해할 수 있도록 표시하여야 한다.

또한 시각장애인의 경우에는 손의 촉감으로 내용물을 식별할 수 있도록 배려하여야 한다.

② 운반성 : 소비자가 구입할 때에 상품진열대에서 꺼내기 쉽도록 할 것이나 취급하기 쉽도록 하는 등의 운반편의성을 부여하여야 한다. 이를 위해서는 손잡이를 설치하여 들기 쉽게 하거나 emboss가공이나 포장 표면의 요철 또는 재질을

달리함으로써 운반성을 부여할 필요가 있다. 더욱이 크기나 무게에 대한 배려도 운반성의 중요한 요소이다. 예를 들면, 손잡이 부착에 있어서도 한 손으로 들 수 없는 무거운 상품인 경우에는 양손으로 들 수 있도록 배려하여야 하며 상품에 따라서는 어린아이가 들 수 있도록 작게 설계하여 운반성을 부여할 필요가 있다.

(2) 사용시

① 개봉성 : 개봉성에 관해서는 can opener 등 별도의 도구가 필요 없이 개봉할 수 있도록 설계하여야 한다. 개봉할 때에 도구를 사용하지 않고 개봉할 수 있도록 개봉성을 부여하는 것은 일종의 barrier free 설계라 할 수 있다. 또한 도구를 사용하지 않고도 고령자나 어린이도 쉽게 개봉할 수 있어야 한다. 최근의 포장은 이 점에 관해서는 상당히 개선되어 있으며, 그 개선 예가 pull tab방식의 통조림이나 straw부착 pouch 등이다. 그러나 한편 개봉방법이나 개봉장소를 알기 어렵고, seal강도가 강하여 개봉하기 어렵고, 개봉부의 손잡이부분이 작아서 잡기 어렵고, pouch가 절단하기 어렵거나 잘 절단되지 않는 등 아직도 개선의 여지가 남아있는 포장도 많다.

② 사용성 : 내용물을 사용할 때 마지막까지 내용물을 꺼내어 사용할 수 있는가, 또한 다시 넣을 때 내용물이 넘치지 않는가, 그리고 조미료 등의 경우에는 적당량을 꺼내어 사용할 수 있는가 하는 등이 문제점으로 지적되었다. 이와 같은 문제를 해결하기 위해서는 포장의 형상이나 재질, 또는 개구부의 형상이나 치수에 세심한 배려를 하여야 한다. 특히 조미료 등의 경우에는 세제류 등의 포장에 일부 사용되고 있는 계량기능부착 포장 등도 유효한 수단으로 채용되고 있다.

더욱이 개봉성과도 관련이 있는데, 사용 장소에 따라서는 one touch기능 또는 편수개전기능(한 손으로 마개를 딸 수 있도록 한 기능), 그리고 편수사용기능 등 다양한 기능이 요구되는 경우가 있다.

③ 안전성 : 통조림을 개봉할 때 개봉부에 의해 다칠 우려가 있다. 이 점에서 pull open can은 개봉성과 아울러 안전성에도 세심한 배려를 하여야 한다. 그 외의

포장에서도 어떠한 경우에 다칠 가능성이 있는가를 검토하여 대책을 세워야 한다.

또한 의약품이나 알콜음료 등의 경우에는 어린이가 잘못 알고 먹지 않도록 예방하기 위한 대책도 필요하다. 예를 들면, 어린이는 개봉할 수 없고 성인은 쉽게 개봉할 수 있는 개봉기구를 고려함으로써 barrier free나 universal design과 모순이 되지 않도록 하여야 한다.

(3) 보관시

① **수납성** : 구입에서부터 사용하기까지의 보관과, 상품을 뜯어 사용하고 완전히 소비할 때까지 보관하는 두 가지 경우가 있는데 모두 수납성이 중요하다.

포장설계 단계에서부터 냉장고나 수납장에 어떻게 수납할 것인가, 진동으로 넘어지지 않는가, 눕혀서 보관하여도 내용물이 흐르지 않는가, 포개어 보관하여도 되는가 등을 충분히 고려하여야 한다.

② **재봉성** : 일회용이 아닌 재사용 상품의 경우에는 간단하게 재봉 및 재개봉할 수 있어야 한다. 다만 재봉기능만 필요한지, 넘어지거나 눕혀서 보관하여도 내용물이 쏟아지지 않도록 설계해야 할 것인가를 고려하여야 한다.

(4) 폐기시

① **분별성** : 포장은 최종적으로는 폐기물로서 버리게 된다. 그러나 최근에는 이 폐기물의 분리수거가 이루어지고 있으며 일부 재질의 경우에는 recycle도 매우 활발하게 추진되고 있다. 포장도 이들 system에 대응할 수 있도록 할 필요가 있으며 소비자에게 폐기시, 분리수거 등 폐기방법에 대하여 알기 쉽게 표시하여야 한다.

② **처리성** : 폐기물의 처리성은 폐기물로서 버리는 경우에 폐기물의 체적을 줄일 수 있는 방법에 대하여 소비자가 알기 쉽게 처리방법을 표시하여야 한다.

(5) 표시

표시는 소비자에게 상품정보를 전달하는 매우 중요한 수단이다. 따라서 표시장소, 표시내용, 표시에 사용하는 문자나 배색 등에 세심한 배려를 기울여야 한다.

① 표시장소 : 소비자가 알아야 할 상품정보를 어디에 표시할 것인가를 기준과 규격에 맞게 결정하여야 한다. 또한 외부포장을 뜯고 단위포장(item packaging)으로서 보관하는 경우도 고려해야 하는데 이와 같은 상품의 경우에는 조리방법이나 유통기한 등의 표시를 외부포장 뿐만 아니라 단위포장에도 별도로 표시하여야 한다.

② 표시내용 : 표시내용은 누구나 이해하기 쉬운 내용으로 표시하여야 한다. 문장표시는 짧아야 하고 전문용어나 업계용어, 또는 외국어를 사용하는 경우에는 쉬운 말로 표현하여야 한다. 가급적이면 한번 얼핏보아도 판단할 수 있도록 그림이나 illustration을 사용하여야 한다. 특히 주의사항의 표시는 문장보다도 그림이나 illustration으로 표시하는 것이 이해하기 쉽다.

또한 같은 내용을 표시하더라도, 예를 들면 식품의 영양소나 칼로리 표시의 경우에는 단위중량 당이 아니라 일식분 또는 한개 당의 양을 기재한다면 소비자가 자신이 섭취해야 하는 양을 쉽게 파악할 수 있어 소비자의 측면에서 유리할 것이다.

③ 문자와 색 : 문자에 관해서는 글씨체, 크기, 문자의 색과 바탕색의 배색관계에 특히 유의하여 소비자가 식별하기 쉽게 표시하여야 한다. 글씨체는 명조체보다도 고딕체가 일반적으로 알아보기 쉬울 것이며 크기는 클수록 알아보기 쉬울 것이다. 따라서 글씨체의 크기는 적어도 8 point 이상의 크기로 할 필요가 있다. 그러나 포장의 면적이 제한되어 있는 작은 상품의 경우에는 부득이하게 8 point 이하로 표시할 수밖에 없다.

글씨체나 글씨 크기에 주의를 기울이더라도 문자의 색과 바탕색과의 배색관계를 무시한다면 의미가 없는데, 이 관계는 design상 매우 중요한 표시사항이다. 배색은 소비자가 구별하여 알아보기 쉽게 design하여야 한다. 색맹은 물론이고 색약이나 백내장 등의 안과질환이 있는 사람인 경우에는 고령자가 아니더라도 색에 대한 구별능력이 매우 저하되기 때문에 이에 대한 배려도 소비자 측면에서 세심하게 주의를 기울여야 한다.

따라서 황색과 적색, 또는 청색과 흑색과 같이 소비자가 구별하기 어려운 배색을 조합하여서는 안되며 소비자가 쉽게 구별할 수 있는 design의 배색으로 하여야 한다.

④ barrier free, universal design

(6) barrier free의 규격화

포장의 구입시에 필요한 식별성, 운반성, 사용시에 필요한 개봉성, 사용성, 안전성, 보관시에 필요한 수납성, 재봉성, 폐기시에 필요한 분별성, 처리성 등과 표시장소, 표시내용, 문자와 배색 등의 표시사항에 대한 **barrier free**설계를 하였다 하더라도 **barrier free**에 대한 느낌은 소비자에 따라서 다양하게 나타날 것이다. 따라서 이개봉성(易開封性) 포장이라 하더라도 무엇을 기준으로 이개봉성이라 할 것인가가 문제가 된다. 예를 들면 자사의 종래의 상품보다도 개봉성이 우수하다고 해서 개봉성에 대한 **barrier free**를 실현하였다고 할 수는 없는 것이고 소비자가 그 여부를 판단할 수 있는 것이다.

즉 개봉성, 휴대성, 표시의 식별성 등에 관해서는 앞으로 **barrier free**설계에 대한 어떤 규격 및 기준의 제정이 선행되어야 할 것이다.

(7) universal design의 추진

21C를 맞이하여 포장에는 지금까지보다도 더욱더 소비자의 요구에 부응하는 포장, 즉 **universal design**이 추구될 것이다.

포장설계자가 포장을 설계함에 있어서 제조상의 이유나 종래의 인식으로 포장설계를 시행하여서는 안되며 스스로 설계된 포장의 편리함과 불편함을 결정하여서도 안된다. 앞으로 21C를 맞이한 포장설계자의 정신적 자세는 일반적인 사람뿐만 아니라 장애인을 포함한 비정상적인 사람에 대한 배려도 충분히 함으로써 **universal design**을 추진하여야 할 것이다.

포장의 **universal design**을 도입함에 있어서 장애인을 포함한 모든 사람이 사용하기 쉽도록 포장설계 하여야 하며, 이렇게 함으로써 소비자의 연령이나 대상의 폭이 넓어져 그 상품의 판매시장 확대에도 이바지하게 될 것이다.

3. Meal Solution과 Home Meal Replacement 대응

1) 식생활의 변화

이전에는 일반가정에서의 저녁식사는 주부가 재료를 구입하여 가정에서 조리한 요리를 가족전원이 함께 식사하는 경우가 많았으나, 최근에는 이와 같은 가정은 급격히 감소되고 오히려 supermarket이나 convenience store에서 조리식품, 반조리식품, 냉동식품 등을 구매하여 간단히 식사하는 경우가 많아졌다. 또한 fast food점이나 다양한 형태의 식당에서 따뜻한 식사를 간편하게 할 수 있게 되었다. 이와 같은 식생활의 변화 원인을 살펴보면, 가장 큰 이유는 여성의 사회진출이 날로 증가되었기 때문이다.

두번째 이유는 독신자의 증가를 들 수 있다. 따라서 1인분의 식사를 준비하는 경우 재료비나 조리시간 등을 감안할 때 오히려 외식이 경비가 적게 들고 시간적인 제약을 받지 않고 자유롭기 때문에 가정에서의 식사가 더욱더 줄어들고 있다.

세번째 이유로서 식품보존기술이나 유통의 발달과 전자레인지의 보급을 들 수 있다. retort 식품이나 냉동식품은 장기보존이 가능하고 전자레인지 등으로 데워서 간단하게 식사할 수 있어서 그 편리성으로 인하여 이와 같은 형태의 식생활이 점차 증가되고 있다.

이와 같은 식생활의 변화경향은 앞으로도 더욱더 두드러질 것으로 예상되며, 또한 이와 같은 식생활의 변화에 대응한 포장의 요구도 더욱더 증가될 것으로 예상된다.

(2) meal solution 과 home meal replacement

식생활의 변화에 따라서 meal solution(MS)이나 home meal replacement(HMR)와 같은 용어가 식품업계나 유통업계에서 보편적으로 사용되게 되었다.

MS란 직역하면, 「식사의 해결법」으로 식사에 관한 소비자의 다양한 요구에 대응하여 저녁식사를 어떻게 할 것인가 고민하는 사람들에게 그 해결책을 제안하는 것이다. 한편 HMR은 「가정에서의 식사 대행」으로 소비자를 식사준비로부터 해방시켜 가정에서 만드는 요리를 대체하여 전문가의 맛을 가정에 제공하는 것이다. 두가지 다 소비자에 대하여 식사에 관한 여러 가지 해결책을 제공한다는 점에서는 공통적이다.

즉 MS나 HMR은 현대인의 식생활 변화에 대응하여 그 식사내용의 level up을 도모하는 것이다. 구체적으로는 MS에 대하여 「조리방법이나 시간을 해결해주는 식사제안 ; 조리방법이나 시간을 소비자에게 알려줌으로써 맛있고 건강지향적인 식사를 하고자 하는 소비자의 요구에 대응하여 식사재료구입 뿐만 아니라 조리시간을 단축시킬 수 있는 메뉴나 본격적인 식사 등 식탁을 다채롭게 할 수 있는 제안을 행하는 것이다」라 할 수 있으며, HMR은 「바로 식탁에 올릴 수 있는 본격적인 메뉴 ; 신선도나 생산지를 엄선한 식품재료를 사용하여 조리방법을 비롯한 본격적인 맛의 식사내용을 강화하여 레스토랑의 맛을 가정으로 옮겨 식도락을 즐기려는 소비자의 요구에 부응한 것이다」라 할 수 있다.

MS나 HMR은 우리나라에 있어서는 아직 도입단계에 있으나 미국이나 유럽 등 선진국에서는 보편적으로 성행되고 있다. 우리나라에서도 앞으로 급격한 식생활의 변화에 대비하여 MS나 HMR을 외식산업의 전략적인 PR품목으로 본격적으로 식품업체에서 도입할 것으로 예상된다. 또한 MS나 HMR을 전문으로 하는 업종이 크게 발달할 가능성도 있다. 한편 소비자 측면에서도 식생활에 대한 의식변화로 인하여 보다 맛있는 식사를 보다 손쉽게 접하고자 하는 욕구가 더욱더 강해져 MS나 HMR에 대한 요구가 더욱 높아질 것으로 예상된다. 따라서 당연히 MS나 HMR 대응형 포장에 대한 요구도 급격히 증가될 것으로 예상된다.

3) MS · HMR 대응형 포장

(1) MS · HMR 대응형 포장의 기능

MS나 HMR용 포장에는 일반적인 포장의 기본적인 기능 이외에도 그 용도에 따라서 다양한 기능이 요구될 것이다.

① 내수성, 내유성 : MS나 HMR의 경우에는 주로 조리식품을 포장하는데, 식품에는 수분(液體)이 많은 식품도 있고 또 유지가 많은 식품도 있다. 이와 같은 식

품을 포장할 때 수분이나 유지가 베어나오지 않고 물이나 기름으로 인하여 포장강도가 저하되지 않아야 하는 등의 기능이 포장에 요구된다.

② 전자레인지 적성 : 소비자가 식사하기 전에 전자레인지로 데워서 먹게 되는데, 이때 식품을 식기에 옮기지 않고 구입한 포장용기(容器)채로 데우는 것이 편리하기 때문에 전자레인지 적성이 요구된다. 전자레인지 적성이란, 가열에 견디는 내열성을 가지고 Al 등의 금속을 함유하지 않는 등의 전자레인지 조리에 대응한 적성을 말한다.

③ 보온성, 단열성 : 구입하여 식사할 때까지의 시간이나 식사 중에 식지 않는 보온성, 전자레인지에서 꺼내어 먹을 때 손으로 잡아도 뜨겁지 않는 단열성 등의 기능이 요구된다.

④ 식기기능 : MS나 HMR에 대응한 기능의 하나로서 특히 포장용기를 그대로 식기로서 사용할 수 있는 식기기능성은 소비자가 식품을 식기에 별도로 옮기는 수고를 덜어줄 수 있는 매우 편리한 기능이다. 이때 식기기능성 용기에는 식탁에 올려도 위화감을 주지 않는 package design이 요구된다.

이와 같은 MS, HMR대응형 포장에 특별히 필요한 기능 이외에도 다른 포장과 마찬가지로 판매시의 식별성, 사용 후의 폐기성 등도 매우 중요하다.

또한, 따뜻하게 데워서 바로 식사할 수 있는 조리식품(RTH ; ready to heat)의 경우에는 전자레인지 가열시간이 포장에 표시되어야 하는데 반조리식품(RTC ; ready to cook)의 경우에는 단순히 가열하는 것뿐만이 아니라 조리까지 하여야 하기 때문에 다양한 조리조건을 설정할 수 있는 다기능 전자레인지 등이 필요하다. 따라서 RTC식품의 경우에는 다기능 전자레인지에 의한 조리방법을 소비자가 알기 쉽게 포장에 표시하여야 한다.

이와 같은 조리방법의 설정은 소비자에 따라서는 번거로움이 될 수도 있어 barrier free나 universal design에 대한 배려도 충분히 하여야 한다. 따라서 장래에는 조리조건을 bar code(universal product code system ; 통일상품코드시스템) 등으로 포장에 인쇄하여 조리시 그 bar code를 전자레인지가 읽어내어 자동적으로 조리할 수 있도록 하는 일종의 intelligent 포장의 개발을 전자레인지 제조업체와 함께 추진할 필요성이 있을 것으로 예상된다.

(2) MS·HMR 용 포장

MS나 HMR용 포장은 형태상으로 현재 일반식품 포장용기와 별다른 차이가 없다. 그러나 이미 일부 포장재료 생산업체에서는 **MS, HMR**용 포장의 개발이 추진되고 있는데 앞으로는 재질면이나 형태면(design面)에서 위에 기술한 각종 기능을 더욱더 향상시킨 포장이 계속 요구될 것으로 예상된다.

4. 환경대응형 용기

1) 포장과 폐기물 문제

포장에 있어서 환경대응에는 폐기물문제가 가장 중요하다. 일반 가정에서 배출되는 폐기물의 약 **60%**가 포장폐기물이며 포장이 폐기물문제의 원흉인 것 같이 취급받고 있다. 포장은 내용물을 사용한 후 불필요하게 되어 버리면 폐기물로 될 뿐인데 금속캔이나 유리병과 같이 recycle이 가능한 것은 유용한 자원이 된다. 그러나 플라스틱이나 종이 포장은 폐기물로서 버리는 비율이 높아 앞으로 더욱더 recycle율을 향상시킬 필요가 있다. 미국이나 유럽, 일본 등의 선진국에서는 폐기물의 감량화를 도모하고 포장의 recycle을 추진하기 위한 용기포장 recycle법이 제정되어 시행되고 있다.

용기포장 recycle법에 대응한 recycle하기 쉬운 포장의 개발이 필요하다 . 그러나 현재에는 모든 포장을 recycle화하는 것은 불가능하고 폐기물로서 버리는 포장의 양이나 용적을 줄일 수 있는 포장의 개발이 필요하다. 폐기물로서 버리는 것을 전제로 한 포장의 개발은 환경대응이라는 관점에서는 문제가 많지만 전체폐기물을 recycle할 수 없는 이상은 이와 같은 포장폐기물의 감량과 감용화도 추진되어야 한다.

더욱이 포장의 안전성은 포장개발의 대전제로서 소비자가 안심하고 포장상품을 구입할 수 있는 바탕이 된다. 그러나 최근에는 내용물에 대한 안전성뿐만 아니라 환경에 대해서도 안전한 포장이 요구되고 있다. 포장을 폐기물로서 처리하는 방법은 소각법과 매립법으로 구별할 수 있는데 이와 같은 폐기물 처리시에 환경 중에 유해물질을 배출하지 않는 포장이 요구되고 있다. 여기서 말하는 유해물질이란 외인성내분비교란물질 이른바 환경호르몬이나 소각시에 발생하는 유해가스 등의 물질이다. 외인성내분비교란물질에 대해서는 일부를 제외하고 아직 상세하게 판별되지 않았는데, 앞으로의 포장개발에 있어서는 의심이 가는 물질은 사용하지 않도록 세심한 배려를 하여야 한다.

2) 환경대응형 포장

(1) 환경대응형 포장의 종류

한마디로 환경대응형 포장이라 하여도 실제로는 다양한 포장이 고려된다. 이들을 환경대응대책 관점에서 분류하면 다음과 같이 다섯 종류로 대별된다.

① recycle 대응형 포장

② reuse 대응형 포장

③ 감량화 포장

④ 이소각형 포장

⑤ 이감용화 포장

① recycle대응형 포장 : 여기서 말하는 recycle이란 유리병과 같이 포장에 그대로 재사용(reuse)할 수 있는 것이 아니라 재생하여 자원으로서 유효하게 이용하는 것이다.

recycle대응형 포장에는 재자원화하기 쉬운 포장과 재생지나 재생수지 등의 재생자원을 사용한 포장의 두 종류가 있다.

재자원화하기 위해서는 금속캔이나 PET bottle과 같이 단일재료로 만드는 것이 바람직하다. bag in box 나 carton 등과 같이 사용 후 소재별로 쉽게 분리할 수 있어 소재별로 recycle할 수 있도록 배려하여야 한다. 또한 우유pack은 종이와 플라스틱으로 만들고 있는데 종이로서 recycle이 가능하다. 그러나 주류pack과 같은 Al-foil을 사용한 종이복합용기는 recycle이 곤란하기 때문에 대체소재나 새로운 포장을 개발하여 recycle할 수 있도록 할 필요가 있다. 예를 들면 Al

−foil대신에 금속산화물 증착필름을 사용함으로써 우유pack과 같이 recycle이 가능하도록 한 주류용 종이용기도 있다.

한편 재생자원이용에 관해서는 식품이나 의약품의 일차용기로서의 사용은 위생적인 관점에서 현시점에서는 곤란하며 이차용기나 완충재로서 또는 다른 용도의 포장으로서 사용하고 있다 그러나 장래에는 플라스틱은 monomer까지 분해하여 재합성하는 등의 재생기술이 더욱더 발달되어 위생적인 문제도 해결됨으로써 일차용기로서 사용될 수 있게 될 가능성도 있다.

② reuse 대응형 포장 : reuse란 맥주병이나 한되들이 병 등과 같이 포장을 그대로의 형태로 재사용하는 것이다. reuse방법으로서는 유리병과 같이 생산업체가 회수하여 재이용하는 방법과 소비자가 내용물을 사용한 후 재사용하는 방법이 있다.

재이용 방법은 유리병뿐만 아니라 앞으로 플라스틱병 등에도 보급될 가능성이 있다. 그러나 생산업체마다 포장규격이 다르면 회수 등의 장애가 되기 때문에 맥주병이나 한되들이병과 같이 생산업체에서 통일된 규격으로 할 필요가 있다.

재사용하는 방법은 **rigid package**를 재사용하고 내용물을 **pouch** 등의 포장으로 감량화를 추진할 수 있는데, 식품이나 의약품의 경우에는 위생면에서 분말 조미료 등과 같이 미생물오염의 우려가 없는 제품을 제외하고는 recycle로 사용하기 곤란하다.

또한 가능한 경우에도 내용물을 바꿔 담기 쉬운 형태 등을 고려하여야 한다.

③ **감량화 포장** : 포장의 감량화는 폐기물로서 처리되는 포장총량을 줄이는 것과 자원을 유효하게 이용할 목적으로 사용하는 재료를 줄이는 것이다. 그 방법으로서는 포장을 얇게 하는 방법과 형상을 compact하게 하는 방법이 있다.

포장을 얇게 하는 방법은 플라스틱bottle의 두께를 얇게 하거나, 종이용기에 사용하는 종이의 평량을 줄이거나, **laminate film**의 적층구성을 줄이는 등의 방법이 있으며, 실제로 이와 같은 방향으로 개발이 진행되고 있다. 그러나 포장을 얇게 함으로써 포장에 요구되는 강도나 보존성 등의 기능이 부족하게 되지 않도록 주의하여야 한다.

사용하는 재료를 줄이는 방법은 같은 부피라도 형상을 적절하게 설계함으로써 가급적 compact화하여 사용하는 재료를 줄이는 포장이다. 포장에는 과잉포장이 자주 문제시되고 있는데 불필요하게 큰 포장이나 불필요한 외장은 앞으로 사용하지 않도록 규제되어야 할 것이다.

④ 이소각형 포장 : 폐기물 처리방법은 소각법(燒却法)과 매립법(埋立法)이 있다. 이소각형 포장은 소각처리를 전제로 한 포장이다. 이소각(易燒却)의 주요조건은 금속 등의 불연물을 포함하지 않고 소각시에 유해가스를 발생하지 않아야 하며 연소 칼로리가 낮아야하는 등의 세가지이다. 금속에 관해서는 복합재료에 Al-foil을 사용하지 않는 것으로 recycle package와 중복되는 내용이다. 연소시 유해가스문제는 K-coating film 이나 PVC 수지 등 염소(Cl)를 함유하는 재료를 사용하지 않도록 대체소재를 개발할 필요가 있다. 연소칼로리 문제는 종이나 PET 등 연소되기 쉬운 재료를 사용할 필요가 있다.

⑤ 이감용화(易減容化) 포장 : 폐기물문제에서 포장이 지적되는 원인의 한가지로 포장의 용적문제를 들수 있다. 따라서 폐기할 때 용적을 줄이는 것도 중요하며 특히 매립처리하는 경우에는 감용화가 매우 중요하다. recycle이나 reuse뿐만 아니라 소각도 되지 않는 포장은 가급적 폐기시에 감용화를 행할 필요가 있다.

따라서 감용화하기 쉽다는 이유에서 복합용기를 포함한 종이용기나 pouch 형태의 포장이 유리하다. 또한 감량화와도 중복되는데 플라스틱 bottle의 두께를 얇게하는 박육화도 감용화에 도움이 된다.

감용화 수단으로서 생분해성재료를 사용하는 방법이 매우 바람직한데, 생분해성재료는 이감용화 포장과는 달리 폐기(埋立)된 후에 미생물 등에 의해 분해되어 용적이 줄게 된다. 또한 생분해성 플라스틱은 토양이나 일광에 분해되는 특징이 있다.

3) 장래의 환경대응형 포장

위에 기술한 각종 환경대응형 포장 중에는 이미 상품화, 실용화되어 있는 것도 많이 있다. 또한 복수의 항목에 대응이 가능한 포장도 개발되고 있다. 앞으로 이와 같은 포장에 대한 요구가 더욱더 높아질 것으로 예상된다. 그러나 환경대응형 포장에는 포장의 기능이 종래의 포장과 비교하여 불충분한 것도 있어서 기능을 우선으로 하기 위해서는 환경 비대응형 포장을 사용할 수밖에 없는 경우도 있다. 그러나 환경문제는 앞으로도 더욱더 중요시되는 문제로서 환경대응형 포장에 대한 요구도 더욱더 커질 것이다. 따라서 포장으로서의 기능(性能)을 충분히 갖춘 포장을 개발할 필요가 있다.

또한 환경대응형 포장은 사용 후에 어떻게 처리하는가가 매우 중요하다. recycle 가능한 것을 폐기물로서 처리한다거나 폐기물로서의 처리방법이 잘못된 경우에는 문제시된다. 이와 같은 환경대응형 포장에는 소비자의 의식도 매우 중요한 관계가 있으며 단지 환경대응형 포장을 개발하여 사용하는 것뿐만 아니라 그 포장을 사용한 후의 처리방법을 소비자에게 제대로 PR하여 이해시키는 노력도 중요하다. 장래의 포장을 고려하는 경우에 있어서 universal design과 환경대응은 가장 중요한 key word이다. 그러나 포장개발에 있어서 예를 들면 유리병은 recycle system이 정비된 우수한 환경대응형 포장인데 universal design 면에서는 무겁고 깨지기 쉽고 개봉에 별도의 도구가 필요한 등 문제점이 많은 재료이어서 양자가 서로 대립되는 경우도 예상된다. 더욱이 식생활의 변화 등 사회환경변화에도 대응하도록 하려면 universal design 이나 환경대응의 사상과는 역행될 가능성도 있다. 특히 하나의 기능을 지향하면 다른 기능이 지장을 받게 되는 경우가 있다. 따라서 universal design 과 환경대응, 그리고 포장의 기본기능을 의식한 balance 있는 포장개발이 필요할 것이다.

제2절 소비자 요구에 부응하는 Interface 포장설계 

1. 식품의 품질변화요인

식품의 품질변화요인을 살펴보면 [그림 4-1]과 같다.

2. 기능성포장재의 분류

최근에 적용되고 있는 기능성포장재를 살펴보면 다음과 같다

① 차단성 포장재

② 선도보존 포장재－탈산소제, ethylene흡착제

③ 선택투과성 포장재

④ 내열성 포장재

⑤ 도전성(導電性)포장재

⑥ 방담성(防曇性)포장재

⑦ 항균성 포장재

⑧ 성분추출제어·용해제어포장재－ 방청, 방향소취(芳香消臭)

⑨ 생분해성 포장재

⑩ 가식성 포장재

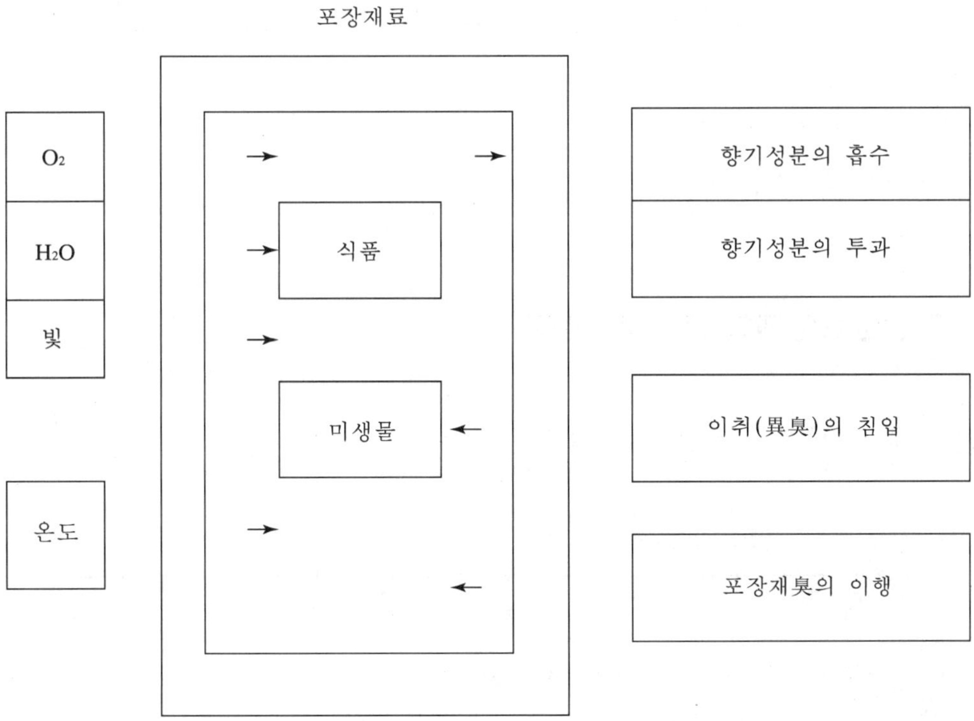

┃그림 4-1┃ 식품의 품질변화요인

⑪ sensor기능 포장재

⑫ 형상기억 포장재

⑬ 광응답 포장재

⑭ micro chip부착 변조방지 포장재

3. 최근에 주목받고 있는 대표적인 기능성포장재

최근에 주목받고 있는 대표적인 기능성포장재를 살펴보면 다음과 같다

① 성분제어방출·용해제어 포장재

　방청(녹슴방지), 이형(離形), 정균, 살균 기능

　성분효과의 장기보존을 위해 약효주성분의 차단층을 외층으로 설계한 공압출 다층 film의 이용

② sensor 포장재 : 示溫 label, 시간－온도 적산label, 시간－온도 표시label

③ 형상기억 포장재 : 증기band포장, 형상기억합금, 형상기억 polymer 밀봉보증포장

④ 광응답 polymer의냉장포장 등에의 활용

⑤ micro chip부착 변조방지 포장재 활용

⑥ 생분해성/ 생물붕괴성 plastic

4. 기능성포장재의 기능과 재료

기능성포장재의 기능과 적용포장재는 [표 4－2]와 같다.

| 표 4-2 | 기능성포장재의 기능과 적용포장재

기 능	재 료
1. 차단성	
① O_2 차단성	EVOH,PVDC,Al증착,무기물증착
② CO_2 차단성	〃
③ 보향성	〃

④ 방습성	PE,PVDC,PP,Al증착,무기물증착
⑤ 차광성(가시광선,UV)	UV흡수제(blend,인쇄),Al증착
2. 선택 투광성	
① O₂ 차단성	선도보존포장재,Silicon막
② CO₂ 차단성	선도보존포장재
③ 휘발성물질 투과성	합성casing
3. 흡수성	hydro gel
4. 방담성(防曇性)	방담성포장재(계면활성제blend,coating)
5. 항균성(亢菌性)	항균성포장재(항균성물질의 blend)
6. 휘발성물질 방출성	보향,착향 포장재(향기물질)
7. 휘발성물질 흡착성	gas흡착포장재(silicagel,활성alumina, zeolite, 활성탄 등의 흡착제 blend)
8. 가식성(可食性)	pullulan, polysaccharide
9. 간편성(簡便性)	easy open성 뚜껑재
10. 내열성(耐熱性)	
① 내retort성	retort pouch
② 전자range적성	filler충전 PP용기
③ ovenable성	C―PET tray, BMC

5. 식품포장용 다층film의 요구특성과 구성

식품포장용 다층film의 재질구성과 용도 및 요구특성을 살펴보면 [표 4―3]과 같다.

┃표 4-3┃ 식품포장용 다층film의 재질구성과 용도 및 요구특성

용 도	요구특성	재질구성
진공포장	gas차단성 방습성 물리적보호성 기계적성	PVDCcoating cellophane/ LDPE,CPP PET/PVDC/LDPE; Ny/LDPE,EVA,IONOMER LDPE/PVDC/LDPE; EVA/PVDC,EVA Ny/EVOH/LDPE; PET/PVDC/LDPE PET/LDPE
gas치환포장	gas차단성 방습성 저온heat seal성	OPP/EVOH/LDPE; Ny/LDPE PET/EVOH/LDPE; Ny/EVOH/LDPE OPP/PVDC/LDPE; PVDCcoatingOPP/LDPE PVDCcoating cellophane/LDPE PVDCcoatingPET/LDPE/Al증착
탈산소제 봉입포장	gas차단성 방습성	PVDCcoatingOPP/LDPE PVDCcoatingNy/LDPE PVDCcoatingPET/LDPE

aseptic포장	gas차단성	Ny/LDPE; LDPE/PVDC/LDPE
냉동식품포장	저온내충격성 저온내pinhole성 gas차단성	2축연신Ny/LDPE; PET/LDPE; OPP/LDPE
건조식품포장	방습성 gas차단성	OPP/LDPE; OPP/PP; PVDCcoatingOPP/LDPE 2축연신Ny/LDPE; OPP/EVOH/LDPE PVDCcoating2축연신 Ny/LDPE; OV/LDPE PET/LDPE; PVDCcoatingPET/LDPE PET/EVOH/LDPE;OPP/PVDC/CPP
액체식품포장	gas차단성 standing성	PET/Al/CPP; 2축연신Ny/Al/CPP PET/2축연신Ny/Al/EVA; PET/EVOH/LDPE Ny/EVA,PET/1 축연신HDPE/Al/CPP
retort식품포장	gas차단성 내열성	PET/CPP; PET/HDPE; OPP/PVDC/CPP PET/Ny/Al/CPP; PE T/Al/PET/CPP PET/PVDC/CPP; PET/Al/CPP; Ny/CPP

6. 기능성포장재의 기능과 용도

기능성포장재의 기능과 용도에 대하여 살펴보면 [표 4-4]와 같다.

| 표 4-4 | 기능성포장재의 기능과 용도

포장의 기능			용도전개例
1차전개	대상항목	2차전개	
I. 외부환경으로부터 내부를 보호하거나 포장내의 환경을 내용물에 적합한 환경으로 보존한다.(식품포장에 있어서는 위생적인 관점에 서)	빛	투과/반사	자외선방지 bag, 원적외선방사 bag
	온도(열)	보온/가열 보냉/냉각 내열/내한 전도	발열bag, 보냉bag, retort pouch, ovenable tray 환부(患部)냉각 bag
	습도	방습/투습	고방습성 포장재
	소리(音)	차음/흡음	
	외력(外力)	완충전달	완충재(air cap)
	전기	도전/절연 대전	투명 도전 bag
	고주파	차단/투과	전자range bag · tray
	방사선	투과,반사	EB · γ선 · X선에 대한 내용물의 완충용 포장재

gas	투과/차단/흡수	고차단성포장재 gas선택투과bag steam살균bag 청과물보존bag
먼지	차단/통과	
미생물	차단/통과	bacteria차단성 포장재
물	차단/투과/흡수	
향기	차단/투과/흡수	냄새성분 비흡착 bag
냄새	차단/투과/흡수	흡수bag
약품	차단/투과/흡수	살균용 포장재

II. 개별화하여 취급성을 좋게 한다	편리성	개봉/봉함	이개봉성·재봉성·가식성·변조방지용 포장재
		휴대성	이가열(易加熱) bag·portion pack
		이(易)폐기성	붕괴성·이(易)연소성·수용성 포장재
		작업성	업무용대형bag, 취출구부착포장재, vendor용 포장재 이(易)반송성 포장재

7. 식품포장용 plastic film의 물성

1) plastic film의 산소투과도

식품포장에 주로 사용되는 대표적인 plastic film의 산소투과도는 [표 4−5]와 같다.

2) 식품포장용 plastic film의 투과성

식품포장용 plastic film의 기체투과성과 수증기투과성을 살펴보면 [표 4−6]과 같다.

▌표 4-5▌ 식품포장에 주로 사용되는 대표적인 plastic film의 산소투과도

plastic film	산소투과도(PO_2)
LDPE	10,000
HDPE	5,000
PP	4,000
OPP	2,900
경질PVC	240
2축연신PET	40
2축연신Ny6	30
polyacrylonitril계	15
PVDC계	3
EVOH	0.2
polyvinylalcohol	0.2

* 단위 : cc · 20μ/m^2 · 24h · atm(압력차 1기압에서 1m^{2}당 24시간에 20μ두께의 film을 투과하는 cc수)

▌표 4-6▌ 식품포장용 plastic film의 기체투과성과 수증기투과성

film \ gas	O₂	N₂	CO₂	H₂O (40℃ 90%RH)
PVDC(VDC−MA共重合)	1.5[b]	—	—	1
EVOH(EVA검화물)	2[b]	—	—	30
OV(PVDCcoating연신PVA)	3[b]	—	—	4
MXD6(m−xylene adipamide)	4[b]	—	—	23
PAN	5[b]	—	—	20
PVDC coating ONy	10[b]	—	—	5
PVDC coating cellophane	15[a]	—	—	11
PVDC coating OPP	15	19	44	5
ONY	30[b]	—	—	90
CNY	40	14	175	300
cellophane	40	16	50	750
PVDC(VDC−VC共重合)	60	12	380	5
PET	110	13	320	22
PVC	200	55	550	5
OPP	2500	315	8500	4
HDPE	2900	660	9100	22
CPP	3800	760	12600	28
PC	4700	790	17000	170
PS	5500	880	14000	130
LDPE	7900	2800	42500	36

* cc/m² · hr · atm/25μm(25℃,50%RH), g/m² · day/25μm

주 : a) PVDC coating치(値)는 coating제의 종류나 양에 따라 다르다.
     기체투과도의 측정조건 및 측정법; 25℃, 50%RH, ASTM D 1434−66
  b) 27℃, 65%RH, 동압산소전극법(同壓酸素電極法)
  c) 기체투과도 및 투습도는 모두 두께 25μm로 환산한 값

3) plastic film의 실용 최고온도

각종 식품포장용 polymer의 실용 최고온도는 [표 4−7]과 같다.

│표 4-7│ 각종 식품포장용 polymer의 실용 최고온도

polymer	융점(℃)	첨가제	실용최고온도(℃)	조성
LDPE	110	有	60	CH
LLDPE	120	有	80	CH
HDPE	130	有	80	CH
PP	170	有	130	CH
PP	150	有	100	CH
PS	200	有	30	CH
PVC	210	有	70	CHCl
PVDC	170	有	70	CHCl
poly－4－methylpentene－1	240	有	180	CH
불포화 PET	－	有	180	CHO
불소수지	－	有	260	CHF
PC	230	無	180	CHO
Ny－6	230	無	150	CHON
Ny－66	260	無	180	CHON
PBT(polybutylene telephthalate)	230	無	180	CHO
PET	260	無	220	CHO
PPS(polyphenylene sulfide)	280	無	230	CHOS
"Ultem"(polyether imide)	360	無	300	CHON
"Xyder"(액정 PET)	420	無	350	CHO

* "전자range식품·용기 handbook" Science Forum p.13

전자range용 기능성 포장용기 「micro match」의 구조

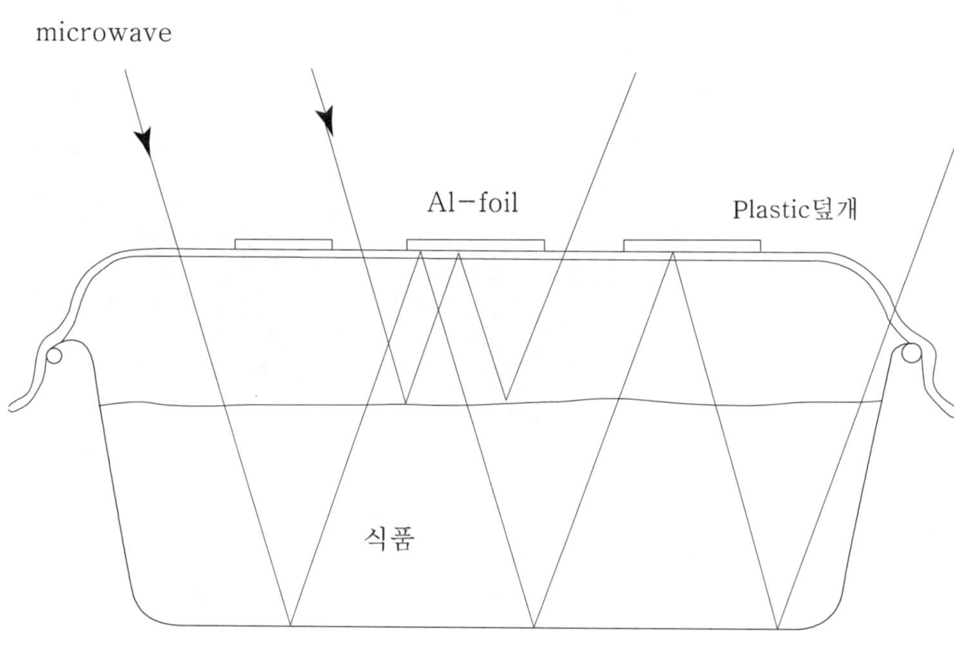

Al-foil 용기

- tray : Al-foil용기
- 덮개 : plastic
- 특징 : Plastic이 micro wave를 차단하지 못하는 성질을 역으로 이용하여 균일한 가열을 행함으로서 온도얼룩을 방지할 수 있는 전자 range용 기능성 포장용기

전자range가열용 결로방지(結露防止)
기능성 포장재「AIRMIC」

① 외층(종이 · Al · Film)

② PE Film

③ valve층

④ 공기층 → plus one

⑤ 통기 · 투습 · 방수
부직포층

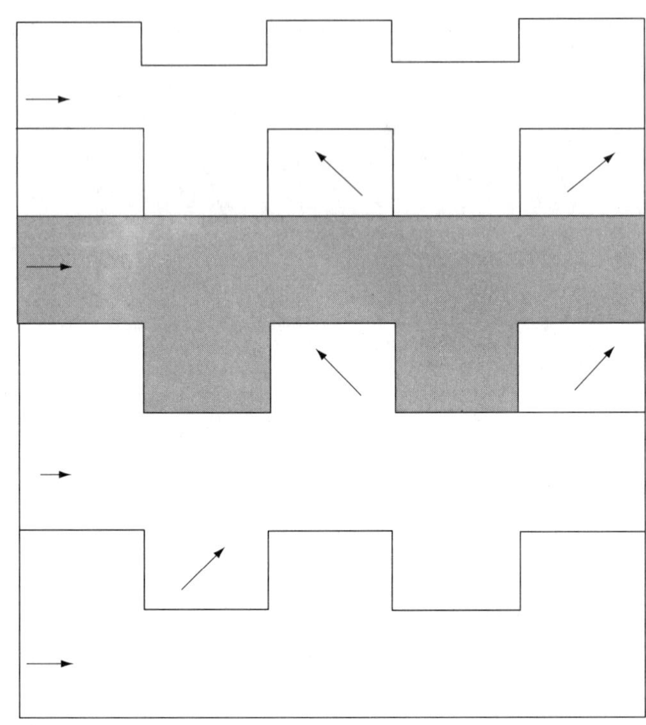

AIRMIC의 구조

■ 특징 : ① 4층 plus one구조로서 4종류의 소재를 조합시켜 각각의 소재가 각기 다른 기능을 담
당토록 하여 전자 range 가열시 결로방지 기능을 나타내는 구조
② 고압, 고온효과에 의한 식미(食味)의 향상
③ 밥이나 만두 등의 들어붙거나 건조되는 현상이 없어 상품성이 향상된다.
④ 야채류의 vitamin 유출 방지
⑤ 야채류의 선도보존효과

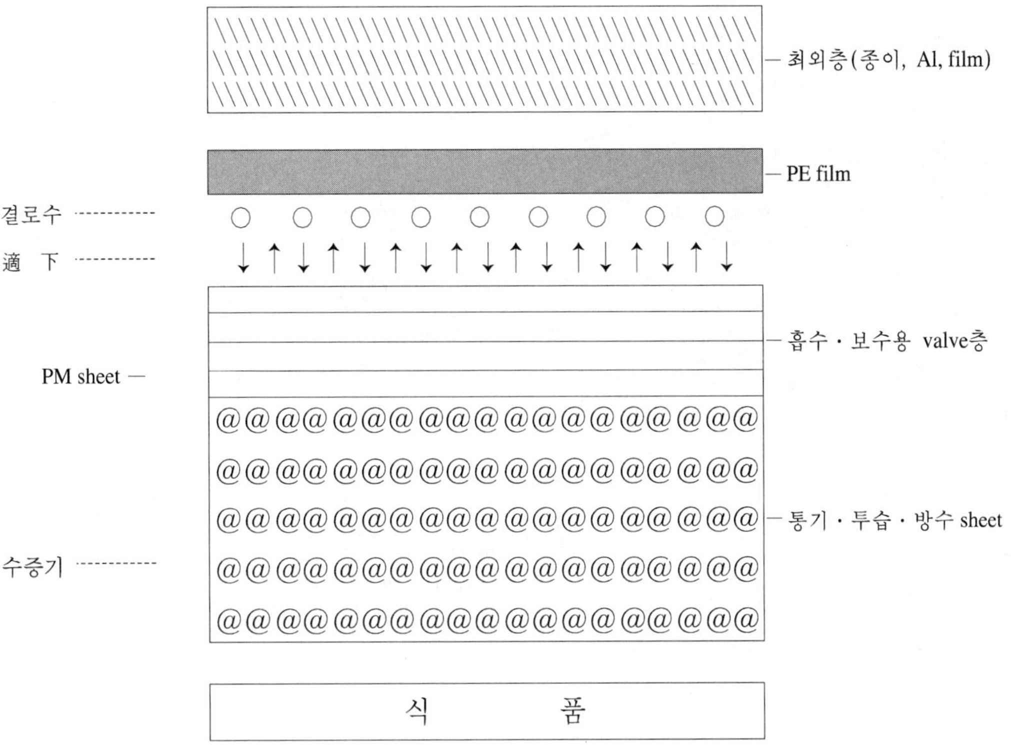

「AIRMIC」 각층의 기능

- ① 외층 : 종이, film, Al-foil 등 요구외관(要求外觀)에 따른 소재를 사용하여 내열성 기능을 하는 층
  ② 제2층 : PE를 유입(流込)시켜 외층과 내층을 일체화하고 gas차단성과 방수성으로 식품의 건조방지와 식품으로부터의 수분, 유분(油分) 이탈을 방지하는 기능을 하는 층
  ③ 제3층 : 흡수·보수성이 우수한 pulp층으로서 PE film에 결로된 물방울을 이 층에서 포립(泡込)하고, 포장내부 전체를 보습(保濕)하는 기능을 하는 층
  ④ plus one＝공기층 : 일반적인 laminate는 양 side에서 flat roll로 전면접착을 하지만, [AIRMIC]의 laminate는 한쪽을 emboss roll로 하여 전면접착을 하지 않고 공기층을 만든다. 제3층의 흡수지가 결로수를 흡수하여 포화상태로 되어도 이 공기층에 물이 저장되어 흡수지의 3~3.3배의 보수능력을 발휘한다.
  ⑤ 제4층 : PP초극세섬유(超極細纖維)를 laminate한 부직포층(不織布層)으로서 우수한 통기성을 지니는 한편 방수성(내수압 60~70mmH$_2$O)도 갖추어, 제3층의 흡수지와 공기층이 보수한 수분이 식품으로 wet back하는 것을 방지한다.

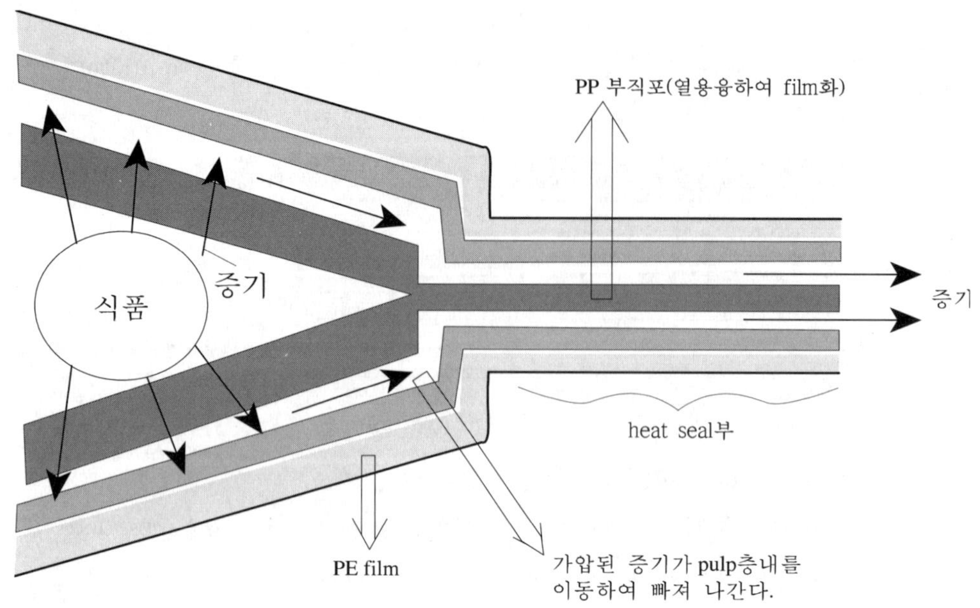

「AIRMIC」pouch의 증기분출 원리

전자 range 비가열(非加熱) 기능성 포장재

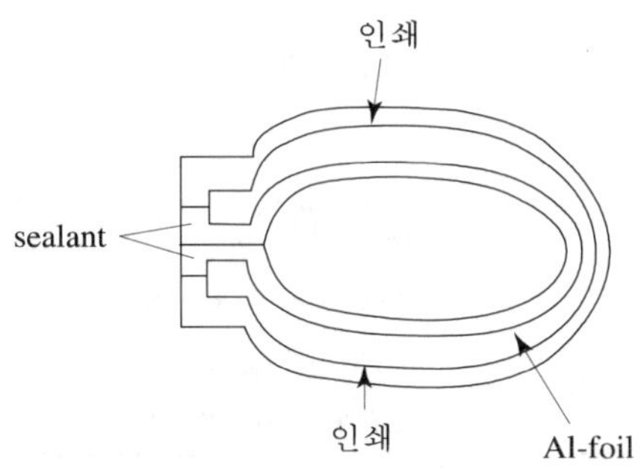

「전자range 비가열 포장재」의 단면모식도 및 상세구성도

■ 특징 : PET/인쇄/Al-foil/sealant의 구성으로 전자range 가열조리시 가열되면 곤란한 내용물(예를 들면 도시락의 『sauce』『간장』『ketchup』 등의 조미료)을 이 비가열 포장재로 밀봉포장함으로써 식품전체를 전자range가열할 수 있도록 한 획기적인 기능성포장재로서 PL법과 관련하여 포장재가 지닌 잠재적 불안요소를 크게 경감시킬 수 있다.

『일반적인 포장재』와
『전자 range 비가열기능성 포장재』의 차이

일반 조미료용 mini bag(小袋)의 포장재 구성

	포장재의 종류	포장재의 구성
(a)	표준품	ONY/PE, PET/PE
(b)	barrier type	KOP/PE, KPET/PE, KON/PE PET/EVAL/PE, ONY/EVAL/PE ONY/Al증착 PET/PE
(c)	high barrier type	ONY/Al−foil/PE PET/Al−foil/ONY/PE

일반 조미료용 mini bag의 전자range가열 적성

시료 No	포장재 type	구 성 예	발생하는 trouble
①	(a)	ONY/LLDPE	가열되면 mini bag이 파열되어 내용물이 비산(飛散)한다.
②	(a)	PET/LLDPE	가열되면 mini bag이 파열되어 내용물이 비산(飛散)한다.
③	(b)	KON/LLDPE	가열되면 mini bag이 파열되어 내용물이 비산(飛散)한다.
④	(b)	ONY/Al증착PET/LLDPE	spark가 발생하고 포장재가 타는 경우가 있다.
⑤	(c)	ONY/Al−foil/LLDPE	Al증착정도는 아니지만spark가 발생하고 포장재가 타는 경우가 있다.
⑥	(c)	PET/Al−foil/ONY/LLDPE	Al증착정도는 아니지만spark가 발생하고 포장재가 타는 경우가 있다.

『일반적인 포장재』와 『전자range비가열 기능성 포장재』의 구조적차이

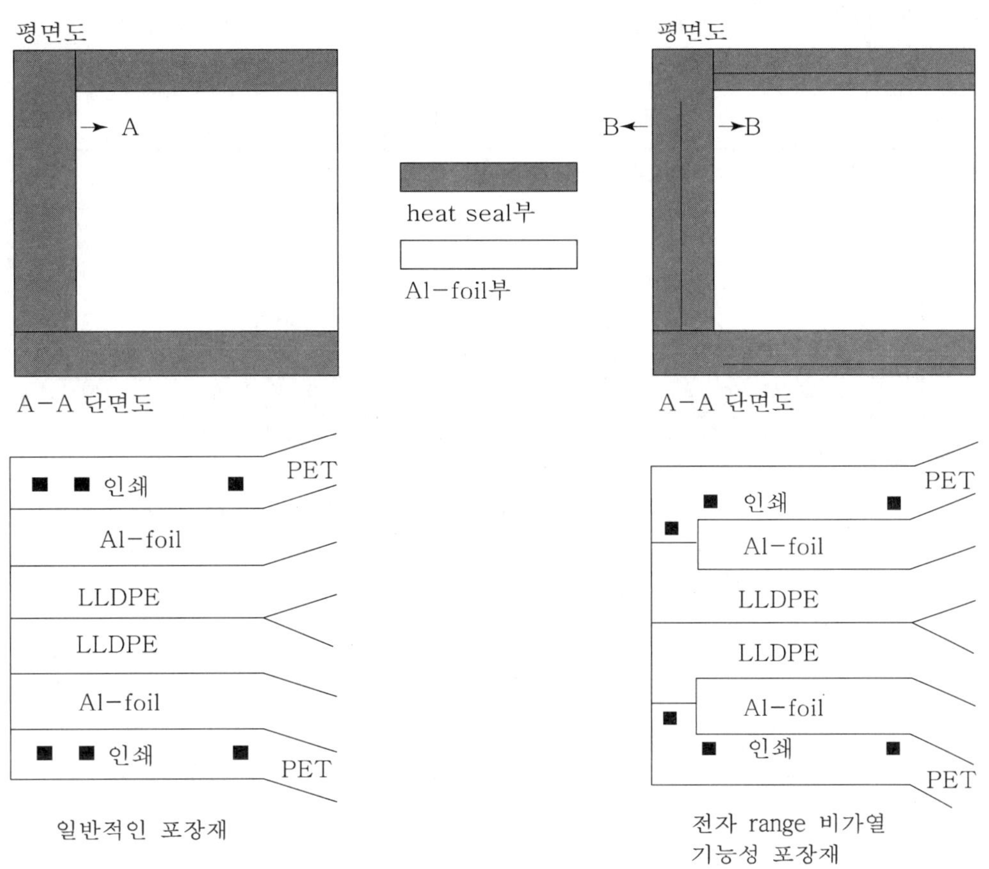

- 구조적 차이의 특징 :
  ① 3변에 있어서 bag 주변 5mm 정도의 폭으로 Al-foil이 없다.
  ② Al-foil의 corner부분이 직선(직각)이 아니라 곡선이다.
    - 이와 같은 구조적 특성으로 인해 전자range 가열시 Al-foil과 같은 금속성 포장재의 경우에 일반적으로 나타나는 일종의 낙뢰(落雷)현상이라 할 수 있는 spark현상을 방지할 수 있다.

전자range가열시 파대(破袋) 및 spark test

試料 \ 項目	가열 시간	파대 (破袋)	spark	비고
전자range비가열 포장재 (16PET/7Al/60LLDPE)	5분	No	No	
일반포장재(Al-foil구성) (12PET/20PE/7Al/20PE/40LLDPE)	4초	No	Yes	가열 도중에 spark발생
일반포장재(Al-foil제외구성) (15ONy/60LLDPE)	15초	Yes	No	가열 도중에 mini bag이 팽창 파열

주 : 고주파 출력 500W인 전자range 사용(疑似食材 사용 안함)

전자range 비가열 포장재 test例

試料 \ 項目	가열 시간	파대 (破袋)	spark	비고
전자range 비가열 포장재 N=50	3분	No	No	주로 전도열에 의한 bag의 온도상승

주 : 고주파출력 1600W인 전자range 사용(疑似食材 사용-)

전자range가열시 spark발생확률의 검정例

검정 위험률(%)	spark발생확률(%)	필요 실험수
0.52	10	5×10^{1}
0.09	1	7×10^{2}
0.09	0.1	7×10^{3}
0.09	0.01	7×10^{4}
0.09	0.001	7×10^{5}
0.09	0.0001	7×10^{6}
0.09	0.0000001	7×10^{9}

전자range비가열 기능성 포장재의 제조 flow sheet

PET

① [endless인쇄]

PET/인쇄

② [Al－foil과의 laminate]

PET/인쇄/접착제/Al－foil

③ [resist 인쇄]

PET/인쇄/접착제/Al－foil/resist 인쇄

④ [ending]

PET/인쇄/접착제/Al－foil/resist 인쇄

⑤ [sealant가공]

PET/인쇄/접착제/Al－foil/resist 인쇄/sealant

⑥ [절단]

PET/인쇄/접착제/Al－foil/resist 인쇄/sealant

전자range 비가열 기능성 포장재의 물성측정例

	구성 A	구성 B
seal강도(N/15mm) (N＝9)	63.53 (σ＝2.06)	35.39 (σ＝8.73)
내압강도(kg) (N＝10)	460.4 (σ＝42.5)	174.3 (σ＝13.2)
내pinhole시험 (N＝5)	5분 : 5/5 ○ 10분 : 5/5 ○ 15분 : 4/5 ○ 20분 : 5/5 ○	5분 : 5/5 ○ 10분 : 3/5 ○ 15분 : 1/5 ○ 20분 : 0/5 ○
인열 개봉성	bad	very good

주 : 구성 A : 16μPET/7μAl/60μLLDPE
　　구성 B : 16μPET/7μAl/40μ압출 sealant

식품 및 포장재의 유전손실계수(ε'')

물 질	誘電損失係數(ε'')
감자	16.0
H_2O	12.0
牛肉	12.0
板紙	0.3
C－PET	0.015
PE	0.0013

easy open 기능성 포장용기
「Epoch seal」의 구조

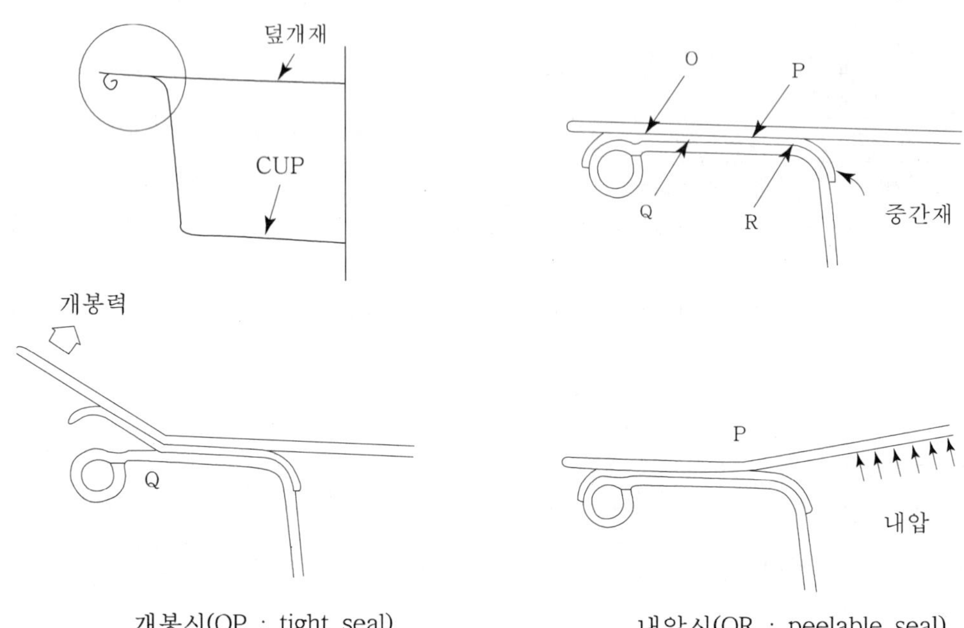

- 특징 : 중간재(中間材)는 다층film으로 덮개재료와는 단단하게 접착되고 cup본체와는 이박리성
  (易剝離性)을 나타내는 재료를 사용함으로써 내압(耐壓)이 걸린 경우에는 힘이 중간재와 덮개
  재의 seal부분(P)에 작용하기 때문에 박리강도(剝離强度)는 retort용 덮개재에 필요한 법적강도
  2.3kg/15mm이상의 값이 얻어진다.
  한편 개봉시에는 힘(力)이 cup과 중간재와 seal부(Q)에 작용하기 때문에 매우 쉽게 개봉된다.

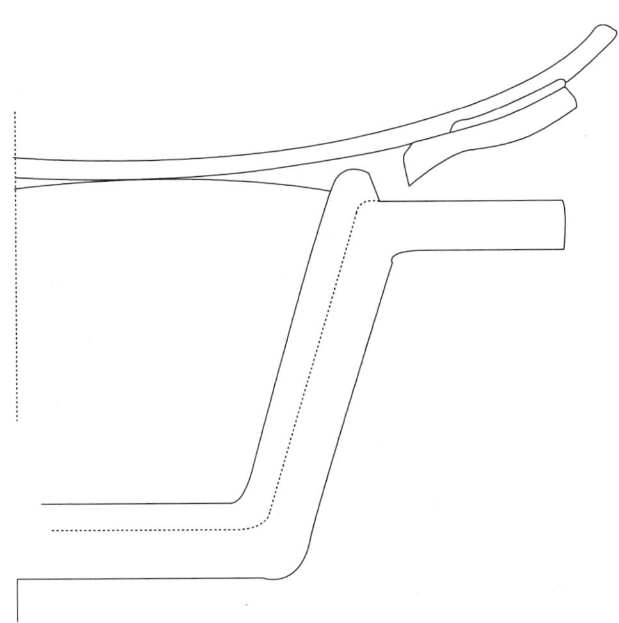

▭▭▭ tight seal부 : 강하게 접착되어 있어서 용기 내압에 의해서는 박리되지 않는다.
▭▭▭ easy peel부 : 외측(外側)에서는 간단하게 박리된다.

■ 특징 : 내압에는 강하지만, 개봉시의 외력에는 간단히 파괴되고 retort처리에도 견딜 수 있는 용기
일반적으로 이개봉성(easy open기능)을 부여하기 위하여
① seal부에 notch(切口)를 넣거나,
② 인열방향으로 연신포장재를 사용하여 복합화하거나
③ seal강도를 손으로 개봉할 수 있는 정도로 한다.

보존중 gas를 발생하는 식품용 기능성
포장 용기의 배기 valve 구조

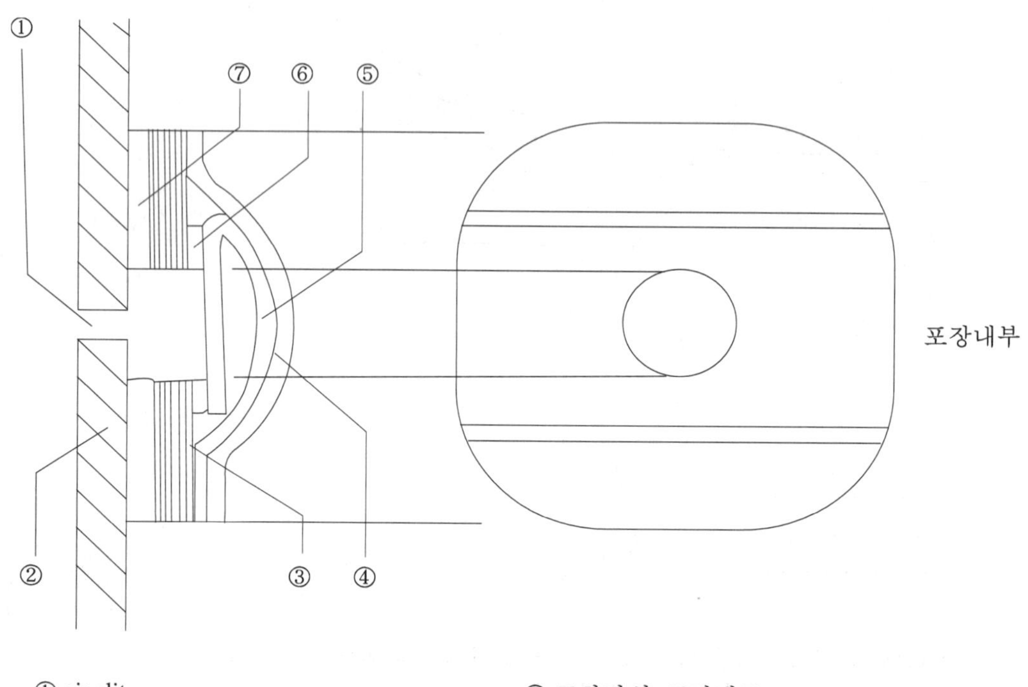

① air slit
③ base film
⑤ valve film
⑦ 점착제

② 고차단성 포장재료
④ cover film
⑥ sealing제

- 특징 : 포장내의 내압(耐壓)이 일정 level이상이 되면 valve가 열려 외부로 배기하는 구조로 내압이 걸리지 않을 때는 valve가 닫혀 외부오염의 우려가 없다.
- 용도 : 김치, 생국(生麴)된장, coffee두(豆) 등 보존 중 gas를 발생하는 식품

살균 · 무균 처리 가능한 버섯 배양 · 재배용 「Agriflex」

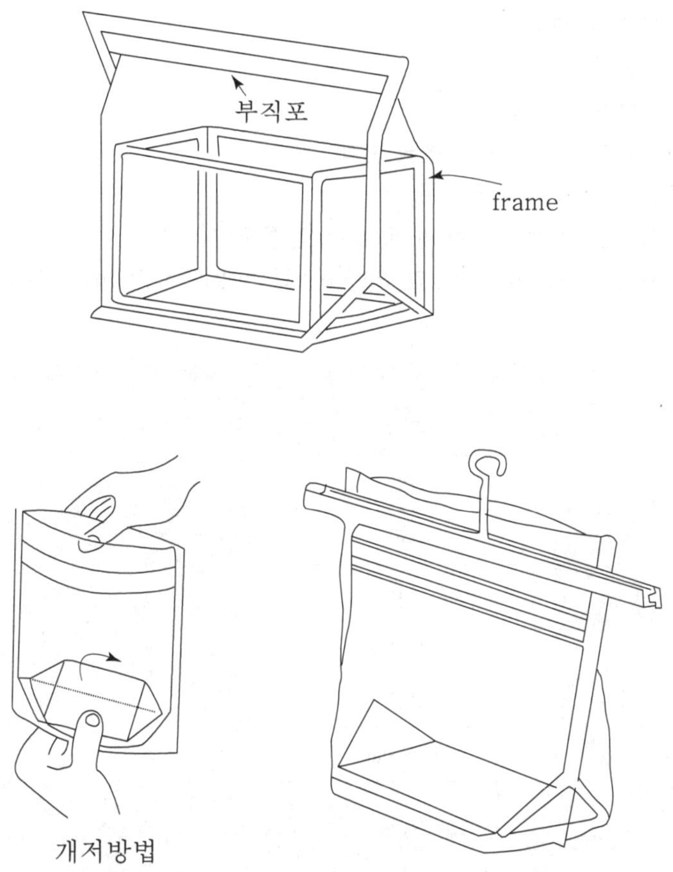

- ■ 특징 : ① 밀봉한 채 살균할 수 있다.
  - ② 무균적 gas교환기능을 이용하여 외부환경여하에 상관없이 배양이 가능하다.
  - ③ 유리병이나 flask에 비해 보관 space가 별도로 필요없고, 사용 후 세정(洗淨)하기 쉬우며 파손의 우려가 없다.
  - ④ heat seal이 가능하다.
- ■ 용도 : ① 배양 · 재배용
  - ② 식품제조공정중 살균조작·무균조작이 필요한 경우에 응용가능

각종 plastic의 비흡착성(非吸着性)

- limonene흡착량의 경시 변화(經時變化)
- blown bottle의 limonene투과량
- 각종 sealant의 d-limonene흡착거동
- pouch-size의 차이에 따른 d-limonene잔존율 변화
- LDPE두께 차이에 따른 d-limonene흡착거동
- PET, PAN sealant를 사용한 pouch에 의한 d-limonene잔존율
- 비흡착성포장재『FF(fresh flavor) sealant』에 의한 brik형 carton　『LR-mini』의 재질구성

外側

PE
紙
PE
Al-foil
PET
FF sealant

內側

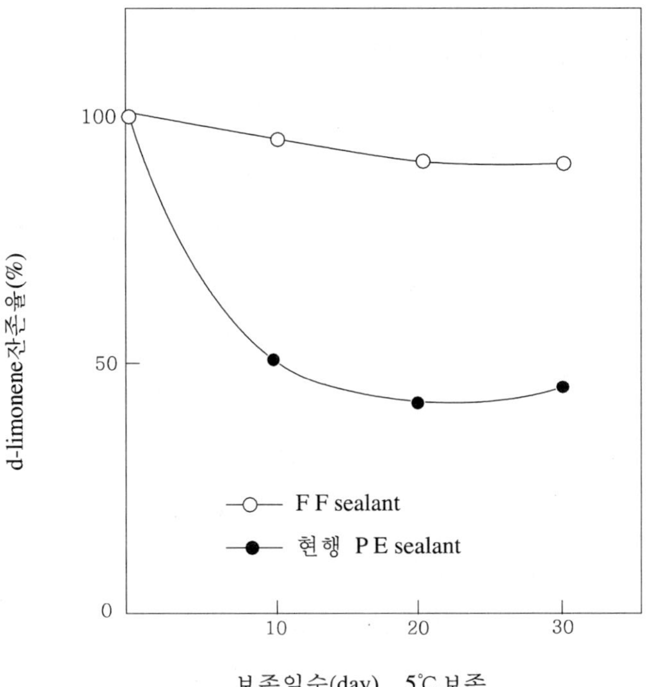

보존일수(day) 5℃ 보존

『LR – mini』 보존 100%orange juice의 d – limonene잔존율

『LR – mini의 강도 test』

test 항목		FF sealant	PP sealant
seal 강도(Kg/15mm폭)	橫	3.4	2.4
	從	2.3	2.5
압축강도(Kg/개)	橫	103	96
	從	37	27
낙하강도 · 90cm 2회 (파대수/test 대수)	橫	0/10	0/10
	從	0/10.	0/10
實輸送 1000Km · 480개		異狀 無	異狀 無

제3절   최근의 농산물 포장개선 사례 

이전에는 대부분의 농산물이 무포장(bulk)상태로 유통되었으나, UR, WTO 등 급변하는 유통시장환경의 변화에 따라 1990년대 중반이후 농산물유통개혁대책을 마련하는 등의 물류비절감을 위한 적극적인 정부시책에 힘입어 농산물의 포장화, 규격화 비율이 급속도로 증가되어 수출주력상품인 버섯류, 화훼류를 비롯한 일부 채소류와 과실류의 경우에는 거의 100%에 이르고 있다.

또한 포장상자의 규격도 이전에는 생산자의 입장에서 획일적으로 15kg상자에 포장하였으나, 최근에는 소비자의 입장에서 소비자의 선호도에 맞추어 고품질의 소포장 상품을 bland화하여 시판하는 경향이 보편화 되었다.

최근의 농산물 포장개선 사례를 살펴보면 [표 4−8]에 나타난 바와 같이 다음과 같다.

1. 과실류 포장개선 사례

1) 열림형 1단 포장

- 사과 : 5kg(12~17개) 포장
- 배 : 7.5kg(9~12개) 포장
- 복숭아 : 5kg(18~24개) 포장
- 포도 : 5kg(11~14송이) 포장
- 단감 : 5kg(22~25개) 포장
- 참외 : 5kg(15~20개) 포장

▶ *개선효과* ⋯ 종전의 15kg 상자포장은 가정소비용으로는 양이 너무 많은 편이고. 또한 내용물이 2~3단으로 포장되어 있어 속박이에 대한 의심을 받아왔다.
열림형 1단 포장으로 개선함으로써 속박이에 대한 의심의 여지가 없으며, 소비자들이 내용물을 신뢰하고 선택할 수 있게 되었다.
품질 또한 선별·포장하였기 때문에 소비자가 신뢰할 수 있으며, 내용물의 수량도 핵가족화된 가정에서 2~3회 정도로 나누어 먹을 정도이기 때문에 보관이 용이하고 신선한 과일을 즐길 수 있어 소비자의 선호도가 높다.
가격도 15kg 포장에 비해 1/2~1/3 수준이어서 소비자가 구매하기 용이하며, 선물용으로도 적합하다.

2) 열림형 포장

■ 감귤 : 5kg(하우스, 노지감귤) 포장

■ 완숙토마토 : 5kg 포장

> ▶ **개선효과**… 종전의 15kg 상자포장은 가정소비용으로는 양이 너무 많은 편이고, 특히 감귤이나 토마토는 타 품목에 비해 숙도가 빨리 진행되어 시간경과에 따른 변질이 크게 우려되는 품목이다.
> 열림형 5kg 포장으로 개선함으로써 핵가족인 경우에도 2~3일 만에 소비할 수 있어 변질의 우려 없이 신선한 과일을 즐길 수 있기 때문에 소비자의 선호도가 높다.

3) 투명용기포장, 망포장, 플라스틱봉지포장

투명용기포장

■ 딸기 : 1kg 포장

■ 참외 : 1kg(3~4개) 포장

■ 참다래 : 1kg(8~9개) 포장

망포장

■ 감귤 : 2kg 포장

■ 참외 : 1.5kg(5~7개) 포장

■ 밤 : 1kg 포장

■ 매실 : 2kg 포장

■ 방울토마토 : 1kg 포장

플라스틱봉지포장

■ 사과 : 2kg 포장

> ▶ **개선효과**… 가정에서 1회용으로 적합한 양을 항상 신선한 상태로 손쉽게 구입할 수 있고, 구입시 품질을 직접 확인할 수 있어 안심할 수 있다.
> 특히 속박이가 심했던 딸기의 경우 속박이의 의심으로부터 벗어나 상호간에 신뢰할 수 있어 매우 반응이 좋다.
> 또한 산지에서의 유휴노동력을 이용할 수 있어 농가소득증대에 기여할 수 있으며, 물류에 있어서도 15kg 포장상자가 아닌 회수용 컨테이너나 다단식 목재팔레트에 의해 수송함으로써 포장비용과 물류비용을 크게 절감할 수 있다.

2. 채소류 포장개선 사례

1) 플라스틱봉지포장

- 감자 : 2kg(세척 및 이온수처리) 포장 ■ 고구마 : 1kg(세척 및 바이오처리) 포장
- 당근 : 3kg(주스용) 포장   500g(일반식용, 세척처리) 포장

> ▶ **개선효과** … 채소류, 특히 뿌리채소는 흙이 묻어 있어 흙을 씻어내야만 조리가 가능한데, 산지에서 세척처리, 이온수처리 또는 바이오처리를 행한 후 선별하여 소단위로 플라스틱봉지포장하여 유통함으로서써 씻는데 따른 불편함을 덜어주고 한·두번에 걸쳐 요리할 수 있는 핵가족에 적합한 분량으로서 상자상태로 구입했을 때의 속박이 의심으로부터 벗어날 수 있으며, 보관의 어려움이나 변질의 우려를 해소할 수 있어 소비자의 선호도가 매우 높다.

▎표 4-8▎ 농산물포장개선사례

품목	규격	개선내용	효과
사과	5kg	열림형 1단 포장상자	속박이방지, 가정용 적정소비자포장
	2kg	봉지포장	일회용 소비자포장
배	7.5kg	열림형 1단 포장상자	속박이방지, 가정용 적정소비자포장
포도	5kg	열림형 1단 포장상자	속박이방지, 가정용 적정소비자포장
복숭아	5kg	열림형 1단 포장상자	속박이방지, 가정용 적정소비자포장
	3kg	열림형 1단 포장상자	속박이방지, 가정용 적정소비자포장
단감	5kg	열림형 1단 포장상자	속박이방지, 가정용 적정소비자포장
	3kg	열림형 1단 포장상자	속박이방지, 가정용 적정소비자포장
노지감귤	5kg	열림형포장	
	2kg	망포장	일회용 소비자포장
토마토	5kg	망포장	속박이방지, 가정용 적정소비자포장
참외	5kg	열림형 1단포장	속박이방지, 가정용 적정소비자포장
	1.5kg	망포장(5~7개)/투명용기	속박이방지, 일회용 소비자포장
참다래	1kg	투명용기	속박이방지, 일회용 소비자포장
n\방울토마토	1kg	망포장, 세척,예냉	속박이방지, 일회용 소비자포장
밤	1kg	투명용기	속박이방지, 일회용 소비자포장
매실	5kg	종이상자	가정용 적정소비자포장
	2kg	망포장	가정용 적정소비자포장
송이토마토	4kg	열림형1kg×4포장	가정용 적정소비자포장
양파	10/5/1.5kg	바코드부착	다양한 상품 취급, 계산편의성 도모
햇마늘	50개입	망포장, 바코드	증기제거, 청결유지
감자	2kg	봉지포장, 진공포장	조리단순화
우엉, 연근	300g	박리가공, 진공포장	조리단순화
당근	3kg	쥬스용봉지포장, 바코드	소비적정화
	500g	봉지포장	소비적정화

2) 산지 바코드 도입 사례

- 건고추 : 3kg 플라스틱봉지포장
- 양파 : 10/5/1.5kg 망포장
- 햇마늘 : 50개 망포장
- 감귤 : 2kg 망포장
- 사과 : 2kg 플라스틱봉지포장

> ▶ ***개선효과*** … 매장에서의 바코드 출력 및 부착에 따른 시간과 작업을 줄일 수 있어 보관상태에서 이중 작업 없이 바로 진열로 연결이 이루어져 선도유지에 유리하며, 가격의 혼선도 미리 막을 수 있다.
> 또한 각지에서 생산되는 다양한 상품의 판매가 가능하며 다수지역에서의 구매요청도 쉽게 해결할 수 있다.

포장과 물류

제1절 포장과 물류의 개념 

1. 포장의 개념

1) 포장의 정의

포장은 다음과 같이 정의할 수 있다.

① 제품을 수송, 하역, 보관(저장) 및 소매를 통해 소비자에게까지 전달되도록 준비하는 코디네이트 시스템(coordinate system)
② 최소한의 소요비용으로 완제품을 소비자에게까지 안전하게 전달하는 수단
③ 최소한의 물류비용과 최대한의 판매(또는 이윤)를 목표로 하는 기술적·경제적 기능(Techno-Economic Function)

또한 포장은 다음과 같은 정보를 제공하여야 한다.

① 내용물에 대한 설명
② 포장취급시 주의사항
③ 제품의 사용법

2) 포장의 기능

포장을 함으로써 다음과 같은 기능이 부여된다.

① 상품정보의 제공
② 유통시스템을 통한 안전성을 확보하여 준다.
③ 편의성 제공
④ 광고와 판매전략에 의한 판매촉진(marketing)기능의 향상
⑤ 원가절감

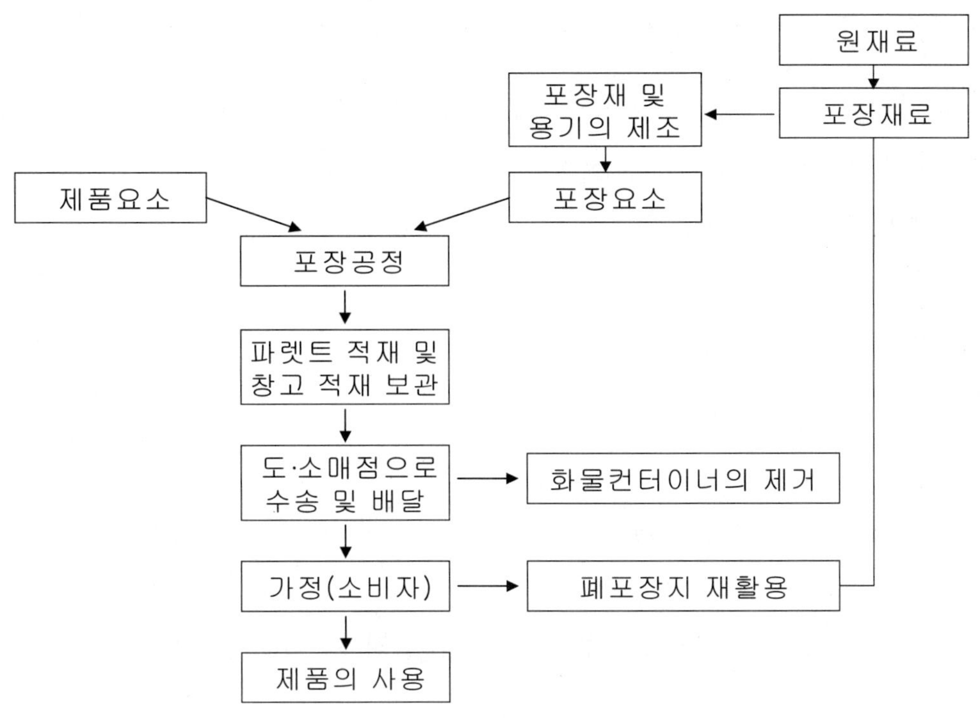

▌그림 5-1▌ 마케팅 공정과 포장사이클

※ 포장은 원가절감의 기능을 가지며 여러가지 면을 고려한 포장설계는 원가절감
에 크게 기여할 수 있다.

[그림 5-1]에 마케팅공정과 포장사이클에 대하여 나타냈다.

2. 물류의 개념

1) 물류의 정의

물적유통(Logistics)으로 물(物)과 서비스의 효과적인 흐름(流)을 의미한다.
– 수송, 보관, 하역, 포장, 정보 등 모든 과정

2) 유통의 정의

소비를 연결하는 것으로 생산과 소비사이에는 사회적 거리·지리적 거리
시간적 거리가 존재하여 이 거리를 연결하는 것.
  - 물류관리의 중요한 포인트

3) 유통의 분류

① 상적유통 : 유통경로, 상품기획, 판매촉진활동 등
  - 소유권의 법적이동을 가리킴
② 물적유통 : 수송, 보관, 하역, 유통가공, 물류거점, 포장, 정보활동 등
  - 지리적 거리를 좁혀지게 함
③ 보조유통 : 금융, 보험, 시장조사, 표준화 등 상적, 물적유통의 원활화를
  촉진하는 활동 등

제2절 물적유통관리와 로지스틱스 

1. 로지스틱스의 정의

미국물류협회(Society of Logistics Engineers)에서는 로지스틱스를 목표, 계획, 실
행을 지원하기 위한 모든 자원의 요구, 설계, 공급과 유지에 관한 매니지먼트, 엔
지니어링 및 기술적 활동의 기법과 과학이라 정의하였다.

  - "Logistics is the art and science of management, engineering, and technical
    activities concerned with requirements, design, and suppling and maintaining
    resourcs to support objectives, plans, and operations"

2. 비즈니스 로지스틱스의 특징

(물류(물적유통)활동과 다른 분야 및 공통 분야에서 부각시킨 것)

① 물류(물적유통)기능은 수송, 배송, 보관, 포장, 하역 기능에서 이루어지는 것이라고 하고있으며, 로지스틱스분야는 이것만이 아니라 물자유통의 효율화에 관계되는 제품설계, 공장입지도 포함한 생산계획 나아가서는 애프터서비스나 이전 서비스 방법까지도 포함한 매니지먼트의 문제를 발견해 나가는 것이다.

② 판매분야에서의 물자(상품, 보수부품) 유통에 그치지 않고 원재료나 부품의 조달, 사입, 상품의 납입까지도 관리 검토의 대상이 된다.

③ 기업내 및 거래관계가 있는 기업간에서의 물류(물자유통)만이 아니고 소유권이 이전된 후의 단계에서 유통, 소비, 폐기 그리고 환원, 회수되는 광범위한 분야까지도 검토대상으로 포함시킨다.

④ 로지스틱스에 포함되는 물류(물적유통)활동은 판매활동과 관계가 크며 판매촉진을 위한 물적유통서비스의 향상과 물류(물적유통)비용의 절감이라는 이율배반적인 목표를 추구하지 않으면 안된다. 여기에서 수송, 배송, 포장, 하역 등의 모든 기능을 종합한 시스템으로서 분석, 설계되어야 한다. [그림 5-2]에 로지스틱스의 개념도를 나타냈다. [표 5-1]에 물류와 로지스틱스를 비교하여 나타냈다.

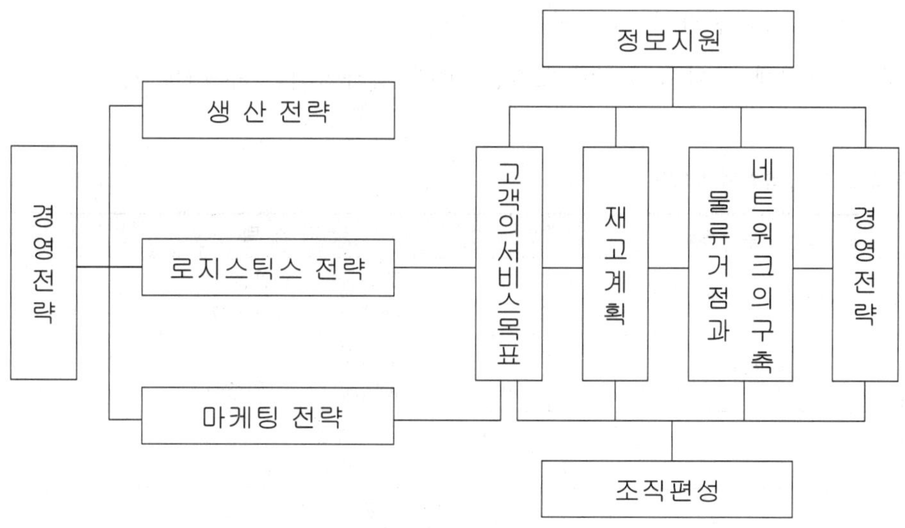

┃그림 5-2┃ 로지스틱스의 개념도

제3절 물류활동과 영역

1. 물류활동과 영역

1) 물류활동

물류활동을 정의하면 다음과 같다.

- 직접적으로 재화의 이동에 관한 활동
- 직접적으로 재화의 이동에 관한 활동을 효율적이고 원활하게 행하기 위한 관리에 관한 활동

직접적인 재화의 이동에 관한 활동은 다음과 같다.

① 수송
  ㉠ 물류기능의 중간 핵심적 기능
  ㉡ 생산자와 수요자 사이의 공간적 거리 해소
  ㉢ 트럭수송, 철도화물수송, 해상화물수송, 항공화물수송 등
  ㉣ 국가, 도시, 물류거점간 등의 수송
  ㉤ 도시내, 지역내에 있어서 최종수요자를 향해 행하여지는 수송(배송)

| 표 5-1 | 물류와 로지스틱스의 비교

구 분	물 류	로 지 스 틱 스
영 역	판매물류, 사내물류	조달물류, 생산물류 판매물류, 회수물류
목 적	코스트절감	수익성의 향상 (매상증대, 이익증대)
컨 셉	효율개념(코스트개념)	성과개념 통합개념(인테그레이션개념)
기 능	수요충족기능	수요창조기능 수급조정 통합기능

② 보관

    ㉠ 현재의 점유자·소유자에서 다음의 점유자·소유자에게 이르기까지의 거리 해소.

    ㉡ 창고(영업창고, 자가용창고) 에 의해 담당

    ㉢ 장기적인 보관을 담당하는 것 :「유통센터」

    ㉣ 단기적·일시적 보관을 담당하는 것 :「물류센터」

    ㉤ 상품의 분류, 유통가공을 그 주된 역할로 하고 있는 시설.

③ 유통가공

    ㉠ 물류의 효율을 향상시키기 위한 가볍고 또는 보조적인 생활활동 기능.

    ㉡ 판매촉진, 제품보호, 물류효율화 등을 위해 물리적, 화학적 변화를 더한 기능.

    ㉢ 포장작업, 소포장화, 절단, 조립, 바코드, 라벨의 부착 등.

④ 하역

    ㉠ 수송과 보관의 양단에 있는 제품, 상품을 물리적으로 취급하는 기능

    ㉡ 적재, 이송, 피킹, 구분 등의 작업

    ㉢ 기계화, 자동화가 진전되고 파렛트, 컨테이너 등의 하역보조수단과 지게차 등 하역기계로 편성된 유니트로드화(Unit Load System), 자동분류기의 도입으로 현대화.

⑤ 포장

    ㉠ 공업포장(수송포장)과 상업포장(소비자포장)을 분류

    ㉡ 공업포장은 수송(배송), 보관, 하역 등을 효율적으로 실행하기 위하여 상품을 일정한 단위로 취합하는 것과 동시에 상품의 안전성을 확보하는 기능.

    ㉢ 상업포장은 소비자가 구하기 쉬운 단위로 상품을 분할하고 상품내용의 설명 등을 소비자에게 알기 쉽게 표시하는 기능이 있다.

⑥ 정보

    ㉠ 물류과정에 있어서 상품의 수·발주, 집하, 수송, 재고관리 등의 정보가 발생

    ㉡ 컴퓨터의 소형화, 고기능화, 저가격화의 진행, 통신 기술의 혁신 등 정보 기술이 진전

    ㉢ 각 과정에서 개별적으로 처리되었던 물류에 관한 정보를 수집·통합하여 처리

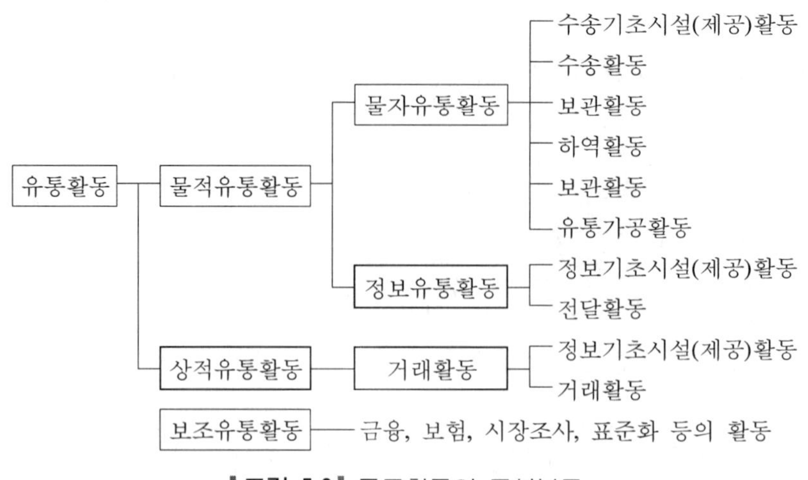

┃그림 5-3┃ 물류활동의 구성분류

ⓛ 생산에서 판매까지의 각 과정을 물류를 축으로 통합·관리하는 로지스틱스 매니지먼트(Logistics Management)가 가능

　[그림 5-3]에 물적유통활동의 구성을 분류하여 나타냈다.

2) 물류의 영역

물류의 영역은 다음과 같다.

- 조달선으로부터 구매자의 자재창고에 입고될 때까지의 　조달물류
- 창고에 입고된 물자가 생산현장으로 출고·가공되어 완제품이 될 때까지 　생산물류
- 완제품이 제품창고로 이동하는 　사내물류
- 완제품이 고객의 수요에 따라 창고에 출하되어 고객에 이르기까지의 　판매물류
- 판매된 제품이 반품되는 　반품물류
- 빈 용기를 재사용하기 위하여 고객으로부터 회수하는 과정인 　회수물류
- 제품포장용이나 수송용기, 자재 등의 폐기를 위하여 이송되는 과정인 　폐기물류

(1) 조달물류

① 물류의 순환은 조달 → 생산 → 판매과정을 거쳐 소비자로 이어짐.

② 전체 물류의 스타트라인으로서 어느 순환과정 보다도 중요

③ 어느 물류 과정보다도 중요한 분야(처음부터 잘못 시작된 물류를 바로 잡는다는 것은 불가능)

④ 관리의 요체는 외주처를 포함한 공급자와의 긴밀한 협력관계 유지

⑤ 공급자와의 상호 신뢰·지원관계를 추구하여 정보네트워크의 합리적인 집하, 운송, 하역시스템의 운용을 통하여 적정품질의 원자재가 적정시점에 적정량이 반입되도록 노력하는 것이 조달물류합리화의 내용이고 목표.

(2) 생산물류

① 생산 물류의 범위는 자재창고에서의 출고작업으로부터 생산공정으로 운반, 다시 생산공정에서 하역, 그리고 창고의 입고 작업까지 포함.

② 물류범위에서는 「과정」을 어떻게 단축하느냐가 생산물류관리의 핵심내용.

③ 과제는 우선 운반, 하역의 자동화와 창고의 자동화.

④ 부수적으로 물론 일관팔레트화의 무포장화, 공정재고의 제로(Zero)화, 자재창고 → 생산공정 → 제품창고간의 온라인화 등이 생산물류관리의 주요활동 대상.

(3) 판매물류

① 물류의 최종단계

② 판매물류관리는 제품을 소비자에게까지 전달하는 과정의 일체

(4) 배송 활동.

① 구체적으로 본다면 제품창고에서 출고하는 과정과 중간의 유통지점인 배송센터까지의 수송, 배송센터 내에서의 유통가공, 제품의 소팅(sorting, 분류, 선별) 작업

제4절 물류환경의 변화

1. 물류환경의 변화

1) 인력수급의 곤란

① 노동집약형에서 두뇌집약형 물류전략 전개

② 인력의존의 탈피

③ 3D의 기피현상

④ 물류전문요원의 절대부족

2) 소비의 다양화 및 고도화

① 가치관의 변화

② 의식구조의 변화

③ 소비욕구의 변화

④ 외식 및 패스트푸드(Fast Food) 선호

3) 물류수요의 증대

① 물동량의 증대

② 사회간접자본투자의 증대

③ 물류시설의 절대부족

④ 물류전문업의 증가

※ 택배업 및 벤더업의 급신장

4) 고밀도사회화의 문제점

① 교통체증의 심화

② 생활 및 산업용 쓰레기의 사회적인 문제

③ 공간확보의 곤란

④ 공해의 심각성

5) 산업구조의 변화

① 서비스산업의 증가

② 정보·기술산업의 증가

6) 유통업계의 재고관리방식변화

① 상품공급 요청의 다빈도화 및 소단위화

② 다품종소량주문에 의한 실차율의 저조

③ 가격결정권의 이행

④ POS시스템 도입업체 증가

⑤ 선도(鮮度)지향서비스의 유통환경

⑥ 소매업체의 급변과 신유통업체의 등장

7) 제조업체의 질적변화

① 제조방식의 변화(대량생산체제 → 고부가·소량생산체제)

② 생산자 중심 → 소비자 중심

③ 물류공동화체제구축

④ 물류거점의 집약화 및 광역화

제5절 물류코스트 

1. 물류코스트의 증대

1) 전국물류비

1990년도 28조원(GNP의 14.3%)

2) 물류비 증가율 (1991년도 상장사의 예)

① 매출액 증가율 23.6%

② 물류비 증가율 30.7%

비제조업	26.5 %
제조업	31.5 %

※ 자료 한국경제(1991.8.21)

③ 매출액 대비 물류비

한국	17.38%
일본	11.3%
미국	7 %

제6절 ULS 

유니트로드시스템(Unit Load System, ULS) 이란 수송과 하역 및 보관 등의 물적유통을 합리화함에 그 목적이 있는 것이며 "화물을 일정한 중량 혹은 체적으로 단위화시켜 일관해서 기계적으로 하역, 수송하는 방법"으로 포장표준화의 기준이 된다.

ULS는 협동 일관수송(Intermodal Transportation)의 전형적인 수송시스템으로서 하역의 기계화 및 합리화, 화물파손방지, 적재의 신속화, 차량회전율의 향상 등을 가능하게 하여 준다.

ULS의 구성에는 팰리트를 이용하는 방법과 컨테이너를 이용하는 방법으로 대별된다. ULS의 적용을 위해서는 포장화물의 **Palletization**과 **Containerization**을 위한 포장표준화가 선결과제이다.

1. 물류표준화를 위한 ULS

① 물동량의 크기나 중량 등 형상이 서로 다르고 다양하며, 시간적으로나 공간적으로 이동하거나 변화가 많으므로 물류효율을 높이기 위하여 물류표준화는 반드시 필요한 과제.

② 물류의 각 기능들인 포장, 운반, 하역, 보관, 수·배송, 물류가공, 정보 등이 연결되어 있는 과정중에 작업의 비효율과 어려움이 발생, 이를 극복하기 위해 표준화에 의한 물류시스템을 구축.

③ 물류활동 단위들인 원료조달, 생산공장내의 생산물류, 유통물류, 소비자물류, 폐기회수물류 등 1개 기업단위들은 물론이고, 국가단위적인 정부차원에서도 거래단위, 정보의 교환, 작업방법, 설비나 시스템을 표준화하는 것이 물류합리화의 중요한 전략이 될 것이며, 특히 정보로서는 각 기업간의 물류분야에 있어서 이해관계 조정자로서 역할을 수행할 수 있는 업무가 물류합리화이다. 물류합리화에서는 수송수단간의 결합기지인 항만, 화물역, 공항, 트럭터미널, 배송센터 등에서의 신속한 물동량거래를 수행하기 위한 물동량의 단위를 가로×세로×높이 등을 일정한 크기로 표준화하는 유니로드시스템이 필요하게 된다.

④ 물류분야에 있어서는 대부분의 작업들이 중노동이므로 고임금시대에는 작업을 기피하므로 불가피하게 기계화할 수밖에 없으며 유니로드시스템은 차량이나 선박 등의 대기시간을 단축하여 수송장비의 운행효율을 올리고, 창고의 보관효율을 높일 수 있고, 고객에의 납기를 단축시키는 등 물류측면의 효과가 크다

⑤ 유니로드시스템을 도입하기 위한 선결과제

　　㉠ 수송장비, 적재함의 규격표준화

　　㉡ 포장단위 및 치수의 표준화

　　㉢ 파렛트 표준화

　　㉣ 운반하역장비의 표준화

　　㉤ 창고 보관설비의 표준화

　　㉥ 거래단위의 표준화

2. 물류합리화와 ULS구축방안

1) 물류합리화

(1) ULS 시스템 통칙이란

　T-11형 파렛트를 기본으로 적재하는 화물의 포장치수, 파렛트적재화물, 하역차량기기 등의 물류기기 또는 수송기관 등의 광범위한 정합성(整合性)을 계획하여 일관팔레티제이숀의 보급에 전력하는 것.

(2) ULS 통칙에 의한 설비의 통칙

① 전업종을 상대로 이 통칙에 의한 설비로 물류의 합리화를 추진한다면 대단한 효과가 얻어질 것이다. 설비의 변경에 수반하는 비용이 일시적으로 발생 하지만 이것은 모두 회수되어 종래보다 이익률의 향상이 기대될 것이다.

② 물류의 선진국인 구미나 일본에서도 표준화는 일찍부터 중요시되어 커다란 효과를 올리고 있다. 우리나라도 각 기업의 경영자는 사회적인 시야에서 물류를 개선하여 자신의 이익을 생각하는 중요사업이 되어야 할 것이다.

(3) ULS 통칙은 KS규격으로

① T-11형이라는 KS규격의 1,100×1,100mm의 파렛트공용을 권장

② ULS 시스템 통칙은 KS로서 제정

2) 유니트로드시스템 구축방안

[그림 5-4]에 토탈 유니트로드 시스템의 흐름을 나타냈다.

(1) ULS(Unit Load System)의 개념

① 하역과 수송의 합리화를 도모하기 위한 것

② 화물의 크기와 무게를 일정하게 표준화형태로 단위화

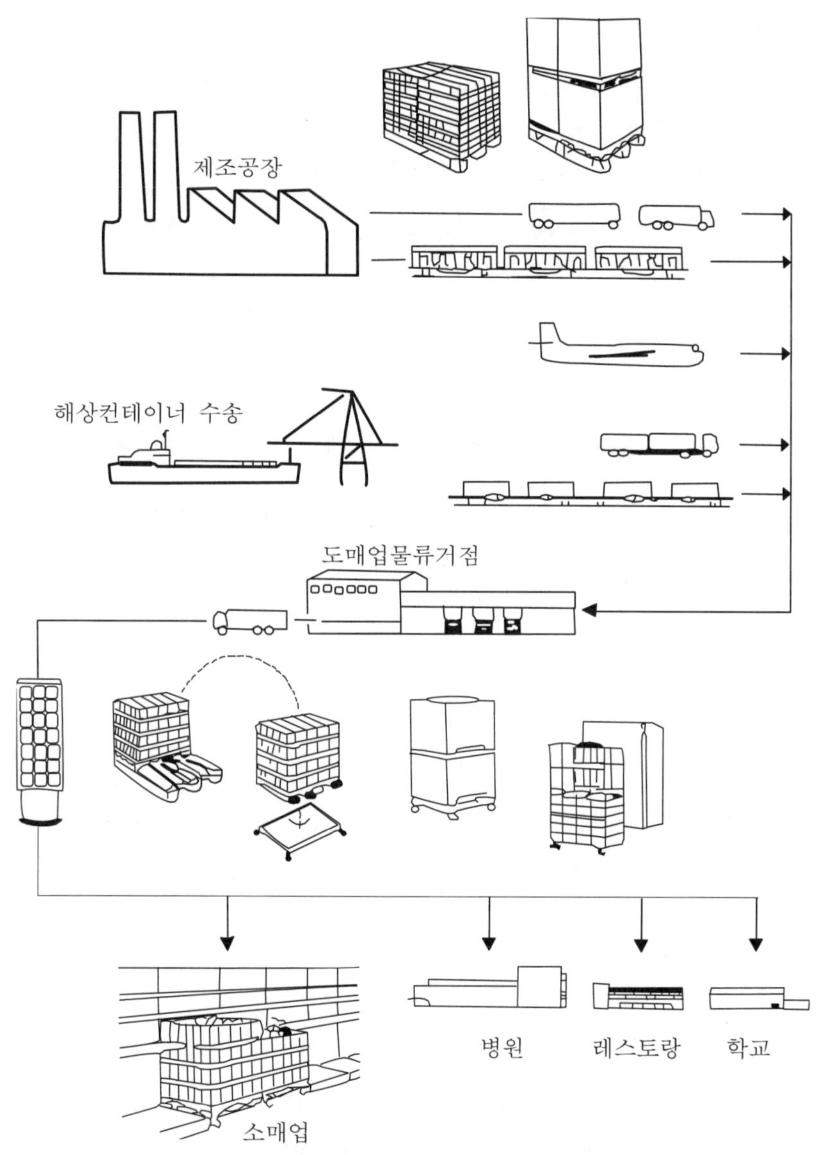

┃그림 5-4┃ 토탈 유니트로드 시스템의 흐름

③ 하역, 수송, 보관을 일관해서 행하는 시스템.

▶ ULS를 기본으로 한 시스템의 종류
- Palletization
  - 화물을 팰리트화.
  - 보내는 측에서 받는측까지 파렛트의 상태로 화물을 이동.
- Containerization
  - 보내는 측에서 받는 측까지 콘테이너 상태로 수송
  - 철도, 자동차
  - 선박, 항공
- Freight liner
  - 철도회사가 운수(트럭)업자에게
  - 운수(트럭)업자가 철도회사에게 직결수송
- 공동일관수송
  - 공동화
  - 하주 운송업
- 국제복합일관수송
  - 랜드브릿찌
  - 선박과 항공이 주체

---

(2) ULS(Unit Load System)의 특징

파렛트의 사용으로 인건비 절감, 수송비용의 절감, 공간의 최대활용, 차량 회전율 향상, 재고조사의 용이, 도난, 파손, 훼손의 감소, 인력절감, 적재효율 향상, 신속한 수송과 하역, 과잉포장의 방지, 포장의 간소화로 검품 검수 용이, 보관효율 향상, 인력작업의 탈피를 도모할 수 있다.

(2) ULS(Unit Load System)의 설계

① 물류시스템화의 대표로 불리는 것이 유니트로드시스템일 것이나 화물을 유니트화하기 위해서는 상품의 낱포장(單位包裝 : Item Packaging)에서부터 내부상자(內箱) 다음으로 외부상자(外箱), 파렛트 적재에 이르기까지 표준화하여 보관, 하역, 수송, 배송 등을 일괄해서 행할 수 있어야 할 것.

② ULS은 개개의 기업의 시스템보다 하나의 사회적인 시스템으로 승화될 것.

③ 대개의 기업에서는 상업적이고 공업적인 상품가치만 고려하여 상품을 개발하여 왔지 운송이나 보관, 하역은 별로 감안하지 않았다. 또한 사람이 1회 운

반할 수 있는 규격과 중량도 중시하지 않았으나 앞으로 모든 사항을 주도면밀하게 검토하여 설계하여야 한다.

> ▶ ULS를 도입하기 위해서는 포장이 규격화—파렛트화를 전제로 한—
> ① 용기의 대소군별(大小群別) 분류
> ② 단위상자의 대소군별(大小群別) 분류
> ③ 내부상자의 대소군별(大小群別) 분류 (10진법 또는 3진법)
> ④ 파렛트 적재를 전재로 한 외부상자(外部箱子)규격의 적정화(중량 20kg 내외)
> ⑤ 파렛트 규격결정(콘테이너 및 화물차 적재함과의 면적 참작)

(4) 유니트로드시스템 도입시의 문제점

① 영업일선에서 거래수량 단위가 바꾸어진다.

② 생산공정에서 포장작업시의 혼란

③ 신제품 개발담당부서에서의 혼란

④ 화물차에서의 적재량 일부 감소

⑤ 거래처에서의 일부 반발 (영업거래처 및 자재구입선)

⑥ 기타 전산실에서의 혼란

(2) ULS 도입효과

① 기계화, 자동화의 기초가 된다.

② 외부상자 종류가 대폭 줄어든다.

③ 막대한 비용절감

④ 50% 이상의 인력절감

⑤ 작업능률의 향상

⑥ 수송 및 하역 그리고 입출고시의 시간 단축

⑦ 관리상 용이

⑧ 부상자의 감소

⑨ 상품 파손율의 감소

제7절 포장물류

포장물류라는 관점에서 요약해보면 물류관리의 합리화란 물류의 5대 요소인 포장, 수송, 보관, 하역, 정보 등의 각 요소 활동별 합리화와 더불어 이들 각 요소활동을 상호유기적으로 총합시키는 종합시스템화로 고려되고 관리되어져야 한다.

그리고 물류는 물류의 기본이 되는 포장표준화와 모듈화의 추진에서부터 시작되어야할 필요가 있다.

이는 포장의 치수변화에 따라 수송의 적재효율이나 보관, 하역의 효율 등에 큰 영향을 미쳐 물류비의 증가를 가져오기 때문이다. 따라서 제품, 포장개발, 설계에 있어서 물류를 먼저 생각하는 물류마인드 고취가 중요하며, 단순히 제품이나 포장만을 생각하는 것이 아니라 물류시스템적 차원에서 고려되어 개발되어야 한다.

다시 말하면 상품을 설계하는 상품기획이 초기단계에서 물류까지를 일관하는 total system으로서 Logistics의 수법을 도입하여 기획하고 상품이 만들어지고 이것을 보관, 수송, 상품전시·판매되어 소비자의 손으로 넘어가고 그리고 폐기까지 customer의 service-up과 cost-down의 대상으로 고찰하는 다시 말하여 이것을 "포장물류(包裝物流)"라고 하는 관점에서 파악하지 않으면 안되게 되었다. 또한 마케팅도 그 흐름에 새로운 과제로서 sale-promotion을 효과적으로 수행하는 비법이 숨어 있다고 보고 있다.

그러므로 마케팅과 포장과 물류의 3개 기능이 서로 밀착해 이것이 잘 혼합되어 새로운 시대의 유통의 씨앗으로 태어나야 한다. 이것을 미국에서는 Logistics라고 한다.

Logistics는 원래 미국에서 병참학이라는 군사용어로서 "군사목적에 합당한 작전에 필요한 장병이나 물자, 탄약을 조달해서 보관, 수송을 행하고 필요할 때에 필요한 장소에 군대와 물자를 보내주는 수법" 즉 전선에 군대와 물자를 공급하는 후방지원활동인 병참활동의 일이다.

다시 표현하면 "원료 생산에의 투입에서부터 포장, 판매까지의 경제효율을 높이는 수법"으로서 이 방법을 기업에 도입하면 "소비자의 욕구를 만족시켜 주기 위하여 원재료, 부품을 생산에 투입해서 만든 상품을 적시, 적량을 적소에 배치하기 위하여 기계자재와 인원과 정보를 투입하는 것" 이라 말할 수 있다.

이것을 생산단계에의 원재료나 부품의 공급, 생산과정에 있어서 효율적인 부품공급이나 이동, 판매를 지원하는 물자의 유통, 특히 폐기, 회수까지 일관해서 조정관리하는 기능을 가리킨다.

더욱이 수요의 기점이 되는 고객의 니즈(needs)에 대하여 가장 효율적인 공급체계를 만드는 것이 로지스틱스의 역할이다.

기업전략적인 측면에서의 로지스틱스(Business Logistics)을 살펴보면 로지스틱스를 원활하게 움직이면 올바른 수급시스템이 생겨나고 경영의 활성화가 실현된다. 과거의 물류가 전술적이라고 한다면 로지스틱스는 전략적이라고 표현할 수 있다.

그런데 로지스틱스는 개별기업의 기업 전략적인 측면에서의 합리화(Business Logistics)만으로는 충분한 성과를 올릴 수 없다. 왜냐하면 공급자가 수요자에게 제품이나 서비스를 제공하는 것은 제조업으로부터 유통업체의 위탁이 필요하고 그 위탁을 받은 물류사업자와 연동되어야 하기 때문이다. 그러므로 사회시스템으로서의 로지스틱스의 형성(Social Logistics)이 필요하게 되었다.

도로교통 체증의 완화, 에너지의 절약화, 환경부하의 경감, 노동력 문제, 종합적 코스트의 절감 등 여러면에서 공동화가 이루어져야 하고 그 전체로서 포장의 치수, 강도, 안전성 등 물류 제반 기능에 맞는 표준화가 진행되어야 하고 동시에 물류인프라의 정비, 사회간접자본(SOC)의 투자 등 적극적인 정책이 뒤따라야 한다. 그래야 국내만이 아니라 세계화에 발 맞추어 국경을 넘어서는 로지스틱스로 갈 수 있다.

오늘날의 경제활동은 국경 없는 지구화 시대에 와 있고 그러므로 로지스틱스의 네트워크 형성도 세계화에 맞추어져야 한다. 세계화로 확대되고 있는 로지스틱스의 기능(Global Logistics)에 의하여 전체 지구인의 삶의 질이 향상된다면 로지스틱스야말로 풍요로운 인류사회의 실현이라는 인류의 공동이익에 크게 기여하게 될 것이다.

그러므로 기업전략으로서, 사회시스템으로서, 세계화의 전략으로서 로지스틱스의 Network 형성이 실현되어야 하며, 그러기 위해서는 관련되는 여러 기술혁신이 전략에 뒤따라야 한다.

제8절 고객만족과 물류 

로지스틱스의 기본과제는 어떤 시스템을 구축시켜 "필요한 때에, 필요한 장소에, 필요한 물건을, 필요한 양만큼, 필요한 상태"로 공급하는 것이라면 이 다섯 개의 "필요사항"를 만족시키는 것이 로지스틱스에 있어서 고객에 대한 서비스의 증대, 즉 고객만족(Customer Satisfaction, CS)의 실현이 될 것이다.

미국 미시간대학의 스마이커 교수는 그가 제창한 7R의 원칙 즉 Right Commodity, Right Quality, Right Quantity, Right Time, Right Place, Right Impression, Right Price에 맞추어 물류의 제반활동들을 유기적으로 통합 운영하여야 한다고 했다.

그러나 CS만을 구하기 위하여 Cost를 무시하면 안된다. 고객만족이 적정한 코스트로 이루어질 때 비로소 Logistics System은 가장 바람직한 상태가 될 것이다.

고객서비스 수준과 비용이라고 하는 2개의 과제간에는 상충관계, 즉 이율배반적이 되는 Trade-off관계가 존재하기는 하지만, 치밀한 계획수립과 조정으로 쌍방을 조화시켜 적정화하는 것이 로지스틱스의 기본이다.

그런데 서비스는 제품 특성이나 상관습, 고객니즈에 의하여 여러 변화가 있기 때문에 다소 정성적인 영역이라 할 수 있고 코스트는 금액이라고 하는 정량적 평가가 가능하기 때문에 상황 파악이 용이하다.

원재료의 조달에서부터 완제품이 생산, 포장되어 상품으로서 수요자에게 납품 혹은 반품, 폐기회수 등에 이르기까지 제반 물류활동에 소요되는 모든 경비, 즉 물류비의 발생요인과 물류비의 절감은 물류관리의 기본이며, 이 코스트와 서비스의 조화는 바로 로지스틱스의 목표이기도 하다.

제9절 포장표준화

1. 포장표준화의 개념

포장표준화는 국내외에서 생산, 판매되는 각종 포장의 규격을 검토, 분석하여 표준규격화함으로써 유통(물류)의 합리화를 도모하는데 그 목적이 있다.

물론 상품 각각에 대한 디자인과 포장이 절대적으로 중요하지만, 아울러 상품이 유통되는데 따른 제반여건을 보다 합리화하여 일관작업화 함으로써 경비절감, 상품의 물리적보호, 보관, 수송, 상품의 이미지를 부각시키는 효과를 가져다준다.

1) 일반적인 포장표준화의 이점

① 하역의 능률을 향상시켜 유통(물류)경비를 절감시키며
② 업체가 발주, 가공의 신속화를 가능하게 하여 생산원가를 절감시키고
③ 종합생산원가를 절감시켜주고, 상품의 품위를 향상시켜 준다.

이와 같은 이점을 충분히 활용하기 위해서는 포장표준화와 아울러 물류(물적유통)에 관련된 제반시설 및 기자재 즉 수송·운송수단·하역, 창고 등의 표준화가 필수적이다.

파렛트와 컨테이너의 규격, 구조, 품질 등을 공동으로 사용할 수 있도록 표준화하고 수송, 보관, 하역 등의 물적유통의 제요소가 유기적으로 연결되도록 시스템화 할 필요가 있다. 이를 위해 트럭의 하대, 화차상면 등 수송수단의 화물탑재 위치, 내부치수, 파렛트 및 컨테이너의 외부치수와 적재, 하역기계의 능력 등을 조정할 필요가 있다.

2) 표준화의 분류

① 회사내에서의 표준화 → 사내규격

② 동일업계에서의 표준화 → 업계규격

③ 국가 전체로서의 표준화 → KS. JIS. ASTM, DIN 등의 국가 규격

④ 국제적인 표준화 → ISO 규격

3) 포장의 표준화

① 재료의 표준화

② 강도의 표준화

③ 기법의 표준화

④ 치수의 표준화

　포장의 표준화는 일반적인 경우와는 달리 사내 자체로서 해결할 수 없거나 혹은 조정이 곤란한 경우가 많다. 포장은 생산에서 소비까지 일관하는 매체로서 물적유통에 관련된 각 분야를 고려하지 않으면 안되기 때문이다.

　따라서 포장표준화는 물적유통(포장, 수송, 하역, 보관, 정보) 전반을 조정해 주는 활동으로서 물류비 절감을 목적으로 함과 동시에 유통업자, 포장재 생산업자, 사용자, 소비자 등에 이르기까지 이익을 줄 수 있도록 범국가적·세계적으로 추진되어야 하는 것이다.

2. 포장재료 및 강도의 표준화

1) 재료의 표준화

① 포장재료의 적정화

② 단위포장재료 구성 및 재질의 적정화

③ 내부포장재료 구성 및 재질의 적정화

④ 외부포장재료 구성 및 재질의 적정화

⑤ 포장재의 환경대응성

⑥ 포장재의 recycle성

2) 강도의 표준화

① 포장표준화는 치수표준화와 강도표준화가 핵심

② 물류 제반과정과의 연관성 및 종합적인 원가절감 측면을 고려할 때 치수 표준화가 중요

③ 강도표준화는 포장재료의 적정화와 관련, 원가절감 효과가 빠르게 나타남.

④ 강도의 표준화를 치수표준화에 앞서 시행하여서는 안됨(같은 재질의 포장용기라도 내용물의 중량과 치수가 달라지면 강도도 달라짐).

⑤ 강도의 표준화 대상은 골판지상자(겉포장상자)가 주대상(플라스틱용기, 목상자, 철상자, 유리용기 등도 겉포장용기로 사용되지만 골판지상자에 비하면 사용량은 미미)

⑥ 속포장, 낱포장의 재질적정화도 강도표준화의 중요영역이나 내용제품의 종류나 특성에 따라 각각 달라지기 때문에 기업별 사정에 따라 표준을 정하여야 한다. 따라서 광범위하게 적용되는 골판지 상자를 대상으로 강도표준화를 설명하고자 한다.

3) 강도 표준화의 종류

골판지상자의 강도는 압축강도와 파열강도로 크게 나뉘어 진다.

압축강도는 상자가 여러단 적재되어 있을 경우 위로부터 내리 누르는 힘에 견디는 정도를 Kgf로 나타낸다.

파열강도는 외부로부터 강한 충격을 받거나 상자의 변에 집중하중이 걸릴 경우 찢어지거나 파손되지 않고 견디는 힘을 Kgf/cm^2 단위로 나타낸다.

골판지상자의 주요기능으로 볼 때 파열강도보다는 압축강도가 보다 중요한 요소가 된다. 하지만 KS A 1502(골판지의 품질기준)와 KS A 1531(골판지 상자의 품질기준)을 보면 압축강도보다는 파열강도 위주로 설명되어 있어 업체들이 상자의 강도기준을 파열강도에 두고 있다.

이 경우 압축강도 측면에서는 과잉포장이 되기 쉬우므로 특별한 사정이 없는 한 압축강도를 기준으로 관리하여야 한다. 통조림캔, 유리용기, 포장제품, 플라스

틱용기 포장제품 등 일부 특수 품목들은 파열강도가 보다 중요한 요건이 되기 때문에 우선 파열강도에 의한 관리부터 설명하겠다.

(1) 파열강도에 의한 강도 표준화

[표 5-2]는 KS A 1502와 KS A 1531을 조합하여 만든 것이다. 포장제품의 총무게와 포장상자의 규격을 알면 골판지 상자의 종류를 결정할 수 있고 파열강도도 자동적으로 규정된다.

예를 들어 무게가 24kg이고 포장하였을 때 장, 폭, 고의 내치수가 각각 50cm, 40cm, 35cm인 내수용 제품의 경우, 표의 오른쪽 끝 포장제한 항목에서 보면 무게는 SW 3종 혹은 DW-2(중간에 걸쳐 있을 때는 높은 쪽 선택)에 해당되고, 최대내적치수는 SW-2종 혹은 DW 2종에 해당된다.

따라서 이 제품의 포장강도는 양면골판지(SW)상자를 사용하는 경우는 3종, 이중양면골판지(DW)상자를 사용하는 경우는 2종에 해당하는 강도를 유지하여야 한다.

SW와 DW 중 어느 것을 쓸 것인지는 가격, 치수 융통성, 압축강도와의 상관성 등을 종합적으로 고려하여 결정하여야 한다.

위의 경우 SW-3종을 사용하게 되면 파열강도는 자동적으로 16Kg$_f$/cm^2 이상으로 규정되므로 이를 관리기준으로 삼을 수 있다. 하지만 특수한 경우를 제외하고

| 표 5-2 | 골판지상자의 포장제한 및 파열강도

종 류		기호	파열강도 (Kg$_f$/cm^2)		포장제한			
					최대총무게(kg)		최대내적치수 (장+폭+고, cm)	
			국내용	수출용	국내용	수출용	국내용	수출용
양면 골판지상자 (SW)	1종	CS-1	8.0 이상	12.0 이상	10	20	120	140
	2종	CS-2	16.0 이상	16.0 이상	20	30	150	175
	3종	CS-3	20.0 이상	20.0 이상	30	40	175	200
	4종	CS-4	26.0 이상	26.0 이상	40	50	200	250
이중양면 골판지상자 (DW)	1종	CD-1	10.0 이상	14.0 이상	20	30	150	175
	2종	CD-2	14.0 이상	18.0 이상	30	40	175	200
	3종	CD-3	18.0 이상	26.0 이상	40	50	200	250
	4종	CD-4	26.0 이상	35.0 이상	50	60	250	280

는 골판지상자의 강도 관리는 압축강도 위주로 하여야 하며, 이에 대한 강도표준화를 기업별로 제정하는 것이 바람직하다.

1996년도 말경에 **KS A 1502**와 **KS A 1531**이 일부 개정되어 압축강도에 대한 규정이 보강되었으나, 파열강도표준을 정하는 기본적인 방법은 위에서 설명한 내용을 따르는 것이 좋다.

(2) 압축강도에 의한 강도표준화

이론적으로 단순 명료한 압축강도 산출방법에는 다음의 2가지 방식이 많이 사용된다.

- 기본적인 **필요 압축강도 추정식** : 내용물의 포장을 끝낸 골판지 상자는 기간의 차이는 있으나, 창고에 보관하는 것이 보통이다. 경우에 따라서는 6개월 또는 1년이상 보관하는 경우도 있다. 그 기간동안 외기의 온·습도 변화와 내용물 자체에 많은 수분을 갖고 있는 청과물 등의 상품을 보관하는 것은 어렵고, 이에 따른 문제점들이 많이 발생한다. 골판지상자를 설계할 때에는 이러한 요인을 충분히 고려하여 사용하는 골판지의 품질과 종류를 결정하여야 한다.

  제품을 안전하게 보호할 수 있는 골판지상자의 압축강도는 다음 식으로 구한다.

$$① \ 식 : P = K \cdot W(H/h - 1)$$

여기에서 P : 골판지상자의 필요압축강도(kg)

K : 안전계수

W : 골판지상자 1개의 총무게(kg)

H : 적재 총 높이(cm)

h : 골판지상자의 높이(cm)

이 식에서 표시하고 있는 계수에 대하여 이미 결정되어 있는 것은 W, H 및 h이고 안전계수 K를 어느 정도로 할 것인가는 수송수단, 도로조건, 보관기능 등을 감안하여야 한다. 상자의 필요 압축강도를 이론적으로 산출하는 공식으로서 Kellicutt식, Maltenfort식, Makee식, Wolf식 등이 발표되어 있으나 전문적인 지식이 필요하므로 뒤에 설명하기로 한다. 비교적 간단하면서 ①식보다는 좀더 정밀한 방법으로는 다음의 ②식을 이용한다.

$$② \; 식 : P = \frac{X}{(1-a)(1-b)(1-c)(1-d)(1-e)(1-f)}$$

여기에서 P : 골판지상자의 필요압축강도(Kgf)

X : 최하단의 골판지상자가 받는 하중(Kgf)

a : 저장기간에 의한 저하율(10일 저장시 : 35%)

b : 저장장소의 대기조건에 의한 저하율(습도 90% : 25%)

c : 골판지상자 제조시의 저하율(보통 : 10%)

d : 적재방법에 의한 저하율(정상적재시 : 15%)

e : 진동에 의한 저하율(보통 : 10%)

f : 하역 및 충격에 의한 저하율(보통 : 10%)

🔳 위의 조건을 알고 있는 경우 15kg의 제품을 골판지상자에 포장할 때 필요 압축강도의 추정 (15kg 상자 8단 적재의 경우)

$$P = \frac{15*7}{0.65*0.75*0.90*0.85*0.9*0.9} = \frac{105}{0.30208} = 347.6 = 350(kg)$$

(3) 실무 차원의 강도표준화

앞에서 설명한 2가지 압축강도 산출방식은 간단명료한 대신 정확도가 떨어지는 단점이 있다. 따라서 실무차원에서의 압축강도를 산출하고 표준화를 이룩하기 위해서는 다음과 같은 10단계 과정을 거쳐야 한다.

(4) 기존 품목의 겉포장 골판지 상자 원지구성 조사

SW의 경우 라이너지 2장과 골심지 1장 등 3장의 원지로 이루어져 있으며, DW는 라이너 3장, 골심지 2장 도합 5장의 원지로 구성되어 있다. 모든 원지는 각각 품종과 평량으로 표시되는 것이 일반적이다.

예를 들면, SW의 경우에는 "SK210/S120/K200"으로, 그리고 DW의 경우에는 "KA210/S120/K200/S120/K200"과 같이 표현된다. 여기에서 SK, S, K, KA 등은 국내에서 생산되는 라이너지 혹은 골심지의 일반적인 표시약호를 나타내며 뒤의 숫자는 평량(Basic Weight, g/m^2)을 나타낸다. SK나 KA는 주로 표면 라이너지로 사용되며, 순수펄프를 표면에 코팅한 종이를 사용하므로 강도에 비해 가격이 비싼 편인데 이는 인쇄를 위한 용도로 가공되어 나오기 때문이다.

원지구성을 조사하는 이유는 눈에 띄게 불합리한 원지 배합으로 이루어진 골심지는 없는가를 알아보고 이론적인 강도 계산치와 실측치의 차이 등을 산출하여 강도표준화 작업에 참고하기 위해서이다.

(5) 각 원지 구성별 Ring Crush강도, 가격 및 상자의 주변장 산출

제지회사에서는 제조되는 원지의 수직 압축강도를 Ring Crush치로 나타내어 제시한다. Ring Crush치란 원지를 MD혹은 CD방향으로 가로 6인치, 세로 1/2인치의 시편을 채취, 원형으로 말아 Ring Crush tester로 수직 압축하였을 때 기록되는 수치를 의미한다. 대부분의 원지는 MD방향 수치가 CD방향 수치보다 높게 나타나는데 CD방향 수치를 계산기준 수치로 한다.

원지가격 계산은 고시가격을 기준으로 산출한다. 모든 원지는 일정한 고시가격이 있으며 대개 Ton단위로 나타낸다. 예를 들어, SK원지가 Ton당 480,000원 이라고 하면, SK210의 경우 : 480,000원/Ton×1 Ton/1000kg×0.21kg/m^2=100.8원/m^2가 된다. 주변장이란 상자의 둘레 즉, 장+폭의 2배를 의미하는데 상자의 치수가 달라지면 동일한 재질이라 하더라도 압축강도가 달라지므로 이를 유의하여야 한다.

한가지 미리 알아두어야 할 사항은 DW의 경우 A골과 B골을 조합하여 만들어지며 B골이 바깥쪽이 된다. A골은 편평하게 폈을 경우, 펴기 전 길이의 1.532배가

┃표 5-3┃ Ring Crush치 및 가격 기준표(例)

항목 원지별	Ring Crush치(kg)			가격(원/m^2)			Ton당 가격
	라이너	A골	B골	라이너	A골	B골	
SK 210	25.0	40.0	35.0	100.8	161.3	141.1	480,000원
KA 180	18.0	28.8	25.2	86.4	138.2	121.0	480,000원
K 200	20.0	32.0	28.0	80.0	128.0	112.0	400,000원

되며, B골은 1.361배가 되지만 계산의 편의상 각각 1.6배, 1.4배를 적용하게 된다.

이상과 같은 설명을 토대로 하여 [표 5-3]과 같이 계산 기준표를 만든다.

(6) Kellicutt 式을 이용하여 대상품목 상자들의 이론적인 압축강도 산출

골판지 상자의 압축강도를 이론적으로 산출하는 대표적인 방법들로는 Kellicutt 式을 비롯하여 MAI Data(Maltenfort Modern Application Inc. Data) 등을 들 수 있다. 이들 산출공식들은 Kellicutt式의 경우 상자의 높이에 따른 압축강도 변화요인이 설명되지 않았고, Maltenfort式의 경우 골심지의 강도를 무시해 버렸으며, MAI Data의 경우 주변장과 파열강도만으로 압축강도를 산출하여 수많은 산출방식 중에서 비교적 정확한 방식으로 인정되고 있으며 이중에서도 Kellicutt式이 실무에 가장 많이 사용되고 있다.

Kellicutt式은 아래 공식에서 보듯이 매우 복잡하게 보이지만 Px와 Z만이 변수일 뿐 나머지는 상수이므로 간단한 식으로 정리된다.

$$P = Px\{(\frac{ax2}{Z/4})\}1/3*Z*J$$

여기에서 P=상자의 압축강도 (kg)

Px=구성원지의 Ring Crush치의 총합(kg)

ax_2=골상수 (A골 8.36, B골 5.00)

Z=상자의 주변장 (mm)

J=상자골별 상수 (A골 0.59, B골 0.68)

위의 식중에서 상수를 정리하면 다음과 같다.

$$SW\ A골\ 상자\ P = 0.347\ PxZ^{1/3}$$
$$SW\ B골\ 상자\ P = 0.347\ PxZ^{1/3}$$
$$DW\ AB골\ 상자\ P = 0.347\ PxZ^{1/3}$$

상자의 이론압축강도를 산출하는 이유는 대상품목에 대한 겉포장상자의 사용이 전혀 근거없이 이루어지지 않았을 것이라는 전제하에 포장, 창고 입·출고, 하역 적재, 수송 등 포장상자의 유통에 관계하는 실무자들의 의견을 강도적정화 작업에 참고자료로 반영하기 위해서이다.

(7) 골판지상자 제조업체와 협의하여 압축강도 관리기준 설정

원지구성에 따라 이론압축강도를 산출하였다하더라도 납품된 겉포장상자의 압축강도를 실측하면 상당한 차이를 보이는 경우가 많다. 이는 이론압축강도가 완벽한 상자가공을 전제로 한 수치인데 비해 실제로는 상자제조업체마다 가공기술이 다르기 때문에 지종구성이나 원지평량이 올바르다 하더라도 업체별로 편차가 생기게 된다.

이러한 가공불량에 의한 강도저하의 원인으로는 인쇄시 인압의 영향, 골성형 불량, 합지시 원지간의 접착력 미흡, 슬롯팅시 홈 깊이가 맞지 않는 등의 이유를 들 수 있다. 따라서 최소한의 관리기준을 설정하여야 강도적정화 작업이 가능하므로 협력업체와 협의 하에 기준을 정한다.

예를 들면 이론 압축강도의 **85%**를 관리수준으로 정한다면 상자압축강도 = 이론압축강도×**0.85**가 되는 셈이다. 만약, 규정에 의하여 실측한 압축강도가 기준에 미치지 못할 경우 정도에 따라 감가(減價)하여 입고시키거나 반품(返品)시키게 된다.

(8) 이론적인 최대 압축하중 산출

표준조건(20℃, **65%RH**)에서 겉포장상자에 부하 되는 최대 압축하중은 최하단 상자가 받는 하중과 같다. 이는 안전계수를 고려하지 않은 최대 압축하중을 의미하는 것으로 (최대적재단수−1)×1 Box의 무게로 산출된다.

(9) 모든 품목들의 이론안전계수 산출

8항에서 산출한 이론압축강도÷최대압축하중의 계산에 의해 참고자료로 사용하기 위한 이론 안전계수를 산출한다. 이것은 제품의 특성, 포장요건, 유통경로 등이 비슷한 품목들은 이론안전계수도 비슷하여야 할 것이므로 수치로 산출하여 상호 비교해 보기 위해서이다. 만약 유사할 것으로 보이는 품목들 간에 이론안전계수가 큰 편차를 보이면 어느 한편은 포장강도 설정이 잘못 되었다는 의미가 된다.

(10) 실제 안전계수 산출

　강도 표준화 과정 중에서 가장 중요하고 어려운 단계로서 고도의 분석 테크닉과 많은 경험을 필요로 한다. 실제 안제계수는 소수점 이하 첫 자리까지 산출하는 것이 일반적이다.

　실제 안전계수 결정시 고려 요소는 다음과 같다.

① **이론 안전계수와 실무자 평가** : 이는 앞의 과정에서 산출한 각 품목들의 이론 안전계수들과 유통 실무를 담당하는 작업자들의 평가를 비교 분석하는 것을 말한다. 작업자들은 포장 작업과정에서 상자가 터진다거나 적재 보관시 일주일을 못 견디고 하단 상자가 찌그러진다든지 장거리 수송에도 전혀 문제점이 발생한 적이 없었다는 등의 개별품목의 이력에 대하여 누구보다도 잘 파악하고 있다. 따라서 이들의 평가를 세밀하게 조사, 분석하여 이론 안전계수와 비교해 보아야 한다.

② **내용물의 특징** : 크게는 자립제품과 비자립제품으로 나눈다. 구분기준은 상자내의 제품이 압축 하중에 어느 정도 영향을 받느냐에 따라 다른데, 눌려도 크게 영향을 받지 않는 캔, 유리병, 플라스틱용기 그리고 일부의 하드보드박스 제품들은 자립제품의 영역에 속한다. 플라스틱필름 파우치나 기타 연포장재료로 포장된 식품이나 의류 등은 압축하중을 받게되면 제품에 손상을 가져올 가능성이 많기 때문에 겉포장 상자가 이를 방지하는 역할을 하게 되며 이 부류의 제품들은 비자립제품으로 분류된다. 충격에 민감한 전자제품류는 압축하중을 받게 되면 제품에 좋지 않은 영향을 미칠 가능성이 크므로 비자립제품군에 포함시키도록 한다.

　일반적으로 자립제품의 경우 안전계수가 2.0이하이며 비자립 제품의 경우 제품에 따라 안전계수가 5~6까지 올라가게 된다.

　자립제품 중에서도 대부분의 캔류처럼 윗면과 아랫면이 같은 제품은 안전계수가 더욱 낮아지는 반면 유리병 혹은 플라스틱병 등 위 아랫면이 다른 제품은 안전계수가 높아지게 된다.

③ **유통경로** : 실제 안전계수를 결정하는데 있어서 가장 중요한 항목으로서, 실무자 평가에 의해 어느 정도 반영되었지만 객관적인 기준을 정하여 재평가하도

록 하여야 한다. 평가 항목으로서는 창고적재 보관상태 및 기간, 파렛트 적용 여부, 수송기간, 도로여건, 유통상의 위해성 여부 등을 들 수 있다.

④ 제품의 형태 : 제품이 겉포장 상자에 포장되었을 때 포장상자의 형태에 따라 압축강도에 차이가 나게 된다. 예를 들면, 상자의 높이가 30cm이상이거나 장이 폭의 2배 이상인 경우에는 이론압강과 실제 압축강도와는 20% 이상의 강도 차이를 나타내므로 안전계수가 그 만큼 영향을 받게 된다. 또한 자동포장을 위하여 Wrap around case를 사용하였을 경우, 상자의 재질구성과 치수만으로 계산된 이론 압축강도와 실측치와는 무려 40% 정도의 압축강도 저하가 일어날 수 있으므로 이 경우 안전계수 설정에 결정적인 영향을 미치게 된다.

위의 여러 요소들을 고려하여 안전계수를 산출하는데 있어서 이론 안전계수와 실무자 평가를 기준으로 하되 내용물의 특징, 제품의 형태를 우선적으로 반영하고 유통경로의 제요소를 정밀 분석하여 이론 안전계수와 실무자 평가를 최종적으로 보정하는 방식으로 실제 안전계수를 확정하여야 한다.

⑤ 품목별 필요압축강도를 산출하고 표준강도 규격 설정 : 실제 안전계수×최대 압축하중의 계산으로 필요 압축강도를 산출한다. 이것은 각 품목별로 가장 적정한 압축강도라고 볼 수 있으나 수치가 각각 다른 것이기 때문에 가로축만 있는 모노그래프 상에 각 품목들의 적정 압축강도 분포도를 작성해 보도록 한다. 분포도 작성 이유는 강도 표준 규격을 설정하기 위해서이다. 분포도는 대체로 300~350kg부근에 집중되어 있다.

따라서 위의 경우는 140kg, 250kg, 300kg, 330kg, 370kg, 460kg, 565kg, 등 9종의 표준 규격으로 나누는 것이 합리적이라고 판단된다.

⑥ 표준규격별로 번호를 부여하고 원지구성기준을 설정하여 표준강도 규격표 작성 : 예를 들면 [표 5-4]와 같이 표준강도기준 일람표를 작성하고 원지 배합기준을 설정한다. 또한 각 품목에는 [표 5-4]의 규격명을 기입하게 된다. 원지 배합은 표준보다 높은 재질의 것을 사용하는 것은 무방하나 이하의 재질로 조합하면 기준 압축강도를 만족시킬 수 없으므로 사용자의 입장에서는 받아들일 수 없을 것이다. [표 5-4]의 표준압축강도는 주변장이 1500mm인 경우를 기준으로 한 것이므로 포장치수가 달라지면 선택해야 하는 표준규격도 변해야함을 유의

하여야 한다.

⑦ 각 품목별로 표준강도 규격명을 부여하고 포장 제원표 작성 : 강도표준화를 시도하는 모든 품목을 대상으로 표준강도 규격명을 부여한다. [표 5-5]는 앞의 9단계의 과정을 거쳐 제품별로 표의 우단에 표준규격명을 부여한 것을 예시한 것이다.

이상과 같이 강도의 표준화를 완료하게 되면 구체적인 개선효과를 산출하여야 한다.

[표 5-6]은 국내 굴지의 대기업인 K社의 사례를 일부 발췌한 것으로서 구체적인 강도적정화 작업 이전에 강도의 큰 변화없이 원지구성을 합리적으로 대체하였을 경우 재료비의 절감률을 나타낸 것이다.

▎표 5-4▎ 표준강도 기준 일람(例)

규 격 명	표준압축강도(kg) (주변장 1500mm기준)	표준원지 배합	비고
BSW −1	145	SK180/S120/A200	SW, B 골
BSW −2	175	SK210/S120/K200	SW, B 골
ASW −3	250	SK180/A200/K200	SW, A 골
ASW −4	300	SK210/K200/K200	DW
DDW −5	330	SK180/S120/S120/S120/A200	DW
DDW −6	350	SK180/S120/S120/S120/K200	DW
DDW −7	370	SK180/S120/A200/S120/A200	DW
DDW −8	460	SK180/S120/A200/A200/K200	DW
DDW −9	565	SK180/A200/K200/K200/K200	DW

▎표 5-5▎ 품목별 강도 구성요인 분석과 표준화(例)

품목명	기존원지배합	주변장 Z´(1/3)	기존 RC합	이론압 축강도	최대압 축강도	이론안 전계수	실제안 전계수	실제압 축강도	표준 규격명
제품A	SK180/B160/SK180	10.291	57	203	45.0	4.51	3	135	BSW−1
제품B	SK190/S130/S130/A200	10.858	67	322	42.5	7.57	4	170	BSW−2
제품C	SK190/S130/S130/A200	11.647	67	345	63.6	5.42	4	254	ASW−3
제품D	SK190/S130/S130/A200	11.447	67	340	76.0	4.48	4	304	ASW−4
제품E	KA210/S120/A200/S120/A180	10.772	81	387	165	2.34	2	330	DDW−5
제품F	A210/S120/A200/S120/KA190	10.697	82	388	105	3.69	3.5	368	DDW−7

이와 같이 포장강도의 표준화는 강도의 적정화뿐만 아니라 원지구성의 합리화까지 포함하므로 큰 폭의 원가절감을 기할 수 있다.

[표 5-7]은 P社에서 겉포장상자 강도표준화 작업의 최종결과를 나타낸 것이다. 치수표준화의 결과와 마찬가지로 향후 강도규격도 점차 줄여 최종적으로 10종 이내로 단순화하여야 할 것이다.

▌표 5-6▌ 원지배합 변경에 따른 강도 및 가격 변동분석(K社의 例)

| 구분 | | 원지구성 | R.C(kg) | 단가 (원/㎡) | R. C diff(%) Cost diff(%) |
지종	분류				
SW 21소형	기존	KA340/S125/KA340	82.8	445.6	R.C : 0% ↓
	대체	SK180/K200/K200	82.8	278.6	Cost : 37.5% ↓
DW 21	기존	KA300/S125/K200/S125/KA210	102.2	468.6	R.C : 7.2% ↑
	대체	SK180/S120/A200/A200/K200	109.3	353.2	Cost : 24.5% ↓
DW 24	기존	KA300/S125/KA300/S125/KA300	123.0	614.4	R.C : 0.7% ↓
	대체	SK210/S120/K200/K200/K200	122.1	438.2	Cost : 28.6% ↑
DW 30소형	기존	KA340/S125/K340/S125/KA340	129.0	682.8	R.C : 54% ↑
	대체	SK210/A200/K200/A200/K200	136.0	445.7	Cost : 34.7% ↓

▌표 5-7▌ P社의 표준강도 기준 일람표

규격명		표준압축강도 (kg, 주변장 1500mm기준)		표 준 원 지 배 합
양면골판지 (SW)	PSW-1	185	145	SK 180 / S 120 / A 200
	PSW-2	200	160	SK 180 / S 120 / K 200
	PSW-3	220	175	SK 210 / S 120 / K 200
	PSW-4	250	195	SK 180 / A 200 / K 200
	PSW-5	275	215	SK 180 / K 200 / K 200
이중양면골판지 (DW)	PDW-1	330		SK180/S120/S120/S120/A200
	PDW-2	350		SK180/S120/S120/S120/K200
	PDW-3	370		SK180/S120/A200/S120/A200
	PDW-4	390		SK180/S120/A200/S120/K200
	PDW-5	420		SK210/S120/A200/S120/K200
	PDW-6	480		SK180/S120/K200/A200/K200
	PDW-7	535		SK180/A200/K200/A200/K200
	PDW-8	575		SK210/A200/K200/K200/K200

강도표준화가 치수표준화보다 선행되거나 병행되지 않는 이유는 같은 재질의 상자라도 치수가 다르면 강도도 달라지기 때문이다.

포장치수의 표준화는 물류표준화 중에서 그 효과가 서서히 나타나는데 비하여 강도의 표준화는 대부분이 시행즉시 원가절감의 효과가 나타나게 되므로 가능한 한 빨리 대처하는 것이 좋다.

낱포장 및 속포장의 강도표준화는 재료의 표준화를 의미한다. 이것들은 제품과 1차적으로 맞닿기 때문에 제품의 특성과 밀접한 관련이 있다. 따라서 제품별로 포장여건이 천차만별로 달라지므로 일률적으로 표준화하기 쉽지 않다. 하지만 각 제품들의 차단성 혹은 보호성의 범위를 일정 간격으로 나누고 이에 따라 적용하는 포장재료의 종류와 두께를 규격화하여 최대한도로 표준화하는 방안을 강구하여야 한다.

예를 들어 식품에 사용되는 연포장재의 경우 식품에 요구되는 수분 혹은 가스 차단의 특성, 기타 제조상의 물성 등을 정확히 측정하여 이에 적합한 포장재료를 선정하여야 한다. 또한 완충포장의 경우 제품의 완충특성 즉 C factor를 정확히 측정하여 이에 맞는 완충재 및 완충두께를 설정하여야 한다.

3) 포장관리의 표준화

포장표준화의 4대 요소는 강도, 치수, 재료, 기법의 표준화를 일반적으로 이야기 하는데 업체에서 실무를 추진하는데 있어서 가장 중요한 것은 바로 포장관리체계를 어떻게 확립하느냐 하는 것이다.

이론적으로 아무리 훌륭한 포장표준화 계획을 세웠다 하더라도 조직 내에서 유기적인 협조체제가 이루어지지 않는다면 구호로 그치고 말게 되며 이것이 국내기업이 당면하고 있는 현실이기도 하다.

물류합리화를 위하여 전제조건인 포장표준화를 이루려면 포장개발을 담당하는 부서가 표준화의 추진은 물론 구매, 검수, 품질관리 등을 책임과 권한을 가지고 총괄적으로 다루어 나가야만 한다.

그러므로 포장관리의 표준화를 이루는 것이 무엇보다도 중요한 과제이다.

4) 결론

근래 국내외적으로 물적유통에 관한 관심이 무척 높다. 기업에서는 향후 기업의 홍망을 결정하는 중요한 열쇠인 물류합리화에 전력을 다해야만 한다. 포장표준화의 궁극적인 목표는 물류합리화의 효율성을 높이는데 있다.

물류란 물자가 흐르는 제반과정을 의미하므로 기본매체인 단위포장 제품의 치수와 강도가 훌륭하게 정비되어 있어야 한다. 뿐만 아니라 수송, 보관, 하역, 적재 등 물류 제반요소가 효율적인 연계시스템을 갖기 위해서는 파렛트, 콘테이너 등의 기본 운반매체를 이용하여 기계화, 자동화에 의한 성력화(省力化)를 구축하여야 한다.

포장표준화의 실무추진 수단은 포장치수와 포장강도를 단순화하고 규격화하는 것이다. 포장치수의 표준화는 표준파렛트의 적재효율 극대화가 핵심 내용이기 때문에 물류 제반요소의 효율성 제고에 직접적인 영향을 끼치게 된다.

포장강도의 표준화는 빠른 시간내에 원가절감 효과를 기대할 수 있으므로 물류 표준화 추진시 활력소 역할을 할 수 있을 것이다. 물류에 있어서 포장이 차지하는 비중은 그 자체로 봐서는 별로 크지 않으나 전체 과정에 막대한 영향을 미치게 되므로 이의 중요성은 아무리 강조해도 지나침이 없을 것이다.

3. 포장기법 및 치수의 표준화

1) 치수의 표준화

① 포장표준화의 4대 요소는 치수, 강도, 기법, 재료의 표준화
② 치수와 강도의 표준화가 중요 요소
③ 기법의 표준화는 치수에, 재료의 표준화는 강도의 표준화와 관련.

2) 표준화의 의의

물류표준화의 선행조건으로서 효율성을 크게 높이는데 있으므로 치수의 표준화가 가장 중요한 요소라고 볼 수 있다. 하지만 기존 제품들은 대부분 포장치수 표

준화의 개념을 고려하지 않은 것들이기 때문에 이 제품들의 포장규격을 표준치수로 유도하는데 있어 해결해야 할 문제점들이 한 둘이 아니다.

각 기업들은 사용중인 포장규격을 단시간 내에 표준규격으로 변경하기 어렵기 때문에 표준파렛트 선정에 이은 포장규격설정이 올바른 순서인데도 적재율만 높이기 위하여 그 과정을 거꾸로 시행하는 경우가 허다하다.

포장치수를 도출하여야 한다는 것은 매우 중요한 사항으로서 실무추진에 있어 표준파렛트 적재효율이 좋지 않은 기존 포장규격들을 제품에 큰 변화를 주지 않고 어떻게 효율을 끌어올리는가 하는 것이 중요한 요건이 된다. 따라서 기본적인 치수개선의 원칙을 정하고 기업의 여건에 맞추어 이를 점진적으로 실행해 나가는 것이 현실적으로 가장 타당한 방법이다.

3) 기본원칙

치수표준화의 목적은 표준파렛트의 적재효율을 극대화하여 일관화물수송체계(ULS)에 적용시킴으로서 궁극적으로는 물류합리화에 기여하는데 있다.

포장표준화가 되어 있지 않은 기업에서 표준화 추진시에는 원칙론에 입각하여 기존의 포장치수를 표준치수로 일시에 전환하려면 소비자 단위포장치수까지 조정하여야 하므로 무리가 따른다. 따라서 가능한 한 단위포장인 낱·속포장의 치수는 변화시키지 않는 선에서 겉포장 치수표준화를 이룩하는 것이 좋은 방법이다.

다만, 단위포장의 변경 없이 치수표준화가 불가능한 품목은 기업의 영업전략이나 정책의 우선순위 등을 고려하여 점진적으로 바꿔나가야만 한다.

이러한 관점에서 치수 표준화의 기본원칙을 요약하자면 다음과 같다.

① 겉포장상자의 내용제품 즉, 속포장이나 낱포장의 입수 및 치수를 변경하지 않고 내용물의 배열조정 혹은 유동성 조정에 의해서 표준치수로 유도한다.
② 내용물의 배열조정에 의해 표준치수로 전환이 쉽지 않은 품목은 입수조정에 의해 표준치수로 유도한다.
③ 위의 두 과정이 모두 불가능한 품목은 속포장 및 낱포장의 치수 조정으로 겉포장 치수표준화를 도출한다.

│ 표 5-8 │ 포장 모듈치수 일람표(1,100×1,100mm(T－11형), KS A 1002)

번호	장×폭mm	1단 적재수	적재효율(%)	번호	장×폭mm	1단 적재수	적재효율(%)
1	1100×1100	1	100	36	458×213	3×4	96.7
2	1100×550	2	100	37	450×325	2×4	96.7
3	1100×366	3	99.8	38	450×216	3×4	96.4
4	1100×275	4	100	39	440×330	2×4	96.0
5	1100×220	5	100	40	440×220	3×4, 2×5+2	96.0
6	733×366	4	88.7	41	412×343	2×4	93.4
7	711×388	4	91.2	42	412×275	2×4+2	93.6
8	687×412	4	93.6	43	412×229	3×4	93.6
9	687×206	2×4	93.6	44	388×355	2×4	91.1
10	660×440	4	96.0	45	388×237	3×4	91.2
11	660×220	2×4	96.0	46	366×366	3×3	99.6
12	650×450	4	96.7	47	366×275	3×4	99.8
13	650×225	2×4	96.7	48	366×244	3×4+1,3×3+4	95.9
14	641×458	4	97.1	49	366×220	3×5	99.8
15	641×229	2×4	97.1	50	343×206	2×2×4	93.8
16	628×471	4	97.8	51	330×220	2×2×4	96.0
17	628×235	2×4	97.6	52	325×225	2×2×4	96.7
18	611×488	4	98.6	53	320×229	2×2×4	96.9
19	611×244	2×4	98.6	54	314×235	2×2×4	97.6
20	600×500	4	99.2	55	305×244	2×2×4	98.4
21	600×250	2×4	99.2	56	300×250	2×2×4	99.2
22	576×523	4	99.6	57	300×200	(2+3)×4	99.2
23	576×261	2×4	99.4	58	293×220	3×5+4	95.9
24	550×550	2×2	100	59	288×261	2×2×4	99.4
25	550×366	2×3	99.8	60	275×275	4×4	100
26	550×275	2×4	100	61	275×220	4×5	100
27	550×200	2×5	100	62	275×206	4×4+5	98.3
28	523×288	2×4	99.6	63	250×200	2×3×4	99.2
29	500×300	2×4	99.2	64	244×203	2×3×4	98.2
30	500×200	3×4	99.2	65	235×209	2×3×4	97.4
31	488×305	2×4	98.4	66	229×213	2×3×4	96.7
32	471×203	3×4	98.2	67	229×206	2×3×4+1	97.4
33	471×314	2×4	97.8	68	225×216	2×3×4	96.4
34	471×209	3×4	97.6	69	220×220	5×5	100
35	458×320	2×4	96.9				

위의 단계 중 첫단계에서는 제품생산시 포장작업에 지장이 없으면 비교적 주위의 반대가 없지만 두 번째, 세 번째 단계에서는 영업부서, 마케팅부서, 생산 및 물류부서 등의 이해관계가 상충되는 타부서로부터 강한 반발에 부딪칠 우려가 많으므로 사전에 철저한 상호협의를 통하여 치수표준화 작업을 추진하여야 한다.

T−11형 표준파렛트 채택시 [표 5−8]과 같이 적재효율이 좋은 69종의 표준치수가 KS A 1002에 규정되어 있다. 기존 제품의 포장치수 표준화에는 69종의 모듈치수 중에서 기존 상자치수와의 정합성이 큰 치수를 선택하되 종류수를 가능한 한 단순화하여야 한다.

4) 실무 추진시 고려사항

포장치수의 표준화는 수없이 많은 포장규격을 일정한 종류의 표준규격으로 단순화함을 말하기 때문에 기존 포장규격을 자세하게 파악하는 것으로부터 시작된다. 기존 포장규격이 너무 많을 경우 일일이 치수표준화작업을 하기에는 시간과 비용이 많이 필요하므로 우선순위를 결정하는 것이 좋다. 예를 들면, 매출액 90% 이내에 드는 품목들을 대상으로 하여 크기 순으로 우선순위를 설정하도록 한다.

대상품목이 정해지면 [표 5−9]와 같은 양식의 조사표에 의거, 품목별로 구체적인 포장현황을 조사하도록 한다.

만약, 내용물이 골판지상자 등에 포장되어 있어 내용물의 포장규격 역시 조정할 필요성이 예측되면 내용물의 포장규격을 비고란에 명기하여야 한다.

포장규격 조사 작업이 완료되면 모든 품목의 장(長)과 폭(輻) 치수를 각각 X, Y축으로 하여 포장규격 분포도를 작성한다.

분포도를 작성하는 이유는 기존 제품들의 포장규격을 시각적으로 나타냄으로서

┃표 5-9┃ 포장규격조사표 양식 例

NO	Code NO	품 목 명	겉포장 치수(mm)	입수/Box	Kg/Box	배열 방법	적재 단수	효율 (%)	비고
1	MA−001	쇠고기 맛나	350*262*180	60	6	1*3*20	7	90.9	
2	JA−005	멸치 다시다	390*240*195	15	6.5	5*3	8	77.4	
3	NS−007	김치 라면	475*260*155	20	5.5	2*10	6	81.7	

표준치수 종류 설정, 치수표준화 가능성 여부 등을 쉽게 파악할 수 있게 되기 때문이다.

치수 표준화의 기본원칙은 앞서 언급한 **KS A 1002**의 69종 모듈치수 중에서 선정하는 것이 올바른 방법이지만 절대적인 요건은 아니며, 기업의 상황에 맞는 치수를 선정하면 된다.

4. 포장물류표준화 향후 추진방향

포장표준화에 따른 물류합리화, 즉 포장물류표준화의 합리적 방안은 다음의 5가지로 요약할 수 있다.

- 포장의 규격화를 고려한 제품설계
- 단계적 **Module**화 추진(규격화, 표준화)
- 포장의 강도 연구 및 검사의 강화
- 기계화, 자동화 추진
- 전산화 추진

1) 포장의 규격화를 고려한 제품 설계

일반적으로 국내 대부분의 기업들이 제품 설계시 포장규격을 미리 고려하지 않고 단지 제품치수에 맞추어 포장치수 및 파렛트 치수를 선택하고 있어 포장규격(**KS, ISO**)에 맞지 않아 유통과정에서 물류비 증가요인이 되고 있다.

물류비 절감에 의한 이익증대를 감안할 때 마케팅상의 특별한 문제가 없는 한 반드시 포장규격을 먼저 검토하는 제품 개발기법이 적극 도입되어야 하고 향후 국가 전체적 또는 국제적으로 국제 규격에 의한 파렛트 풀 시스템(pallet pool system)이 적극적으로 도입될 것으로 예측할 수 있는 만큼 다른 제품과의 혼적으로 이루어지는 **ULS**도 가능할 것으로 보이므로 포장모듈치수를 감안한 포장설계가 필요하다.

2) 단계적 Module화 추진(규격화, 표준화)

포장의 Module화는 ULS(unit load system)의 파렛트화나 컨테이너화를 가능케 하며 협동일관수송(Intermodal Transportation)의 전형적인 수송시스템으로서 하역작업의 기계화 및 자동화, 화물파손방지, 적재의 신속화, 차량회전율 향상 등의 물류합리화에 기여 할 수 있다.

하지만 대부분의 경우 제품 포장치수에 맞추어 파렛트 치수를 선택하거나 유통구조를 고려하지 않아 수송수단과 파렛트가 일치하지 않는 경우가 많고 파렛트의 사용 용도에 있어서도 단순 보관용이나 사내 수송용으로만 사용하고 있어서 제품의 유통과정 중의 제품 파손율 및 물류비절감에 기여하지 못하고 있는 실정이다.

1973년에 제정된 일관 수송용 평파렛트(KS A 2155)의 T11(1,100×1,100) 및 T8(800×1,100)에 포장모듈의 종류를 제시하였지만 대부분의 600~1,800mm의 범위내에서 자사의 임의로 파렛트를 사용할 뿐만 아니라 동일기업 내에서도 제품별로 각기 다른 규격의 파렛트를 사용하고 있어서 각종 파렛트의 혼재가 일반적이며 상호 호환성이 없는 실정이다.

그러므로 포장과 파렛트의 규격화 및 표준화는 제품 설계시부터 이를 고려해야 하며 현재 KS규격 파렛트의 치수를 포장모듈의 기본 치수로 하여 포장치수를 표준화하는 방안을 강구하여야 한다.

앞에 언급한 포장표준화의 분류 중 물류합리화의 측면에서 중요시되는 요소는 강도의 표준화와 치수의 표준화이다. 특히 치수의 표준화는 물적유통과 직접적인 관련이 있다.

포장치수 표준화의 기본이론은 일관수송용 평파렛트치수를 정수 분할하여 이 숫자의 조합을 기본 계열치수로 정함으로서 파렛트 적재효율을 극대화하고 컨테이너 적입효율을 높임으로써 운송비 절감을 기할 뿐만 아니라 창고의 치수까지도 관련되기 때문에 종합적으로 물적유통의 합리화를 기한다는 것이다.

3) 포장의 강도 연구 및 검사의 강화

포장표준화의 분류 중에서 강도의 표준화는 골판지상자의 재질과 압축강도를 설계하고 이를 검사, 관리하는 기능이 중요하다.

골판지상자의 설계시에는 내용물의 중량과 치수에 따라 사용될 골판지상자를 결정하고 수송, 보관 중에는 몇 단의 적재가 가능한가, 그때의 최하단 상자는 내용물에 영향을 주지 않고 견딜 수 있는 압축강도가 얼마인가를 고려해야 하고, 또한 내용물의 포장을 끝낸 골판지상자는 장기간의 보관과 외기의 온·습도에 따른 문제점을 고려하여 필요압축강도를 산출하여야 한다.

기업에서는 원하는 규격의 상자인가를 검사하는 전담부서를 두는 것이 필요하다.

4) 포장공정의 기계화, 자동화 추진

인건비 상승에 따른 기업의 관리비부담을 줄이고 제품의 생산원가절감으로 대외경쟁력을 강화할 수 있는 포장라인의 기계화·자동화가 최근 대기업은 물론 중소기업에까지도 물류비절감의 중요한 요소로 부각되고 있다.

하지만 낱포장은 거의 생산공정의 일부로 기계화 및 자동화가 되어있는 편이지만 속포장, 겉포장은 아직도 이에 미치지 못하고 있다.

포장라인의 기계화 및 자동화를 위해서는 포장자동화 설비기기의 다양한 기술개발이 지속적으로 요구되어 최근 경영자의 적극적인 관심이 수반되고 있다. 자동화를 위한 하드웨어 및 소프트웨어의 관리를 위한 전문인력양성이 필요하다.

또한 포장라인 자동화 설비를 설치하고자 하는 중소기업에 대해서는 보다 효과적인 정부 차원의 금융지원이 기대되고 있다.

5) 포장설계의 전산화 추진

외국의 경우 대기업을 위주로 자체적인 전산화를 오래전부터 시작하여 상당한 수준까지 설계의 전산화 및 표준화가 이루어지고 있으나 국내의 경우 포장산업 자체의 영세성으로 아직 전산화에 대한 엄두를 내지 못하고 있고 국내의 소프트웨어산업이 어느정 도의 개발능력을 갖추고 있다고 하지만 포장·물류에 관련된 소프트웨어에 대한 **Know-How**가 축적되어 있지 않아 전산화를 위한 기반이 전혀

조성되지 않고 있는 실정이다.

대기업은 물론 중소기업까지도 대부분 사용하고 있는 컴퓨터를 이용하여 자사 제품의 유통구조에 적합한 수송수단, 포장치수, 기법, 강도, 재료 등을 쉽게 찾을 수 있는 소프트웨어의 개발·보급이 절실히 요구되고 있다.

소프트웨어의 개발은 단계적으로 포장치수 중심에서 포장기법, 포장강도, 포장 재료로 점차 영역을 확대하여야 하며 포장라인은 기계화, 자동화 및 창고자동화와 연결되어야 할 것이다.

제10절 Pallet & Container

1. Pallet 표준화의 필요성

Pallet는 ULS의 대표적인 용구로서 물품을 하역, 수송 및 보관하기 위해서 단위 수량을 적재할 수 있는 깔판을 의미한다. 즉 화물운송에서 다수의 소화물을 개별 로 이동시키지 않고 일정한 묶음으로 단위화하고 이것을 한꺼번에 일괄적재하여 수송하는 ULS의 하나로서 낱개의 화물을 적정한 단위로 집합할 수 있게 목재, 플 라스틱, 금속 등으로 제작하여 만든 받침대를 의미한다.

물류표준화를 위해 ULS의 수단인 파렛트의 표준화가 요구되고 있으며, 그 이유 로는, 첫째 수송장비인 트럭적재함, 컨테이너의 적재효율을 높이기 위하여 적재함 에 2열로 적재하여야 하고 그 적재효율이 90%이상을 유지하여야 한다. 둘째 창고 의 랙설비, 하역장비인 지게차나 팔레타이저 등 자동화설비에는 동일한 규격의 파 렛트를 사용하여야 하고, 셋째 거래처간에 파렛트가 순환사용되기 위해서는 동일 한 규격의 파렛트이어야 일관파렛트화가 가능하게 된다.

우리나라는 T−11(1,100mm×1,100mm)을 표준파렛트로 지정함으로서 ULS를 구 축하려고 하고 있다.

2. 파렛트 사용현황

파렛트는 모든 업체에서 사용하고 있는 것으로 나타났다. 모든 조사대상업체에서 파렛트를 활용하고 있으나, 파렛트의 활용은 운송용보다는 구내 이동용 혹은 보관용으로 활용하고 있었다. [표 5-10]에 업체의 파렛트 사용유무에 대하여 나타냈다.

그리고 현재 사용중인 파렛트의 차입구 높이, 가로길이 등은 모두 지게차 활용시 문제가 없는 것으로 조사되었다.

[표 5-11]에 나타낸 바와 같이 대부분의 업체(조합공동이용도 조합에서 공동구매하여 사용하고 있음)가 파렛트를 자체구매하여 사용하고 있었다. 그리고 임차해서 사용하는 곳도 5업체나 되었다.

[표 5-11]에 파렛트의 이용방법에 대하여 나타냈다.

대부분의 업체들이 자체구매하여 파렛트를 사용하는 것은 아직은 파렛트가 수송용보다는 포장센터내에서 이동용 혹은 보관용으로만 사용되고 있기 때문에 임차하여 사용하는 것보다는 구매하여 사용하는 것이 더 효율적이라고 생각하고 있으며, 파렛트 전문회사가 있어 파렛트를 임차하여 사용할 수 있다는 것에 대해서 모르고 있는 것으로 조사되었다.

┃ **표 5-10** ┃ 파렛트 사용유무 (단위 : 개소, %)

구분	사용함	사용치 않고 필요성 없음	사용하지 않으나 향후 사용하겠음.	무응답	계
업체수 (비율)	60 (95.2)	– –	1 (1.9)	2 (3.2)	63 (100)

┃ **표 5-11** ┃ 파렛트의 이용방법 (단위 : 개소, %)

구분	자체 제작보유	전문회사 에서 임차	조합 공동이용	기타	무응답	계
업체수 (비율)	40 (63.5)	10 (15.9)	4 (6.3)	5 (7.9)	4 (6.4)	63 (100)

| 표 5-12 | 파렛트의 종류, 재질, 형식, 보유수량 (단위 : mm, 개)

재질 \ 종류	평파렛트	상자형 파렛트	롤파렛트	기둥파렛트	업체수(비율)
목재	29(35.4)	1(1.2)	1(1.2)	1(1.2)	32(39.0)
플라스틱	16(19.5)	—	—	—	16(19.5)
철재	4(4.9)	1(1.2)	1(1.2)	5(6.2)	32(39.0)
기타	2(2.4)	—	—	—	2(2.5)
업체수(비율)	51(62.2)	23(28.0)	2(2.4)	6(7.4)	82(100.0)

[표 5-12]에 나타낸 바와 같이 파렛트는 대부분이 평파렛트를 사용하며, 일부 롤박스파렛트, 상자형 파렛트, 기둥파렛트를 사용하고 있는 것으로 나타났다. 평파렛트가 아닌 기타의 파렛트를 사용하는 이유는 첫째 양파, 마늘의 경우 다른 품목들처럼 상자형태로 포장되지 않으며, 저장시 콘테이너 박스를 이용하여 저장되지 않고 망의 형태로 포장, 저장하기 때문에 평파렛트가 아닌 파렛트를 사용하고 있었다. 둘째, 평파렛트가 아닌 다른 형태의 파렛트를 사용하는 것은 저온창고의 크기에 따라서 자체적으로 제작하여 보유하는 것으로 업체별로 운송용보다는 창고 내의 이동과 보관에만 사용되고 있기 때문이다. [표 5-12]에 파렛트의 종류, 재질, 형식, 보유수량을 나타냈다.

현재와 같이 양파, 마늘이 망의 형태로 출하될 경우에는 평파렛트를 사용한 운송은 불가능하며, 포장형태의 변경이나 양파, 마늘의 경우 상자형 파렛트 등의 사용이 불가피할 것으로 보인다. 포장형태의 변경은 앞에서도 언급한 표준출하규격의 개정시 양파, 마늘을 상자에 포장하는 방안을 함께 검토하여 그 규격을 홍보, 보급하여야할 것이다.

3. Pallet 사용의 문제점

파렛트는 모든 업체들이 사용하고 있으며 그 규격면에서는 표준파렛트를 많이 사용하고 있으나 전량이 외부운송용이 아니고 내부운송용 혹은 보관용으로도 사용되고 있었다. 또한 취급품목과 밀접한 연관을 가지고 있어 양파, 마늘을 취급하는 경우 상자형 파렛트나 롤박스파렛트 등을 사용하고 있는 것으로 조사되었다. 그리고 기기·장비면에서는 표준파렛트와의 정합성을 유지하는 것이 가장 중요한데, 포장센터에서는 물류에 대한 인식이 부족하여 센터 내에서 사용되는 기기·장비가 표준파렛트와의 정합성을 확보하지 못하고 있다. 세부적인 문제점을 보면 아래와 같다.

첫째, 대부분의 업체가 저장물량에 맞게 파렛트를 구매하여 사용하고 있기 때문에 저온창고의 미가동시 파렛트의 보관문제가 발생하고, 구입한 파렛트를 운송용으로 사용할 때 회수문제가 있어 운송용보다는 보관용만으로 사용하려고 하고 있어 일관파렛트화의 장애요인으로 작용할 것으로 예상된다.

둘째, 표준파렛트는 현재 마늘, 양파와 같이 망포장되는 농산물 적재시 문제가 발생할 것으로 보인다.

셋째, 대부분의 포장센터에서 보유하고 있는 지게차의 활용시간이 시기별로 커다란 편차를 보이고 있으며 또한 전체적으로 그 활용시간이 작아 포장센터가 활성화되지 않았음을 보여주고 있다.

넷째, 플라스틱 운반용기의 치수가 표준파렛트와 정합성을 확보하지 못하고 있어 파렛트 적재시 적재효율이 떨어지고 있다.

다섯째, 차량의 경우 현재 사용하고 있는 트럭이 8톤 미만이기 때문에 파렛트에 적재한 채 운송을 하기 위해서는 적재함을 개조할 필요성이 있었다. 이에 건설교통부에서는 차량적재함이 표준파렛트에 적합하지 않아 일반형 트럭의 차량적재함의 개조를 승인하였으나, 개조의 효과를 볼 수 있는 트럭이 포장센터에서 사용되는 비율이 적기 때문에 그 효과가 낮을 것으로 여겨진다.

4. Pallet 사용의 개선방안

파렛트는 ULS에서 차지하는 중요성이 크다. 창고 및 모든 물류시설이 이 파렛트의 규격에 맞추어서 사용되어야만 물류비의 절감이 가능하다. 현재 포장센터에서는 대부분이 표준파렛트를 사용하고 있으나, 일부 업체에서는 창고의 크기, 취급품목의 특성을 고려하여 자체적으로 제작한 파렛트를 사용하고 있다.

파렛트단위 운송에 대비해서 표준파렛트로의 교체가 필요할 것으로 보이며, 그 방법으로 단기적으로는 현재 업체들이 구입하여 사용하고 있는 파렛트는 보관용으로 사용하게 하고 운송용 파렛트만을 파렛트 풀 시스템(pallet pool systeam)을 이용하게 하는 방안의 검토가 필요하다. 그리고 장기적으로는 이후에 언급될 모든 기기의 정비시점에 맞추어 표준파렛트로 교체되어야할 것으로 보인다. 무엇보다도 선행되어야할 것은 파렛트가 구내에서만 사용되는 것이 아니라 외부운송용으로 사용되는 체제로 전환하여야 일관파렛트화를 통한 표준파렛트로의 교체시기가 빨라질 것이다.

1) 플라스틱 운반용기

(1) 플라스틱 운반용기의 사용여부

저온저장업체에 반입된 물품을 운반하거나 보관, 적재하기 위한 플라스틱 운반용기의 종류는 크게 중첩형과 적층형으로 구분된다. [표 5-13]에 ULS통칙의 플라스틱 운반용기의 크기, 사용중량에 대하여 나타냈다.

현재 업체가 사용하고 있는 플라스틱 운반용기의 사용실태를 보면 52.4%인 33개업체가 사용하고 있으며 38.1%인 24개업체는 사용하지 않는 것으로 조사됐다. 플라스틱 운반용기는 구입한 농산물의 선별이나 창고 내에서의 이동 및 보관을 위한 파렛트 적재시에 많이 이용하고 있는 것으로 조사됐다. 이처럼 플라스틱 운반용기는 업체가 취급하는 품목에 따라 포장용기의 종류 및 사용량이 결정된다. 현재 업체에서 사용되고 있는 운반용기는 ULS에서 정한 규격([표 5-13])과 정합성을 확보하지 못하고 표준파렛트 적재시 적재효율이 떨어지는 것도 있는 것으로

┃표 5-13┃ ULS통칙의 플라스틱 운반용기의 크기, 사용중량 (단위 : mm)

크기(길이 ×너비)	최대총중량
600 ×500 550 ×360 500 ×300 440 ×330	총 30kg으로 한다 단, 인력하역이 예상될시 15kg으로 한다

자료 : 한국공업규격 (공업진흥청 고시 제95-909호, 1995.12)

조사되어 이의 개선이 필요한 것으로 분석됐다.

현재 저온저장시설에서 사용하고 있는 플라스틱 운반용기의 크기는 [표 5-14]와 같으며, ULS에서 정한 규격을 사용하고 있는 업체가 거의 없는 것으로 조사되어 대부분의 업체에서 자사가 이용하기에 편리한 임의의 규격대로 제작하여 사용하고 있는 것으로 조사되었다. 이처럼 플라스틱 운반용기의 규격이 ULS에서 정한 규격과 맞지 않음으로써 표준파렛트 적재시 적재효율이 떨어져 파렛트 화물의 안정성을 충분히 유지시켜줄 수 없는 것으로 나타났으며, 이처럼 표준화되지 않은 용기의 사용은 향후 물류표준화 사업 추진시 장애요인으로 작용할 것으로 보인다.

따라서 업체가 추가로 플라스틱 운반용기를 구입하거나 신규 구입시에는 표준규격의 플라스틱용기를 구입토록 유도하고, 기존 플라스틱상자는 자사 내에서의 적재, 운반, 보관 등에 활용할 수 있도록 하여야할 것으로 보인다. [표 5-14]에 업체가 보유한 플라스틱 운반용기의 외부치수에 대하여 나타냈다.

한편 업체가 보유하고 있는 플라스틱 운반용기의 평균 보유수량 및 최대사용중량을 보면 중첩형은 업체별 평균 13,386개를 보유하고 있으며, 최대 사용중량은 40kg으로 조사되었고, 적층형은 업체별 평균 18,126개를 보유하고 있으며 최대사용중량은 25kg인 것으로 나타났다.

▌표 5-14▐ 업체가 보유한 플라스틱 운반용기의 외부치수 (단위 : mm, 개소)

중첩형 용기		적층형 용기	
외부치수	업체수	외부치수	업체수
500×340×300	2	340×340×280	1
		365×320×300	4
510×360×310	1	480×330×300	10
		485×330×300	1
525×365×309	1	510×335×350	1
		510×360×315	2
530×301×300	1	520×320×315	1
		520×360×310	4
690×440×320	2	520×370×180	1
		525×370×320	5
710×465×330	1	530×360×300	2
	8(12.7%)		32(50.8%)

주) 복수응답

(2) 플라스틱 운반용기의 개선방안

플라스틱 운반용기가 포장센터에서는 파렛트에 적재되어 보관용으로 사용되고 있다. 이 보관용으로 사용되는 플라스틱 운반용기는 농산물을 일정한 규격의 단위 화물로 만들어 파렛트에 적재된 채 포장센터내에서 보관, 이동되기 때문에 파렛트의 적재효율을 최대한 높여야할 것이며, 회수용기의 1단적재 길이가 표준파렛트의 길이보다 커지면 창고내의 기둥간격으로 인해 창고내 적재율이 떨어질 수 있다. 그러므로 이 회수용기의 치수도 고려되어야 하며 적정한 규격의 회수용기를 설정하여 규격화, 표준화하여야할 것으로 보인다.

플라스틱 운반용기를 표준화, 규격화하기 위해서는 현재 이 운반용기를 지원하는 과실 생산·유통지원사업, 배추 플라스틱 포장, 농산물 포장센터 건립사업 등을 이용하여, 지원시 그 규격을 정하여 줌으로서 가능할 것으로 여겨진다.

제11절 물류합리화

생산의 합리화 및 생산비절감에 기여하며, 판매에 있어서는 고객이 만족할 수 있는 가격과 서비스를 제공하고, 동시에 기업이 이익을 얻을 수 있는 비용으로 물품을 제공할 수 있도록 물류기능을 원활하게 하는 것

1. 물류합리화 대상

비용면과 서비스면의 조정이 주요 대상으로 총비용이 최소가 되게 하는 것

2. 물류합리화 목적

물류 비용절감을 통해서 기업에 최대 이익을 부여하는 데 있다. 그러나 물류업

체와 관련하여 각 조직 부문간에는 이해의 대립으로 인하여 잘 조절(Trade-off)하여야 한다.

3. 물류합리화 방안

[표 5-15]에 물류합리화 방안을 포장, 수송, 보관, 하역, 정보로 구분하여 나타냈다.

▎표 5-15 ▎ 물류합리화방안

기능	물류합리화방안
포장	단계적 모듈화 추진 : 규격·표준화
	포장공정의 자동화·기계화 추진
	포장의 강도 연구 및 검사 강화
	포장규격화를 고려한 제품 설계
수송	최적수송수단의 선택
	수송의 계획화(공동·계획배송)
	자가차량 이용의 적정화
	물류정보체제 도입·활용도 제고로 공차·휴차 발생의 최소화
	수송차량·장비의 현대화 지원
보관	창고·보관시설 자동화·기계화 : 고층 Rack 창고·자동창고 시스템
	재고관리 방법의 개선 : 정보화(Intelligent화)
	창고부문의 육성 : 물류 센터화
	창고기능의 전환 : 단순보관형→유통창고형
하역	하역의 기계화·자동화
	하역전문기능의 육성
	하역작업의 개선
	하역작업원의 사기 진작
정보	POS의 도입 및 실시정착 : 재고관리·판매정보관리
	기능별 전문화·통합화 추구 : 물류기능별 전문화, 정보관리의 통합화·집약화

제12절 포장식품의 안전성

최근 생활수준의 향상과 식생활 패턴에서의 편리성이 강조되는 추세에 따라 식품용 포장재와 용기의 사용이 증가되고 인스턴트식품 및 전자렌지로 가열되는 식품이 확대되고 있다. 이에 따라 포장재 또는 용기로부터의 위해 가능성이 있는 물질들이 식품으로 가공, 저장 또는 조리 중에 이행되는 문제가 부각되고 있다. 따라서 식품 포장재 또는 용기로부터 위해 물질이 식품으로 이행되어 소비자들의 건강을 위협하거나 또는 이행된 물질에 의하여 식품의 관능학적 품질에 영향을 미친다는 것은 최근에 중요한 관심사가 되고 있다.

이러한 포장된 식품의 안전성 확보와 품질 유지 문제는 소비자 보호와 관련 산업의 진흥 차원에서도 중요하다.

1. 안전성에 관계된 이행 관련 물질

포장재와 용기에는 포장재 자체 구성성분, 제조과정 중에 첨가된 성분들과 외부에서 오염된 위해 관련 성분들이 존재할 수 있다는 것을 감안하여야 한다. 이러한 물질들은 대부분 분자량이 작아 제조과정 중의 미반응물, 단량체와 올리고머 또는 반응부산물 등과 함께 식품 성분과의 반응에 의하여 식품으로 이행될 소지가 있다. 특히 이러한 물질들은 지방성식품포장재 또는 용기에서 과다 용출이 우려되고, 전자렌지나 오븐의 사용 증가로 인한 고온 가열식품에서의 이행량이 특히 증대될 가능성이 내포되어 있다.

식품에 사용되는 포장재 및 용기는 재질별로 크게 종이류, 합성수지(플라스틱)류, 금속류(철, 알루미늄), 유리류, 도자기류, 목재류, 섬유류 등으로 나눌 수 있다. 종이류는 종이 자체의 유독성은 없으나 제조 과정 중 오염 물질 및 보관 또는 유통 과정 중의 미생물에 의한 유해 물질이 발생될 소지가 있다.

따라서 국내 관련 법규에서는 종이 또는 가공지제에 대하여 비소, 중금속, 형광물질, 표백제, 포름알데하이드, 타르색소 및 증발잔류물 등에 대하여 규제하고 있다.

폐지를 식품포장재에 사용할 경우 이행 가능한 물질로 PCB(polychlorinated biphenyls)를 들 수 있는데, PCB는 윤활제, 코팅제, 잉크의 원료로 쓰이며 체내에 축적될 경우 유독성이 강하여 올해 개정된 식품공전에는 재질시험에서 규제대상이 되고 있다.

그리고 trichloroanisole, toluene, benzene, dioxin, 염소계 표백제 등도 종이 재질 포장재에서의 이행 관련 물질로 보고 되고 있다.

합성수지류는 식품에 사용되는 비율이 가장 높은 포장재와 용기 소재일 뿐 아니라 식품과 직접 접촉하는 비율이 모든 포장재 용기 소재 중 가장 높다. 따라서 합성수지류에 대한 위생 법규는 모든 국가들에서 가장 광범위하고 자세하게 제정되어 있는 편이다. 합성수지류 자체는 고분자 물질로서 무해하나 간혹 중합과 축합 과정 중 미반응물질, 제조과정 중에 첨가되는 물질 및 오염 물질들에 의하여 유해 논란이 되고 있다. 각 국가에서는 유해성이 인정된 물질들은 제도적으로 잔류허용치를 설정하여 규제하고 있고 안전성이 입증된 물질들을 선별하여 사용 허가하고 있다.

합성수지류에서 안전성과 관련하여 가장 관심이 집중되고 있는 물질들은 단량체(monomer), 가소제, 안정제나 항산화제 등이다. 최근 학계에 보고 된 연구결과를 보면 선진국에서 조차 지방성 식품이나 고온으로 가열되는 식품의 포장재에서 간혹 규정량 이상의 물질들이 용출되어 나온다는 것을 알 수 있다.

금속류 포장용기에서는 포장된 식품과의 반응에 의한 납, 주석, 철 등의 금속성분과 캔 내면에 도료로 이용되는 수지에서의 첨가물 이행이 문제시된다.

유리류에서는 크리스털 제품의 경우 납 성분의 용출이 관심 사항이고 도자기류에서는 유약에 함유되어 있는 납, 카드뮴, 바륨 등과 같은 금속류가 문제시된다.

2. 용기 포장재의 안전성 확보를 위한 규제 현황

국내에서도 1996년 식품의약품안전청에 용기포장과가 신설되어 그나마 용기포장의 중요성에 비추어 그동안 무관심하였던 많은 유해 가능물질에 대한 모니터링 작업과 안전성 검토 작업, 관련 법규의 보완 및 업계 지도 등이 이루어지고 있는 것을 다행으로 생각한다.

그러나 아직도 현재 국내의 식품포장과 용기에 관련된 식품위생법상의 기준 규격은 선진 외국법규와 비교하여 미흡한 점이 많은 것이 사실이다. 따라서 이러한 문제점들에 대한 내용을 파악하고 용기포장과 관련된 국내 식품위생법의 제도적 개선이 필요하다.

앞으로는 세계 각 권역별(유럽연합, 미국, 아시아) 이행 실험의 규정이 서로 상이한 것이 비관세 무역장벽으로 작용하여 국가간 교역상 마찰을 야기할 소지가 있다.

따라서 우리나라에서도 외국의 식품포장 및 용기에 관한 관련 규정 현황과 개정 추이를 잘 파악하여 이에 적극적으로 대응해 나가야 할 필요가 있다.

현재 유럽연합, 미국 및 아시아국가 권역(국내와 일본 등)에서 식품포장재에 사용되는 물질에 대한 규제 상황을 검토해 보면 다음과 같다.

유럽연합의 식품포장 규정은 약 200개의 단량체와 약 240개의 첨가제를 수록한 허용 목록을 마련하여 이 목록에 수록되어 있는 물질만을 사용할 수 있도록 하고 있다. 이 목록에 없는 새로운 물질을 사용하고자 할 때에는 총 이행 및 특정 이행 실험 그리고 급성·아급성·만성 독성검사를 실시하여 검출 물질에 대한 인체의 위해 여부를 판단하고 모든 결과를 포함한 데이터를 위원회와 자문회를 통하여 검증 받은 후 입법과정을 거쳐 목록에 수록되어야만 사용이 가능하게 된다.

이러한 엄격한 유럽연합의 허용목록에 비해서 미국의 식품포장 규정은 허용목록외에 사전 승인 물질(priorsanctioned), 일반적으로 안전하다고 인정된 물질(GRAS, deemed generally recognized as safe) 그리고 식품구성성분이 된다고 예견되지 않는 물질(not reasonably expected to become components of food)에 대한 면제사항이 있으며, 또한 추정식이섭취량(Estimated Dietary Intake)의 개념을 응용하여 업계의 요구에 신속하게 대처할 수 있는 수정된 허용 목록체계를 운영하고 있다. 최근 0.5ppb 이하의 이행물질에 대하여는 규제 한계(Threshold of Regulation)의 개념으로 안전성 조사 없이도 사용 가능하도록 하고 있다.

규제 한계값(Threshold Regulation Value)이란 일일평균섭취량은 0.5ppb이하의 매우 적은량의 이행물질로서 식품에 잔존 가능성 및 이로 인한 위해가 거의 없는 농도를 뜻한다. 이러한 추세를 유럽연합의 식품과학위원회도 따르려는 논의가 현재 진행되고 있다.

그러나 아시아에서는 아직까지 이러한 규제 한계값에 대한 논의는 이루어지지 않고 있다. 일본의 식품포장 규정은 미국의 수정된 허용목록을 택하고 있다고 할 수 있다.

합성수지 식품포장재에 대하여 공통 기준규격, 재질별 기준규격, 용도별 기준규격을 정하여 두고 유럽의 허용목록과 같은 업계 자체 기준을 마련하여 4가지 제도가 상호 단점을 보완하면서 관리되고 있다.

이에 반해 국내의 식품포장제도는 용도별 기준 규격이나 업계 자체 기준이 없으며, 단지 합성수지의 공통 기준과 재질별로 몇몇 특정 성분에 대한 기준 규격만을 정하고 있을 뿐 포장재 제조시 첨가되는 다양한 특성성분에 대하여 실험 조건과 실험방법 그리고 규제치가 폭넓게 다루어지지 못하고 있다. 이러한 점을 보완하기 위하여 1999년 1월 1일부터 개정 시행된 식품공전상의 기구 및 용기·포장의 기준·규격에 관한 규정에서는 기존 공전상 수록된 5종의 합성수지 종류를 31종으로 확대하고 재질별 기준 규격이 일부 보완되었으나 식품포장재에 사용되는 거의 모든 첨가제와 반응물질을 관리하고 있는 유럽과 미국에 비하여는 아직도 미비한 실정이다.

소비자들의 안전성을 보장하기 위해서는 합성수지포장재 제조시 첨가되거나 반응에 의하여 생성되는 물질들에 대하여 여러 분야의 기초 연구를 바탕으로 재질 및 용출 규격이 재정비되어야 하겠다. 또한 외국의 법규를 수용하는 데 있어서도 국내 실정과 맞지 않는 규제 물질들이 있기 때문에 이에 대한 앞으로의 많은 연구와 규정보완이 있어야 할 것이다.

제13절 포장폐기물 recycling

1. recycling 범주

인간의 문명이 발전되고 인구가 증가하면서 생활의 편의성은 계속 증대해 왔다. 여기에는 필수적으로 자원의 대량소비가 있게 마련이다. 자원은 자연으로부터 얻어지며 산업활동을 거쳐 인류에게 편리성을 제공하는 형태로 변형시켜 사용하게 된다. 이렇게 사용된 물품은 수명을 다했을 때 폐기하게 되고, 이러한 물자를 소위 "폐기물"이라 부른다. 여기서 우리 인간은 자연에서 물자를 얻을 때는 잠시 빌려 쓰는 것이며, 다쓴 후에는 빌려올 때의 모양으로 자연에 되돌려야 자연환경에 아무런 변화가 없게 된다.

그러나 실제는 자연에서 채취한 자원이 변형되어 사용한 후 버릴 때에는 원래의 원형대로 되돌리지 못하게 되는데, 이 때는 적어도 자연으로 폐기되는 양을 최소화하여 자연의 훼손이나 오염도를 절감하는 노력이 절대적으로 필요하다. 지구상의 자원은 무한한 것이 아니고 유한하다. 따라서 위에서와 같은 완전순환의 개념으로 인간이 자원을 활용한다면 지구상의 자원은 무한할 수도 있다. 그러나 일단 사용된 원료자원은 원래의 상태로 되돌아가지 못하므로 지구상의 자원은 계속 감소하게 되고 마지막에는 모두 소진되어 지구환경이 크게 망가지는 상황에 이르게 될 것이다.

이러한 최악의 상황을 방지하기 위해서는 자원의 낭비를 줄이는 것은 물론, 자원의 수명을 연장시켜 자연에서 채취하는 자원의 양을 줄이는 효과를 최대로 늘려야 한다. 여기에는 외형이 확실한 물자뿐만 아니라 에너지자원과 수자원도 포함된다. 이와 같이 자원의 수명을 연장하는 모든 수단을 자원의 리사이클링이라 정의할 수 있다.

자원 리사이클링의 포괄적인 범위는 [그림 5-5]에서 보는 바와 같이 산업활동과 일상생활에서 배출되는 모든 물자를 대상으로 하여 자연으로 폐기하지 않고 원형

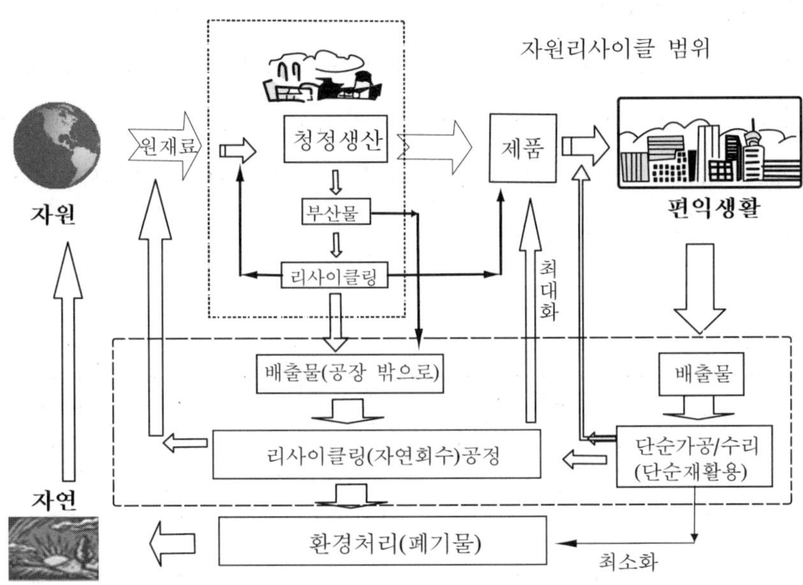

▌그림 5-5▌ recycling의 범주

그대로 원료나 제품으로 다시 사용하든지, 단순가공이나 수리를 거쳐 제품으로 재활용하든지, 또는 완전히 재가공하여 산업원료로 재사용하는 행위를 모두 포함할 수 있다. 이것은 1차 자원이나 2차 자원을 활용한 제조공정의 부산물이나 사용 후 배출된 제품을 처리함에 있어서 크게 리사이클링과 환경처리로 대별될 수 있다.

그 구분은 [그림 5-5]와 같이 리사이클링은 재자원화로 자원의 수명을 연장시키는 부분이고, 환경처리는 자연으로 완전히 폐기시키는 부분으로 확연히 구분된다. 즉, 리사이클링의 범주는 생산화공정이나 일상생활에서 발생되는 부수적인 산물이나 사용 후 배출되는 물자를 다시 활용하는 행위로 규정지을 수 있다. [그림 5-5]에 recycling의 범주에 대하여 나타냈다.

2. 금속캔의 리사이클링

1) 금속캔의 소비현황

금속용기는 주로 식품용 포장용기로 사용되었으며, 현재 음료캔의 수요증가와 함께 금속캔의 소비가 증가하고 있다. 금속용기는 소재, 제관, 최종제품 생산의 3 업종으로 분류되며, 식·음료, 주류, 부탄가스, 에어졸, 페인트, 의·약품, 과자제품 등의 용도에 따라 각기 다른 설비와 제조 공정을 가지고 있다. 특히 제관공정은 3 -Piece can, 2-Piece can, 타발관 등의 자동화 여부, 캔의 형태 등에 따라 다양하게 되어 있다. [표 5-16]에 금속용기 분류표를 나타냈다.

┃ 표 5-16 ┃ 금속용기 분류표

소재별	형상별		용도내용물	
	3-Piece can	2-Piece can		
철(스틸)	접합구조	제조방법	식관	음료관
	납땜관	타발관 (single drawn)		맥주 탄산음료
	접착관	DRD (Drawn-Redrawn)		비탄산음료
				일반식품관
	용접관	D&I관 (Drawn-Ironed)	미술관 의약품	
		D.T.R관 (DrawnThinRedrawn)	페인트 기름	
알루미늄	모양) 원형관, 각형관		특수관	
	도장, 인쇄) 백관, 내면도장관, 외면인쇄관		부탄가스	
	뚜껑현상) 일반뚱, E.O.E		에어졸	

┃ 표 5-17 ┃ 금속캔 재활용 효과

		1994	1996	1998	2000	비고
재활용율(%)		13.12	28.8	66.9	64.0	
재활용품 (천톤)	STEEL	35.2	110	190.8	220	
	AL	6.6	4.6	9.2	11	
	고철가	102.52	182.56	327.16	380.6	
	에너지절감	329.54	404.39	749.09	879.03	전력으로 환산
	쓰레기감량 (운반지)	8.4	23.15	99.47	115.13	
		440.51	610.1	1,175.72	1,374.76	

2) 금속캔의 재활용 현황

(1) 재활용의 필요성

국내 금속용기는 1980년대 이후 그 용도가 다양화되어 식·음료, 맥주, 부탄가스, 에어졸 등을 중심으로 급성장하여 각종 용기의 선도적 역할을 담당하고 있으나, 환경분야(재활용)에 대한 관심과 대책은 전무한 실정이다. 금속캔은 재질별로 스틸, 알루미늄으로 구분하며 연간 국내 소비량은 대체로 변동이 없는 상태이나 21C에는 괄목할 정도로 증가할 것으로 추정된다.

한편 재활용 효과는 쓰레기 감량효과와 자원절약으로서, 2000년 재활용 목표율 64%로 환산하였을 경우 [표 5−17]과 같이 1375억 원의 재활용 효과를 기대할 수 있으며, 그 외에 눈에 보이지 않는 환경보호, 매립장 절감, 고용효과 등을 감안하면 실로 막대한 효과를 거둘 수 있는 것이다. [표 5−17]에 금속캔 재활용 효과를 나타냈다.

일본의 경우, 1973년부터 재활용 촉진운동이 전개되어 1997년도에는 75%의 재활용률을 달성하였고, 독일은 1990년에 범국가적인 차원에서 막대한 예산을 투입하여 재활용 촉진사업을 수행한 결과 1997년도의 재활용률이 80%에 육박하는 실적을 거두었다.

(2) 국내 금속캔 재활용 현황

폐금속캔(특히 스틸캔)은 포장용기 중 재활용성이 가장 좋은 자원으로서 수집, 회수, 처리(선별. 압축, 매각) 과정에서 경제성 창출이 가능하며 80% 이상의 재활용이 가능한 것으로 판단하고 있다. 문제는 경제적인 폐캔의 수집, 회수, 처리 시스템을 구축하는 일이며, 이를 원활히하기 위해서는 일정한 재원의 확보, 제도적인 보완, 조직의 활성화, 정부자치단체 및 관련업체의 유기적인 협조체제를 구축해야 할 것이다. 이를 위하여 제철소에서 주관하여 (사)한국금속캔 재활용협회의 발족(1994년 6월 소재, 제관, 식음료사 참여)과 관련업계의 적극적인 지원으로 금속캔의 재활용률이 50%대에 이르고 있다. (사)한국금속캔 재활용협회가 설정한 재활용 목표율은 일본에 비하여 14년을 단축한 것으로서 그 활성화의 전망은 매우 유망한 것으로 보인다. 현재 금속캔 재활용 체계는 다원화되어 있는 실정이며, 1

차 단계에서 체계적인 수집의 어려움으로 인하여 회수·처리 비용을 증가시키고 있다. 2차 단계에서는 대형 고물상, 협회, 조합 등의 난립으로 경제성 확보에 어려움을 가중시키고 있다.

양질의 스틸캔은 제철·제강사의 중요한 원자재로서 전량 고가 매입되고 있으나, 규격·품질수준이 미흡하여 안정적인 매입을 기피하고 있는 실정이다. 폐알루미늄 재생공장 역시 스틸캔, **PET**, 유리병 조각, 돌멩이 등이 혼입되어 있어서 폐알루미늄의 안정적인 고가매각은 기대하기 어려운 실정이다.

금속캔의 회수·처리비용은 현재와 같은 체계가 계속될 경우 적자전환이 예상되며, 예치금 인상요인으로 인한 업계와 국민의 부담이 가중될 것으로 보인다.

(3) 향후 대책

캔 재활용 촉진을 위한 예치금·분담금 제도와 쓰레기 종량제 실시는 캔 재활용을 촉진시키는 정책으로 앞으로도 계속되어야 할 것이다.

> ▶ *재활용에 있어서 가장 중요한 포인트*… 첫째는 경제성 확보이며, 둘째는 효율적인 시스템 구축이고, 셋째는 소요재원 확보로서 정부. 지방자치단체, 관련업체 등의 공동 대응을 통하여 해결할 수 있다.

> ▶ *캔의 재활용을 효율적으로 해결하기 위하여*… 첫째, 전국 각 지역에 폐캔 회수 및 처리를 위한 거점확보를 하여야 하며 체계별 전문화와 단순화가 이루어져야 한다. 즉, 설치규모와 설비내용은 반드시 경제성 확보를 고려하여야 하며, 압축물은 중간 과정을 거치지 않고 철강회사(또는 아루미늄 재생공장)에 납품되어야 할 것이다.
> 둘째, 협회나 자원재생공사 또는 지방자치단체 등이 주관하여 설치한 각 지역의 재활용 센터는 중복되지 않도록 하여야 하며, 그 지역의 모든 캔은 해당지역 재활용 센터로 공급되어야 한다.
> 셋째, 각종 제도(법률 등)의 수정·보완이 시급히 이루어져야 하는데, 정부에서 1991년 폐기물 관리법 시행령을 제정하였으며, 1992년 자원의 절약과 재활용 촉진에 관한 법률, 시행령, 시행규칙, 각종 고시 등을 시행하고 있으나 모순된 점이 많아 효과적으로 운영되지 못하고 있다.
> 넷째, 정부·지방자치단체 및 관련업체의 유기적인 협조체제의 구축이 필요하다.

3. PET용기 recycling

1) PET 용기

PET 용기는 1976년 미국 Du-pont사에서 처음 개발하여 시판된 이래, 종래의 유리병 등 식음료용기의 대체용기로서 단기간에 전 세계적으로 선풍적인 인기를 모으며 성장하였다. 국내에서는 1979년에 식용유 용기로서 처음 소개된 이후, 80년대의 경제발전과 더불어 음료소비의 비약적인 증가에 힘입어 매년 큰 폭의 신장세를 유지하여 현재는 우리생활 주변 어디에서나 접할 수 있으며, 없어서는 안 될 중요한 용기로 자리하고 있다.

최근 PET용기의 수요는 생활수준의 향상에 따른 소비문화의 변화 및 사회적 간편화 추세에 따라 기호음료 및 건강음료 등의 확산으로 계속 늘어나고 있다. 한편 먹는 샘물 시장이 확대되면서 식음료 포장용기로서의 재질, 용량, 디자인 및 소비자의 다양한 요구(Needs) 등이 빠른 속도로 변화됨에 따라, 이러한 소비추세에 부응하여 PET용기는 아래와 같이 대폭 성장하였다. [표 5-18]에 향후 PET병 생산 추정에 관하여, [표 5-19]에 PET 용기의 용도별 사용량에 대하여 나타냈다.

이처럼 PET병의 수요가 성장하고 있는 것은 다음과 같은 PET용기의 여러 가지 장점 때문이다.

┃ 표 5-18 ┃ 향후 PET병 생산 추정(단위 : 백만개, 톤)

구분	1999	2000	2001	2002
수량	1820	1870	2060	2260
중량	70630	7260	79900	87700

┃ 표 5-19 ┃ PET 용기의 용도별 사용량

구분	계	청량음료	생수	주류	장유	세제	기타
1997	69116	46458	7295	7648	4128	638	2949
1997	64269	41559	8811	7407	2570	792	3130
		64.6%	13.7%	11.5%	4.0%	1.2%	4.7%

- 용기의 무게가 가벼워서 이동 및 보관 등이 편리하다
- 충격에 강하여 파손되지 않으므로 안전하다.
- 위생상 무해하여 인체에 해로움이 없다.
- 다양한 디자인 및 외관에 광택이 있어 외관이 수려하다
- 투명하고, 개봉 후 재 밀봉이 용이하여 식품품질보존이 가능하다.
- 용기 사용 후 재활용이 가능하다.(분리수거 1호 품목이며, 눈에 잘 띄는 제품으로 분별수집이 용이하다.)

이와 같이 안전성, 투명성, 위생성, 편의성, 내약품성을 갖고 있는 PET병은 음료소비 문화의 추세로 보아 식음료 용기뿐만 아니라 각종 용기, 즉 화장품병, 테니스볼 케이스, 된장 및 과자용 케이스 등으로 수요가 더욱더 급속도로 확대되어 가고 있는 추세이다. 80년대 3개사에 불과하던 PET용기 제조업체가 90년대에는 20여개사로 증가하였으며, 근래에는 전국적으로 약 30여개사가 가동 중에 있고 앞으로도 계속 신규업체가 탄생될 것으로 보인다. 연관산업인 부품제조업체, 몰딩업체 및 라벨업체 등 부대관련업체들과도 상호 유기적인 발전을 거듭함은 물론, 이에 따른 종사 인원만도 15000여 명에 이르고 있다. 그 동안 PET병은 물류비용 등 경쟁력 저하로 국내 수요를 충당시키는 내수산업으로만 운영되어 왔다.

그러나 이제 그 기반이 확고해짐과 더불어 기술축적에 의한 감량화 및 디자인 개발이 선진국 수준에 이르렀으며, 또한 인접국의 수요도 소형병 선호 추세로 변화됨에 따라 '96년부터 타이완, 일본 등지로 수출하는 등 이제 PET병도 본격적인 수출상품으로 자리잡아 가고 있다.

2) PET용기 재활용 현황

그간 산업의 발달과 소비증가에 따라 생활쓰레기와 산업폐기물이 날로 증가됨에 따라 환경문제가 심각하게 대두되고, 또한 OECD가입 이후 폐기물 처리에 관심이 고조되고 있어 근본적으로 폐기물발생의 최소화 및 재활용 사업 활성화가 절실히 요구되고 있다. 정부에서는 자원의 절약과 재활용 촉진에 관한 법률을 제정하여 PET용기를 재활용 중점관리 품목으로 선정하고, 용기 사용업체에 회수,

처리비용인 예치금을 부과함과 동시에 용기 제조업체에는 재활용 가능자원의 이용목표율 준수 및 재질분류 표시제를 의무화하기에 이르렀다. 반환된 예치금은 PET병 재생업체가 원료의 수거·선별 및 처리과정에서 발생되는 비용의 일부로 충당하고 있으나, 많은 재생업체들은 아직도 수거비용의 증가로 인하여 적자상태를 벗어나지 못하고 있는 실정이다.

또한 PET용기를 생산하고 있는 제조업체에게는 [자원의 절약과 재활용 촉진에 관한 법률]에 의거하여 환경부, 산업자원부의 통합으로 고시한 [재활용 지정 사업자의 재활용 지침]으로 PET용기를 연간 1천톤 이상 생산하고 있는 재활용 중점관리 대상자는 생산량의 일정량을 재활용하도록 이용 목표율을 부여하여 이행토록 의무화하고 있다. 따라서 PET용기 업체들은 폐PET병을 재생한 flake를 PET병 제조에 이용할 수는 없으므로, 각 사 생산량의 이용 목표량만큼을 폐PET병을 재생하는 재활용 업체와 위탁·계약을 체결하여 이행하고 있다. PET용기는 분리 수거 촉진을 위해 재질 표시 대상인 "제2종 지정 제품"으로 선정하여 관리하고 있는 바, PET용기 업체는 기존 또는 신규 금형에 각인을 하여 제품을 생산하고 있으므로 전 제품에 아래와 같이 분류 표시가 이행되고 있다.

3) PET용기 재활용의 문제점

(1) 수거물량 부족으로 인한 원료수급 차질

폐PET병의 연간 수거물량은 발생량 62000여 톤의 약50%인 31000톤 정도가 민간수집상(70%)과 재생공사 및 지방자치단체(30%)에서 수거되고 있으나, 그 중 약 7000~8000톤이 폐PET병 상태에서 압축되어 중국 등지로 수출되고 있으므로 국내 재생업체에는 24000톤 정도가 공급되고 있다. 국내 PET병 재생업체는 12개 업체 외에도 밝혀지지 않은 약 20개 업체가 전국적으로 산재되어 있는 것으로 추산되고 있다.

이처럼 약 30여개 중소업체가 난립되어 있어 1개 업체당 평균 원료공급량은 800여 톤에 불과하며, PET병 재생능력에 비추어 볼 때 원료 공급 비율은 30%정도에 그치고 있다.

(2) 미반환 예치금의 적절한 활용 미흡

PET병으로 인한 폐기물 예치금은 매년 증가하고 있고 반환 예치금도 늘고는 있으나, 그 잔여액은 환경특별회계로 전입되어 다른 용도로 사용되고 있기 때문에 실질적인 PET병 재활용 사업에는 크게 도움이 되지 못하고 있는 실정이다. 그래서 대부분이 중소업체인 재생업체들의 경영은 안정되지 못하고 매우 어려운 환경에 처하여 있다.

(3) 재생제품의 판매 불안정

PET병 재생공정을 거쳐 생산되는 PET flake의 주용도로는 거의 대부분이 재생섬유의 원료로 사용되고 있으나 일부 회사에서는 PET sheet용, PET band용, PET bottle용 등 산업용 원료로 활용키 위하여 용도개발에 박차를 가하고 있다. 근간에는 섬유 경기의 위축으로 인하여 재생섬유의 가격은 매우 낮게 형성되어 있을 뿐 아니라, 대량 소비처인 미국으로부터 재생섬유의 덤핑제소를 당하여 상당기간 flake판매가 위축될 것으로 보이며 중국시장에서도 수요가 위축되어 있는 실정이다.

(4) 잔존폐기물 처리의 어려움

분리 배출시 깨끗하게 처리되지 못한 PET병에는 음식물 쓰레기, 흙, 먼지 등이 상당량 묻어 있다. 또한 압축시 이물질 혼입(의류, 신발, 각종 쓰레기)으로 공정처리 이전에 약 30%정도의 잔존폐기물이 발생하고 있으며, 공정 중에는 라벨, 뚜껑 등 약 5%의 또 다른 폐기물발생으로 전체 투입량의 35%의 잔존폐기물이 발생되고 있다. 이러한 잔존폐기물을 산업폐기물로 간주하고 있기 때문에 각 업체는 톤당 15만원 정도의 경비를 들여 산업폐기물처리 업체에 위탁하여 처리하고 있는 실정이다.

4. 폐유리 recycling

1) 폐유리 사용

최근 환경문제로서 폐기물 처리문제가 대두되면서 리사이클링의 측면에서 주목받고 있는 물질 중의 하나로 유리를 들 수 있다. 유리의 리사이클링은 크게 반복사용 가능(returnable)한 것과 1회용(one-way)의 두 가지로 나눌 수 있다. 반복사용 가능한 것으로는 주로 병 제품으로서 내용물을 담아 판매한 후, 빈병을 다시 회수하여 세척, 소독처리하여 약 15~30회 정도 재사용되는 청량음료나 주류병 등이 있으며, 1회용은 사용 후 회수, 선별되어 파유리 형태의 유리원료로서 첨가되는 것들을 말한다. 이와 같이 유리는 원료로서, 그리고 리사이클링 자원으로서 다른 물질보다는 좀더 유리한 위치에 있다고 볼 수 있다. 정부에서는 재활용 지정사업자의 재활용 지침에서 2002년부터 폐유리의 리사이클링 비율을 60%로 상향조정함으로써 향후 리사이클링의 중요성을 강조하고 있다.

이제 유리는 환경보전과 자원절약이라는 커다란 장점을 가진 유용한 리사이클링 자원이 되었다.

따라서 폐유리의 리사이클링 처리기술에 관심을 가지고, 이에 대한 지속적인 연구와 개발이 활발히 진행되고 있다. 여기서는 현재 유리의 리사이클링 현황과 그 기술수준 등에 대해 기술하였다.

유리제품 중에서도 반복사용이 가능한 것은, 현재 청량음료병과 주류병 등은 정부의 공병보증금제도에 속하여 리사이클 수준은 95%이상 이루어지고 있으므로 여기서는 주로 1회용 파유리에 대하여 다루도록 한다. 파유리(cullet)는 유리병 제조시 각종 생원료보다 더 많은 양의 재생원료(총원료의 64.5%차지)로서 사용되며 그 회수, 처리과정은 다음과 같다.

- 분리수거(소비자)
- 수집(지자체, 수집상)
- 선별, 파쇄가공(중간 처리업체)
- 처리(제병업체)

소비자에 의해서 사용된 유리병은 분리수거되어 배출되고, 흔히 고물상이라고 말하는 수집상들에 의해서 수집되면, 중간 가공업체에서는 색상별, 용도별로 분리하여 리사이클링 가능한 양질의 파유리를 공급한다. 그러면 주 수요업체인 제병공장에서는 원료의 일부로서 파유리를 사용하고, 생산된 신병은 곧 리사이클링 제품

│표 5-20│ 폐유리 리사이클링 현황

구분	1995	1996	1997	1998
국내유리병 생산량	880	834	825	618
폐유리 사용량	440	484	541	399
폐유리 사용률(%)	50.0	58.0	65.6	64.5

이라고 할 수 있다.

이러한 파유리는 색상별로는 Flint(무색), Sky Blue(청록색), Emerald Green(녹색), Amber(암색)으로 분류 할 수 있다. 이렇게 분류되는 폐유리의 리사이클링 현황을 살펴보면 [표 5-20]과 같다. 이 표를 보면 1995년 부 터 최근 4년간의 폐유리 사용률은 계속 증가 추세에 있음을 알 수 있다. 이는 분리수거에 대한 소비자의 의식구조개선과 정부의 리사이클링 홍보, 관련업계의 리사이클링에 대한 관심 등이 주요한 요인으로 작용한 결과라고 볼 수 있다.

1997년과 1998년의 유리병 생산량은 IMF라는 국제적 경제악화 상황으로 다소 감소하였으나, 반면에 리사이클링은 더욱 활성화되어 폐유리 사용률은 선진국 수준이다. 또한 유리의 리사이클링 부분은 정부에서 지정한 목표치를 이미 달성하였으며, 이러한 리사이클링 증가추세는 기술의 개발과 더불어 더욱 가속화될 것으로 예측된다.

2) 리사이클링 처리기술

파유리를 가공처리하는 것은 리사이클링되는 용도에 맞도록 입도와 품질을 유지하기 위해서이다. 수집된 폐유리는 먼저 수작업에 의한 선별이 이루어지고, 이후 수세, 파쇄, 자력 선별 및 진공선별 등의 공정을 거쳐 양질의 파유리가 만들어지게 된다. 품질 규격은 폐유리의 사용용도에 따라 다소 달라질 수 있다.

폐유리의 리사이클링 기술은 현재 활발하게 연구되고 있다. 유리는 유리병으로서의 리사이클링이 주로 이루어지며, 그 외로는 유리 아스팔트, 유리 블록, 유리 대리석, 유리 타일, 유리섬유, 유리 비드(glassbead), 발포용 경량골재 등으로 리사이클링 되고 있다. 아직까지 유리를 이용한 리사이클링 제품을 생산하는 기술은 낙후되어 있는 상태이므로, 리사이클 되는 양이 늘어나는 만큼 그에 따른 기술의 개발이 시급하다.

3) 전망 및 향후과제

앞에서도 말했듯이 유리는 리사이클링 자원으로서 어느 것과 비교하여도 손색이 없다. 또한 폐기물 기본관리방침(감량 → 재사용 → 재활용 → 소각 → 매립)을 바탕으로 하여 소비자와 지방자치단체, 민간사업자단체 등을 통한 유리의 재활용률은 계속 늘어날 것으로 예상된다.

지금까지 유리병은 다시 병으로 이용하는 것으로 주로 리사이클링 되어 왔으나 병으로만 리사이클링하기에는 그 한계가 있다. 파유리의 다용도 이용기술과 파유리 수요의 확대를 위한 연구개발이 유리 리사이클링 산업에 남겨진 과제라고 할 수 있다.

제6장 농산물물류체계

농산물의 물류체계를 유럽의 경우와 일본의 경우를 비교하여 살펴보았다.

유럽의 경우에는 농산물의 물류체계가 매우 체계화되어 물류합리화가 아주 잘 이루어져 있으며, 특히 농산물수송용 포장계열치수가 완벽하게 갖추어져 100% palletizing된 unit load system이 실현되고 있음을 알 수 있었다.

유럽의 농산물수송용 포장계열치수는 2001년 10월에 Spain의 Valencia에서 개최된 EUROAGRO 2001에 직접 참관하고, Spain의 Valencia, Murcia,, Barocelona 지역과 프랑스 Paris 지역의 산지 packing house, 중앙도매시장, 수퍼마켓, 할인매장(월마트, 까르푸 등), 그리고 포장과 물류에 관련된 각종 현장과 같은 유통경로를 파악할 수 있는 각종경로를 직접 방문하여 조사 연구한 결과이다.

제1절 유 럽

1. 농산물물류체계

생산자협동조합을 통하여 산지 packing house에서 선별(등급화), 포장(규격화)하여 100% palletizing화물로 하여 헝기스(Rungis : 프랑스 파리 소재 세계최대 농산물도매시장)와 같은 중앙도매시장으로 공동출하하거나 까르푸, 월마트 등의 대형할인매장, 슈퍼마켓을 통하여 소비자에게 공급된다.

중앙도매시장에서는 100% 수의매매로 소매점을 통하여 소비자에게 공급된다.

유럽의 농산물 물류체계의 특징을 packing house, 도매시장, 소비지유통, 포장단위 및 판매단위, 포장설계, 상자재질, 포장형태 및 유형으로 구분하여 살펴보면 다음과 같다.

1) Packing house

(1) Packing house가 산지유통의 중심기능 담당

- 영농규모는 0.5∼1ha정도의 소농이 주를 이루어(오렌지농가의 경우) 국내와 큰

차이가 없다.

■ 농가들의 연합으로 별도의 영농조합법인(선별, 포장, 판매전문회사)을 설립해 전문적이고 공격적인 마케팅을 실시함으로써 **packing house**가 산지유통의 중심 기능을 담당하고 있다

(2) Packing house운영실태

■ 산지패킹하우스에서 공동선별, 포장, 출하를 통한 품질고급화와 물류합리화를 위한 포장표준화에 맞는 소포장 등 신유통시스템을 구축하고 있다.

■ 판매의 전문성과 효율성을 높이기 위해 7~8개의 패킹하우스가 공동출자하여 별도의 판매전문회사를 설립하여, 안정적 물량확보와 철저한 품질관리를 바탕으로 외국유통업체와 거래하는 등 적극적인 마케팅활동을 전개하고 있다.

■ 평균가동률 10~12개월의 풀가동이 이루어지고 있다.

　수확시기에 따라 간단한 조작으로 3~4개 작목에 적합한 생산라인으로 전환 가능한 설비를 갖추어 가동률을 거의 100%에 가깝게 높이고 있다.

(3) Packing house(Agroal Coop V : 생산자단체 오렌지 패킹하우스)현황

■ 세척 및 살균−1차건조−왁싱−2차건조−선별−포장−파렛타이징−저온저장의 전작업공정이 자동화되어 있다.

(4) 양파패킹하우스APARIC(산지유통센터)

■ 입고−댐핑−외피제거−줄기절단(수작업, 마무리)−중량선별(형상선별, 7단계) −그물망포장(250g소포장)

2) 도매시장

① 거래방식 : 경매방식이 아닌 직접 거래하는 1대 1의 수의매매방식의 도매형태
② 물류시스템 : 물류시스템이 매우 합리적으로 잘 갖춰져 있다

3) 소비지유통

① 도매시장 : 스페인 최대 농산물도매시장인 Mercanabana중앙도매시장을 비롯한

대부분의 도매시장이 경매방식이 아닌 1대1로 거래되는 수의매매방식의 도매
형태이다.

② 시장의 형태 및 시설 : 시장의 형태는 건물 중앙에 통로 및 구매상담 장소, 좌우
로 상자 진열매장, 저온저장고, 데크로 구성되고 주위에 소비지형 패킹하우스
(back yard)가 설치되어 산지에서 벌크상태로 반입된 농산물을 소포장하여 유
통시키고 있다

4) 포장단위 및 판매단위

① 파렛트규격 : 1,200×800mm, 1,200×1,000mm 등의 유럽표준파렛트규격과, 600×400mm,
400×300mm 등의 개방형 플라스틱상자가 대중화되어 있다.

② 판매단위 : 대형할인매장이나 소매시장에서도 별도의 판매대 없이 소포장 플라
스틱상자가 그대로 판매대로 활용되고 있다.

5) 포장설계

주로 뚜껑없는 개방형 트레이박스로 턱이 있는 것과 없는 것의 2가지 형태

6) 상자재질

골판지와 나무상자가 대부분이며, 망포장이 많은 것도 특징

7) 포장형태 및 포장유형

① 수송포장 : 수송포장과 소비자포장으로 구분되어 있으며, 수송포장은 유통업체
에서 판매대로 사용할 정도로 견고하며, 박스 윗부분이 개방형으로 되어 있다

② 소비자포장 : 수송포장용기에 담길 수 있도록 투명용기나 그물망 등의 소포장으
로 거래된다.

2. 농산물 수송용 포장계열치수

1) GROW(Group Recycling of Wood)system의 목재상자 포장계열치수

W(mm)	L(mm)	H(mm)	Weight(kg)
300	200	210	2.5
			5
400	300	265	4
			5
			10
			15
440	300	255	8
			10
			15
500	300	265	6
			10
			15
600	400	230	7
			10
			12
			1kg투명용기 10개

300×200

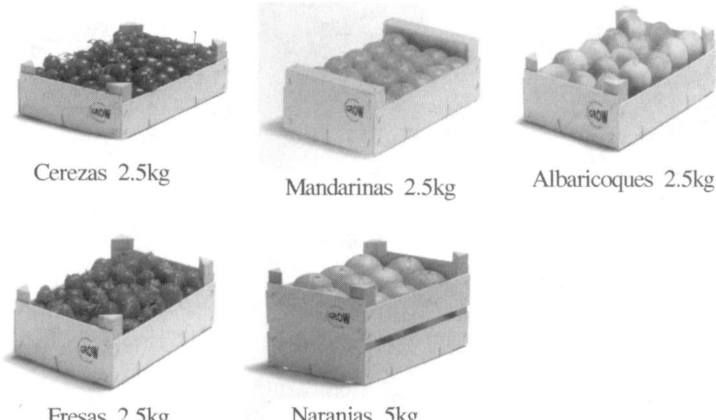

Cerezas 2.5kg

Mandarinas 2.5kg

Albaricoques 2.5kg

Fresas 2.5kg

Naranjas 5kg

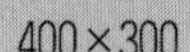
400 × 300

Peras 5kg

Judis 4kg

Limones 10kg

Pepinos 5kg

Naranjas 15kg

440 × 300

Limones 10kg

Nisperos 8kg

Naranjas 10kg

Mandarinas 10kg

Limones 15kg

500 × 300

Zanashorias 10kg

Pimientos 6kg

Peras 10kg

Berenjenas 6kg

Manzanas 15kg

Mandarinas 12kg   Tomates 7kg   Nectarinas 12kg

Lechugas 10kg   Ciruelas 10×1kg

2) Arca System의 플라스틱상자 포장계열치수

W(mm)	L(mm)	H(mm)
600	400	80,100,120,135,140,145,152,170
		175,186,190,210,212,237,320,440
500	300	110,175,180,245,267
400	300	120, 155

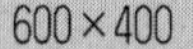

7921 720
Volumen (l): 37
Exterior: 600 x 400 x 190 mm
Interior: 568 x 368 x 176 mm
Peso (kg): 1,5

2364 720
Volumen (l): 38
Exterior: 600 x 400 x 210 mm
Interior: 560 x 360 x 200 mm
Peso (kg): 1,5

2374 501
Volumen (l): 40
Exterior: 600 x 400 x 212 mm
Interior: 575 x 375 x 190 mm
Peso (kg): 1,6

2109 500
Fondo sólido con perforaciones
y paredes rejilladas
Volumen (l): 38
Exterior: 600 x 400 x 237 mm
Interior: 568 x 368 x 215 mm
Peso (kg): 2,0

2367 720
Volumen (l): 60
Exterior: 600 x 400 x 320 mm
Interior: 560 x 360 x 305 mm
Peso (kg): 2,4

2368 720
Volumen (l): 87
Exterior: 600 x 400 x 440 mm
Interior: 575 x 375 x 420 mm
Peso (kg): 3,6

 500×300

1640 720
Volumen (l): 22
Exterior: 500 x 300 x 175 mm
Interior: 480 x 280 x 125 mm
Peso (kg): 0,9

2111 103
Volumen (l): 22
Exterior: 500 x 300 x 180 mm
Interior: 471 x 275 x 162 mm
Peso (kg): 0,9

2114 104
Fondo plano perforado y paredes rejil
Volumen (l): 32
Exterior: 500 x 300 x 267 mm
Interior: 474 x 274 x 245 mm
Peso (kg): 1,2

2112 105
Fondo ondulado perforado (pequeños
agujeros de 6 mm) y paredes rejilladas
Volumen (l): 32
Exterior: 500 x 300 x 267 mm
Interior: 473 x 273 x 240 mm
Peso (kg): 1,2

400×300

1652 720
Volumen (l): 11
Exterior: 400 x 300 x 120 mm
Interior: 375 x 275 x 78 mm
Peso (kg): 0,4

1651 720
Volumen (l): 14
Exterior: 400 x 300 x 155 mm
Interior: 370 x 275 x 109 mm
Peso (kg): 0,5

3) Arca System의 Pallet 포장계열치수

W(mm)	L(mm)	H(mm)
1200	1000	130,150,175,191
1200	800	130,140,160,165,191
800	600	145,147
600	400	152
1250	1000	175

1200×1000

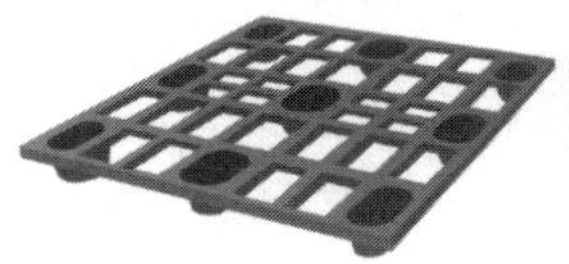

5592.000
Medidas   1200 x 1000 x 130 mm
Peso   6,0 kg
Color   negro
Carga máx. (estática) 500 kg

2743.410
Medidas   1200 x 1000 x 150 mm
Peso   13,8 kg
Color   marrón
Carga máx. (estática) 5000 kg

2740.410
Medidas   1200 x 1000 x 175 mm
Peso   21,7 kg
Color   marrón
Carga máx. (estática) 5000 kg

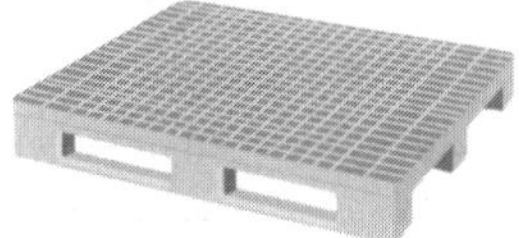

8551.200 con 3 patines
Medidas   1200 x 1000 x 191 mm
Peso   26 kg
Color   gris
Carga máx. (estática) 5000 kg

1200×800

5591.000
Medidas   1200 x 800 x 130 mm
Peso   5,0 kg
Color   negro
Carga máx. (estática) 500 kg

2712.510
Medidas   1200 x 800 x 140 mm
Peso   9,4 kg
Color   gris
Carga máx. (estática) 4000 kg

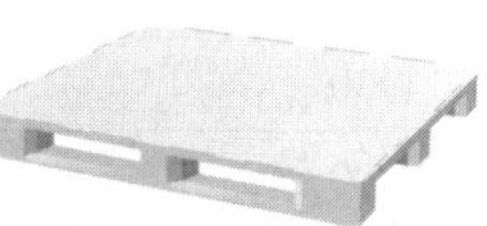

2705.500
Medidas   1200 x 800 x 160 mm
Peso   18,0 kg
Color   gris
Carga máx. (estática) 4800 kg

2715.510
Medidas   1200 x 800 x 165 mm
Weight   13,2 kg
Colores   marrón, gris
2715.516 Reciclado
Carga máx. (estática) 4000 kg

8550.200 con 3 patines
Medidas   1200 x 800 x 191 mm
Peso   22 kg
Color   gris
Carga máx. (estática) 5000 kg
8550.100 1200 x 800 x 175 mm
Peso   19 kg

800×600

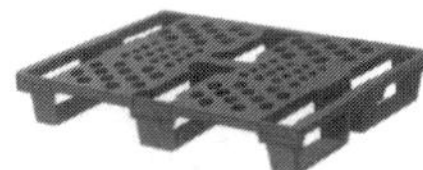

6101.751
Medidas   800 x 600 x 145 mm
Peso   3,7 kg
Color   negro
6101.752 con reborde
Carga máx. (estática) 1000 kg

6100.750
Medidas   800 x 600 x 147 mm
Peso   5,0 kg
Color   verde oscuro
Carga máx. (estática) 2000 kg

600×400

6102.750 with four skids
Medidas   600 x 400 x 152 mm
Peso   3,0 kg
Color   negro
Carga máx. (estática) 500 kg

6102.000 with two skids
Medidas   600 x 400 x 152 mm
Peso   2,8 kg
Color   negro
Carga máx. (estática) 500 kg

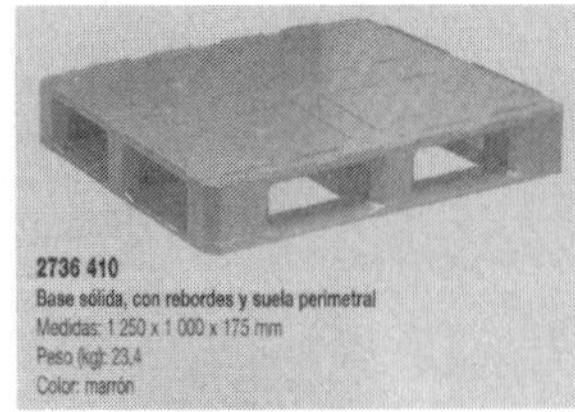

4) Arca System의 Plastic Container 포장계열치수

W(mm)	L(mm)	H(mm)
1200	100	580,760,790,800,915
1200	800	580,760,790,800,915
1130	1130	580,760
1200	1200	780,790

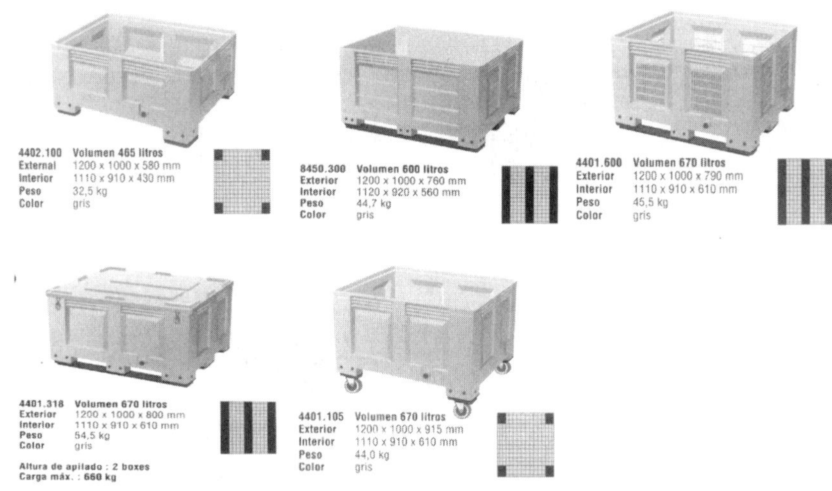

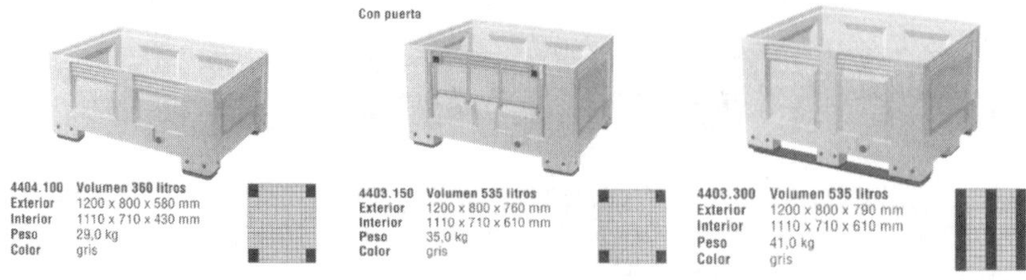

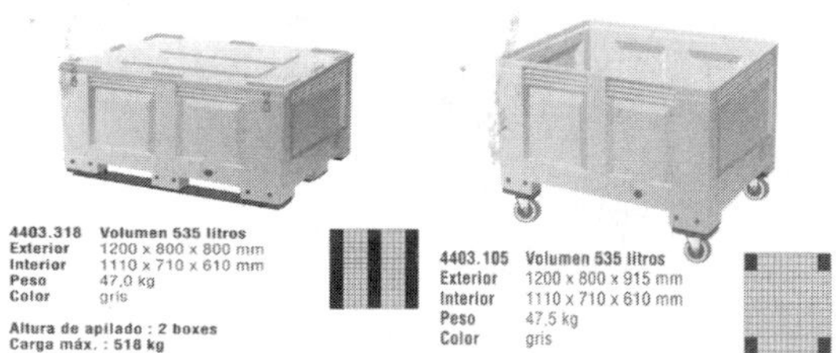

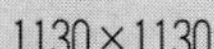

1130×1130

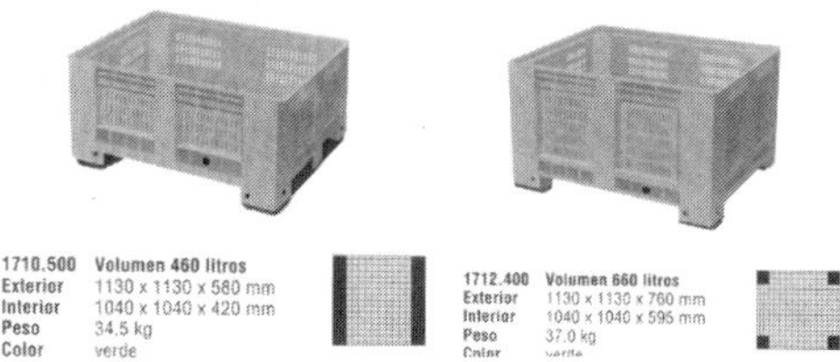

1200×1200

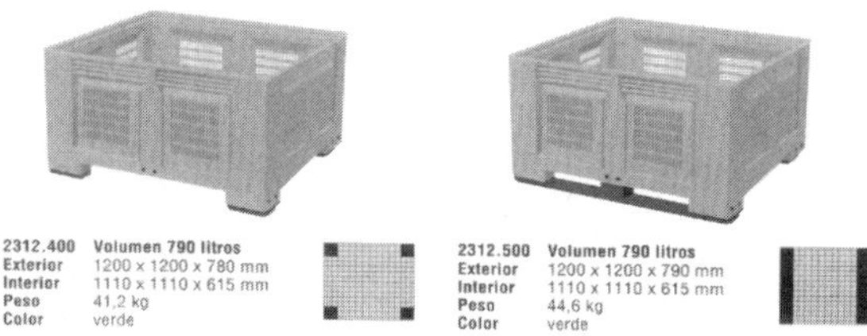

5) Arca System의 Pallet Container 포장계열치수

W(mm)	L(mm)	H(mm)
1200	100	580,760,790,800,915
1200	800	580,760,790,800,915
1130	1130	580,760
1200	1200	780,790

1200×1000

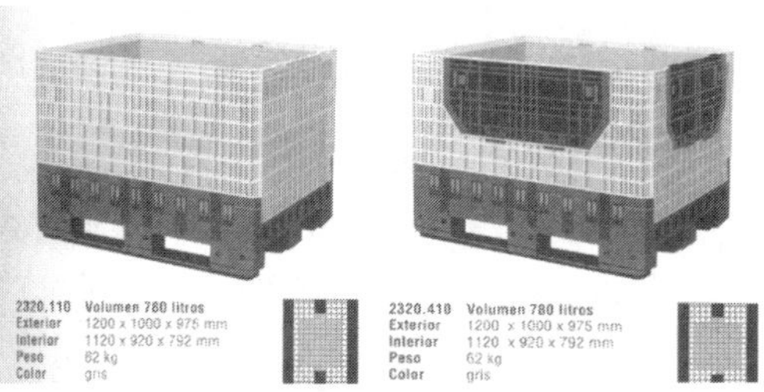

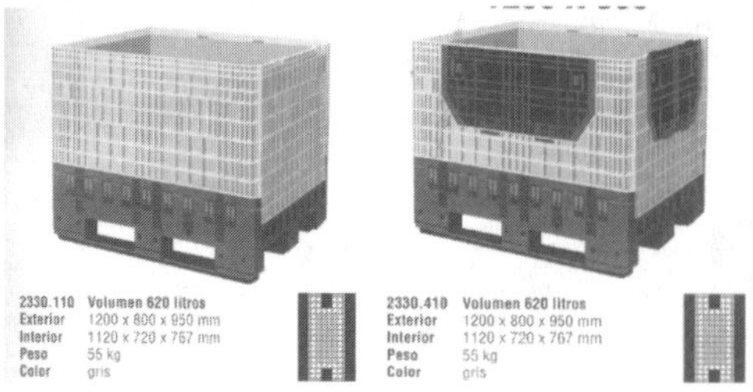

제2절 일본 

1. 농산물물류체계

경매방식의 농산물거래방식을 정착시켜 아시아지역의 많은 나라에 이 방식을 전파시켰으나, 최근에는 동경에 있는 동양최대 농산물 중앙도매시장인 Oda(大田)에서도 거래량의 70~80%가 수의매매를 통하여 거래되고 있다.

제3절 한국 

1. 농산물물류체계

한국은 산악지대이고 농업규모가 영세하여 산지 수집상이나 중간수집상인을 통하여 농산물이 수집되고 가락동 중앙도매시장에서도 경매를 통하여 거래되어 중간도매상을 통하여 소매상으로 공급되는 등의 6단계 정도의 복잡한 유통구조를 거칠 뿐만 아니라 유찰된 농산물은 보다 작은 중소규모의 중앙시장에서 경매를 거쳐 거래되는 관계로 수확 후 유통관리가 제대로 되지 않아 신선도 등의 품질을 보증할 수 없는 실정이다.

2. 농산물물류체계 개선사례

1) 천안중부물류센터

중부물류센터에서는 산지에서 선별, 규격화된 공동출하 농산물(산지가격 300원의 배추)을 450원 정도에 수의매매하여 소비자에게 600원 정도에 공급하는 3단계 유통체계를 갖추고 있다.

2) 성주수륜사과

성주수륜사과는 예냉, 선별(크기, 당도, 중량, 색도 등), 저온유통 등의 수확 후 관리기술을 도입하고 농협을 통하여 대형할인매장에 공동·출하함으로써 신선도와 품질을 인정받아 2배 이상의 높은 가격으로 수취하고 있다.

3) 인터넷전자상거래(벤처업체 과일나라)

규격화, 저온유통 등 수확 후 관리기술을 도입하여 신선도와 품질을 인정받아 미국 월트디즈니에 최고 품질의 사과를 수출하는 등의 실적을 나타내고 있다.

제 7 장 품질검사 및 선호도조사

시판포장식품의 품질검사는 크게 두 가지로 구분할 수 있다. 하나는 식품위생법에 근거한 식품공전의 규격기준에 따라 내용 식품의 품질을 검사하는 것이고, 다른 하나는 공업표준화법에 근거하여 KS규격기준에 따라 시판포장식품의 포장상태 즉, 포장사항과 표시사항 및 인쇄사항 등에 대하여 품질을 검사하는 것이다. 여기서는 KS규격에 근거한 시판포장식품의 품질검사 및 선호도 조사 즉, 시판품검사를 위한 기초자료를 제시한다.

제1절 KS규격에 근거한 시판포장식품의 품질검사 

KS규격에 근거한 시판포장식품의 품질검사의 목적과 방법은 다음과 같다.

1. 목 적

KS규격에 근거한 시판품검사의 목적은 크게 3가지로 구분할 수 있는데, 기업적인 측면에서는 신제품의 개발을 위하여, 그리고 위생관리적 측면에서는 부정·불량식품의 단속과 허위·과대광고의 단속을 위하여, 한편 품질관리면에서는 KS규격의 설정 및 사후관리를 위하여서이다.

시판포장식품의 품질검사 즉, 시판품검사의 구체적인 목적을 열거하면 다음과 같이 9가지를 들 수 있다.

① 품질관리면에서 KS규격의 설정 및 사후관리
② 싼 원료로 생산한 제품과 기존 제품의 소비자 기호도 차이를 조사하여 원가절
   감도모
③ 유통시 변화를 조사하여 유통기한을 정하고 유통기한 연장을 위한 저장방법
   개선에 이용

④ 식품 위생적으로 불량식품이나 부정식품의 단속과 허위·과대광고의 방지

⑤ 제품의 품질 개선 및 전반적인 마케팅에 이용

⑥ 품질특성에 따른 등급을 정하여 품질기준 설정에 이용

⑦ 좋은 품질의 최종제품을 위한 원료선택

⑧ 공정개선 전과 후의 기호도 차이 조사

⑨ 원래 제품과 비교하여 신제품의 소비자 기호도를 조사하여 신제품 개발에 이용

2. 방 법

KS규격에 근거한 시판품 검사는 시판품의 특성이나 검사항목에 따라 표본(sampling)검사 또는 전수검사를 행한다.

(1) 표본검사

판정하려는 집단에서 추출된 시료의 판정에 의해 집단의 상태를 판정하려는 검사로서 성분검사와 같이 파괴검사인 경우와 일부 불량품이 포함되어 있어도 큰 문제가 되지 않는 검사항목인 경우에는 대부분이 표본검사에 의해 시판품을 검사한다.

(2) 전수검사

검사할 물품을 전부 조사하는 방법으로 중요검사항목이나 비파괴검사인 경우에는 전수검사에 의해 시판품을 검사한다.

시판품검사 항목에는 외관검사, 포장사항검사, 표시사항검사, 인쇄사항검사 등이 있다.

제2절 KS규격에 근거한 시판포장식품의 선호도조사 

KS규격에 근거한 시판포장식품 선호도조사의 목적과 방법은 다음과 같다.

1. 목 적

KS규격에 의한 선호도조사의 목적은 제품의 소비자 인지도를 기존 시장에서 판매되고 있는 경쟁사 제품과의 비교를 통하여 제품의 소비자 기호정도를 비교하고 식품정보인 표시에 대한 소비자태도 및 행동을 분석하는데 있다.

식품표시가 제공된다 할지라도 소비자들이 원하고 바라는 형태로 표시가 제공되지 않는다면 소비자들이 표시를 사용, 이해하여 의사결정을 내리는 데 있어 효율성이 떨어지고 소비자들이 표시를 이해하지 못한다면 그 표시제도는 시장에서 성과를 거두지 못할 것이다.

이와 같이 식품정보 제공 그 자체보다 식품정보인 표시에 대한 소비자 태도 및 행동이, 식품표시가 시장에서 제 기능을 다하는데 더 결정적인 영향을 줌에도 불구하고, 식품표시에 대한 소비자 행동을 분석한 국내 연구는 매우 미흡한 실정이다.

그러므로 식품표시에 대한 소비자 의식 및 태도, 행동 분석의 필요성이 제기되어 선호도 조사를 하는 것이다.

2. 방 법

KS규격에 의한 선호도조사의 방법은 다음과 같다.

① 설문지 조사 : 설문문항을 작성하여 조사함으로써 소비의 패턴, 소비자의 불만, 제품의 가치를 파악하는 방법이다.

② 기호도 검사법(Hedonic test) : 제품의 소비자 인지도를 기존 시장에서 판매되고 있는 경쟁사 제품과의 비교를 통하여 제품의 소비자 기호정도를 비교하고자 하는 것으로 소비자조사와 시장조사(Market research)가 있다.

   ㉠ 소비자 조사 : 소비자 조사는 대부분 상표를 부치지 않은 상태로 코드 번호만을 사용하여 테스트를 한다.

   ㉡ 시장조사 : 대부분 제품의 상표를 그대로 부착한 상태에서 테스를 한다.

③ 이점 기호도 실험(Paired preference test) : 두 제품 가운데서 더 선호하는 제품을 선택하게 하는 방법이다.

④ 순위법 : 순위법에 의한 선호도검사로 차이 식별검사에서의 순위법과 실시하는 방법은 동일하나 평가하는 관능적 성질이 좋아하는 순위를 검사한다는 면에서 다르다.

제3절 표본검사와 전수검사

시판포장식품의 특성이나 검사항목에 따라서 표본검사를 행하기도 하고 전수검사를 행하기도 한다.

표본검사의 필요성과 장점, 표본검사가 필요한 경우, 표본검사의 원칙에 대하여 알아보고, 전수검사에 대하여서도 알아보기로 한다.

1. 표본검사의 특징

하나의 설비로 하루에 생산한 물품, 동일한 재료로 동일한 시간대에 생산한 물품, 하나의 용기에 담긴 재료 등과 같이 동일 조건의 많은 물품을 하나로 취급하는 것을 로트(lot)라고 한다. 이 로트에서 샘플(시료)을 발취하여 시험 또는 측정을 하고, 결과를 판정기준과 대조하여 로트의 합격, 불합격을 결정하는 검사를 샘플링검사, 즉 표본검사라고 한다.

로트의 크기를 발취하는 샘플의 크기(수) 및 합격, 불합격을 결정하는 판정기준에 대해서는 통계수학을 기초로 규정된 각종 샘플링검사표가 작성되어 있으며, 검사 목적 및 경제성을 배려하여 적당한 샘플링 방식을 선정할 수 있도록 되어 있다.

샘플링검사표로서 **KS, MIL STD**(미국 군용규격) 등이 일반적으로 사용되고 있다.

1) 샘플링검사의 장점

샘플링(**sampling**)검사의 장점은 다음과 같다.

- 품질보증을 확실하게 할 수 있다.

   전수검사는 놓치는 것이 많이 나와서 불완전해지기 쉬운데 샘플링검사는 소수의 샘플을 조사하므로 완전한 검사를 할 수 있고, 품질보증이 확실하게 이루어진다.

- 품질에 대한 많은 정보를 얻을 수 있다.

   전수검사에서는 검사하는 물품의 수가 많으므로 자세하게 조사할 수 없고 일부 항목만의 검사가 되지만 샘플링검사에서는 소수의 샘플에 대하여 실시하므로 필요한 정보를 모두 자세하게 조사할 수 있다.

- 경제적으로 품질보증을 할 수 있다.

   수입검사의 경우, 불량품이 많은 납품업체에게는 엄격한 검사를 적용하지만 불량품이 적은 납품업체에게는 간단한 검사를 적용하여 샘플수를 줄일 수 있으므로 검사가 경제적이고 아울러 납품업체에게 불량을 적게 하여 검사를 간단히 받을 수 있다는 품질의식을 자극할 수 있다.

- 전수검사 결과의 **CHECK**에 사용할 수 있다.

   전수검사와 병행하여 샘플링검사를 하면 품질보증을 철저히 할 수 있다.

2) 샘플링검사가 유리한 경우

샘플링검사가 유리한 경우는 다음과 같다.

- 검사비용을 줄여야 할 경우 : 전수검사에 비하여 낮은 검사비용으로 할 수 있다.
- 납품업체에 자극을 주어야 할 경우 : 불량품만을 납품업체에 반송시키는 것이 아니라 불합격된 lot를 반환한다. 이 lot에는 양품도 섞여 있어서 "품질이 일정치 이상의 수준이 아니면 양품도 반송된다"는 인식을 심어줘서 납품업체를 자극, 품질의식 향상을 유도한다.

3) 샘플링검사가 필요한 경우

샘플링검사는 모든 검사에 적용할 수 있으나 특히 다음 경우에는 전수검사가 아니라 샘플링검사를 적용해야만 한다.

- 파괴검사인 때 : 강재나 건축물의 강도시험, 전구의 수명시험 등
- 물품의 수가 많은 때 : 볼트, 너트, 못 등
- 물품이 연속체인 때 : 필름, 코일 등
- 액체, 분체, 입체인 때 : 약품, 비료, 석탄, 광석 등

샘플링검사는 다량의 물품을 확실하게 품질 보증하기 위하여 이루어지는데 적당히 샘플링을 해서는 품질보증을 할 수 없다. 통계적으로 정해진 정규 샘플링 검사표에 따라서 올바르게 실시하여야 한다.

2. 표본검사의 방법

> ▶ **정의** … 어느 집단의 특성을 알고자 할 때 집단의 일부를 검사함으로써 집단 전체의 특성을 추정하는 방법.

집단에 속하는 사례 전부를 검사하는 전수검사(全數調査:census)와 대비되는 방법으로서 일부검사·표본추출검사·샘플링검사 등으로 불린다.

표본검사는 다음과 같은 경우에 실시한다.

① 검사의 성격상 전수검사가 불가능할 경우
② 전수검사가 가능하나 비용·시간 등의 면에서 표본검사가 선호되는 경우

본래 검사의 목적이 되는 집단을 모집단(母集團)이라 하고, 현실적으로 관찰되는 사례를 표본(標本)이라 한다. 모집단에서 표본을 선택하는 데는 원칙으로서 추첨 등의 우연에만 의존하는 방법이 취해지는데, 이 같은 선택법을 '무작위추출법(無作爲抽出法)'이라고 한다.

모집단의 수에 대한 표본수의 비율을 추출률이라고 하며, 검사의 신뢰도와 비용의 크기는 추출률의 높이에 따라 증가되므로 이 양자의 이해를 고려하면서 추출률을 결정하게 된다. 또 표본검사에서는 회답을 거부한 표본의 처리에 신중하여야 한다.

그것은 표본이 특정의 경향을 지닌 집단일 경우가 많기 때문이다. 모집단이 상당히 커서 무작위추출에 많은 비용이 예상되는 경우에는 **다단추출법**(多段抽出法)이 채택된다. 예를 들어 전국적인 규모로 세대에 관한 특성을 검사함에 있어서 제1차 추출단위로서 시·읍·면을 몇 개 무작위추출하고, 다시 그 중에서 몇 세대를 추출하여 검사하는 2단추출법 등이 해당한다.

다단추출법의 경우 비용은 크게 절약될 수 있으나 검사의 신뢰도는 같은 추출률의 무작위추출의 경우보다 낮아진다.

반대로 검사되는 특성에 관해서 모집단이 몇 개의 상이한 그룹으로 구성되어 있음이 이미 알려져 있는 경우에는, 모집단을 약간의 그룹으로 분할한 후 그룹별로 추출률을 정해서 검사하는 **국화추출법**(局化抽出法)을 채용하여 검사의 효율을 높일 수 있다. 현실적으로 국화추출법과 다단추출법이 주로 실시되고 있다.

3. 전수검사

『전수검사의 기본원칙』은 다음과 같다

- 전수검사도구는 작업성이 좋은 원터치 방식의 게이지화(GAUGE化)를 해야 한다.

  그것도 자사에서 만든 NO · GO GAUGE (밸브게이지, 피치게이지, 범위 게이지 등)나 측정구(버니어켈리퍼스, 마이크로미터, 다이얼 게이지)를 사용하게 해서는 안된다. 즉 수치를 읽게 하거나, 생각하게 해서는 안 되며, OK나 NG만의 판단이면 되는 것이다.

- 그리고 라인 흐름의 동작선상에 포함시켜야 한다.

- 그 다음 STEP은 품질을 확보하기 위한 Fool Proof로 가야 한다.

- 불량 ZERO 달성과 함께 공수도 제로를 추구하여야 한다.

- Fool Proof Line에서는 가공순으로 등번호를 붙이고 나오는 식의 이미지 부품을 가공순의 번호순서대로 담고 25개째를 샘플링 검사한다. Fool Proof Line이므로 결과적으로 全數 검사 Level이 되는 것이다.

- 조립 LINE에서는 특히 세분화하여 각 공정으로 전수검사를 배분한다.

- 전수검사를 표준작업에 포함시킨다.

『전수검사의 실행원칙』은 다음과 같다

- 모든 제품은 전수검사가 기본이다.

- 검사는 원류에서 하여야 한다.

- 효율적인 전수검사를 하여야 한다.

- 검사는 공정흐름 속에서 하여야 한다.

- 자동화 Line에서는 순번(Gate를 만든다)을 매겨 샘플링하여 검사를 한다.

4. 시판품검사

시판포장식품의 품질검사 및 선호도조사를 위한 표준화를 도모하기 위하여 시판품검사를 위한 외관검사, 포장사항검사, 표시사항검사, 인쇄사항검사 등에 관한 기초지식과 선호도조사를 위한 기초자료를 제시하기로 한다.

1) 외관검사

- 크 기 (가로×세로×높이)
- 형 태
- 인쇄에 쓰인 색의 수
- 내용물의 형태

2) 포장사항검사

(1) 한국공업규격(KS)의 분류 (KS A 1006)

- 낱포장(item packaging)
- 속포장(inner packaging)
- 겉포장(outer packaging)

(2) 공업포장(수송포장)과 상업포장(소비자포장)

① 공업포장(Industrial packaging) : 포장의 기능은 보호기능, 수송하역의 편의기능, 판매촉진의 기능 등이 있는데, 이 중 공업포장 즉, 수송포장(Transport packaging, Shipping Packaging)의 주 기능은 이들 중 보호기능, 수송하역의 편의기능이 된다. 대상물은 각종 원재료, 반제품, 부품, 완제품 등으로 구분되며 그 포장기법은 물품의 성질과 유통환경에 따라 여러 가지 방법이 적용된다.

② 상업포장(Commercial Packaging) : 공업포장과 대응되는 용어로서 상업포장 즉, 소비자포장(Consumer Packaging)의 주기능은 수송하역의 편의기능과 판매촉진의 기능으로서, 일반적으로 소매를 주도하는 거래에 있어 상품의 일부로서 또는 상품을 한 단위로 취급하기 위해 시행하는 포장을 말한다. 소비자 포장은 최종적으로 소비자 손에 들어가는 포장을 뜻하며 상업포장과 동의어이다.

(3) 적정포장과 과잉. 과대포장

적정포장(Appropriate (Right) Packaging)은 합리적이며 공정하고 경제적인 포장을 말한다. 공업포장에서는 유통과정에 있어서 진동, 충격, 압축, 수분, 온·습도 등으로 물품에 파손, 손상 등이 생겨서 그 가치 및 상태의 저하를 가져오지 않도록 하는 유통조건에 적합한 합리적인 보호를 이루도록 한 포장을 뜻하며, 상업포장에서는 과대, 과잉 및 거품포장을 시정함과 동시에 결함포장을 없애기 위한 그 설계상 보호성, 안전성, 단위, 표시, 용적, 포장비, 폐기물처리 등을 배려한 포장을 뜻한다.

(4) 포장재료의 재질에 따른 분류(강도)

① 강성포장(Rigid Packaging) : 금속, 유리 및 플라스틱으로 만든 유리병, 캔, 나무 및 금속제상자 등의 강성을 가진 포장으로 유연재 포장과 대응하는 용어이다.

② 반강성포장(Semi-Rigid Packaging) : 강성을 가지는 포장 중에서 약간 유연성을 가지는 포장재료로 구성되는 포장으로 골판지상자, 접음 상자, 플라스틱 보병 등이다.

③ 유연포장(Flexible Packaging) : 종이, 플라스틱 필름, 알루미늄박 또는 면포, 셀로판 등의 유연성을 가진 재료로 구성된 포장을 말한다.

(5) 포장기법에 따른 분류

- 진공포장 (Vacuum Packaging)
- 가스치환포장 (Gas Exchange Packaging)
- 무균포장 (Aseptic Packaging)
- 방습포장 (Moisture-proof Packaging)
- 상온유통포장 (Shelf-stable Packaging)
- 레토르트포장 (Retortable Packaging)
- 스킨포장 (Skin Packaging)
- 블리스터포장 (Blister Packaging)
- 수축포장 (Shrink Packaging)
- 스트립포장 (Strip Packaging)
- 변조방지포장 (Tamper-Evidence Packaging)

(6) 포장방법에 따른 분류

- 랩어라운드 포장 (Wrap-Around Packaging)
- 소분할포장(Separation Pack System)

- 백인박스(Bag-in-Box (Carton) System)
- 멀티팩포장(Multipack System)
- 액체충전포장(Liquid Carton Aseptic Filling Packaging System)
- 팰리트화포장(Palletization Packaging System)
- 스트레치포장(Stretch Packaging)
- 집합포장(Assemble Packaging)

(7) 사용후 처리별 분류

- 재사용포장 (Reuse Packaging)
- 1회 사용포장 (One-Way Packaging)

(8) 포장재료별 분류

  나무상자포장, 골판지 상자포장, 플라스틱 포장, 지대포장 등

(9) 포장목적별 분류

  방수포장, 방습포장, 방청포장, 완충포장, 밀봉포장, 저압포장, 진공포장, 압축포장, 보선·보냉 포장, 도전성 포장, 미끄럼 방지포장, 중량물 포장, 액체포장

(10) 포장형태별 분류

① 상자포장

- 나무상자 : 나무상자, 틀 상자
- 특수나무상자 : 철선묶음 살 상자, 합판상자, 어상자, 과실상자
- 종이제품상자 : 외부포장형 파이버 상자, 외부 포장형 골판지 상자, 지상자
- 특수상자 : 트렁크, 플라스틱, 상자, 콘테이너

② 대포장

- 지제대 : 소형(시멘트, 비료, 설탕, 쇼핑백용), 대형, 크라프트대, 봉투
- 포 대 : 마대, 선포장, 각종 유연콘테이너
- 볏 짚 대 : 가마니, 섬
- 플라스틱제대 : 염화비닐대, 폴리에틸렌대, 염화비닐리덴대, 셀로판대, 복합재료
  대 등

③ 통 : 양통, 바렐, 위스키통, 크리스탈통,

④ 기타용기 : 옹기그릇, 광주리, 금속통, 테트라팩

⑤ 무용기포장 : 팰리트, 박스팰리트, 두루마리, 다발

3) 표시(정보)사항검사

(1) 식품 및 첨가물의 표시항목

■ 제품명

■ 업소명

■ 제조년월일

■ 유통기한

■ 영업허가(신고)번호 및 품목제조허가(신고번호)

■ 중량

■ 용량 또는 개수

■ 원료명 및 함량

■ 보관상 주의사항

■ 반품 또는 교환

■ 사용 또는 보존기준

■ 자가기준 및 규격인정

기구 및 용기·포장 중 옹기류는 제조업소명 및 소재지와 신고 관청의 영업 신고번호, 반품 또는 교환장소를 표시하며, 기타 기구 및 용기, 포장은 제조업소명 및 소재지와 신고 관청의 영업신고 등을 표시하여야 한다. 합성수지제의 용기·포장은 재질에 따라 구분 표시하여야 하고, 식품포장용 랩은 주원료 명칭, 가소제, 안정제, 산화방지제 등의 첨가제 명칭과 사용상 주의사항 등을 표시한다.

(2) 수입식품 중 식품 및 첨가물

■ 제품명

■ 업소명

- 영업신고번호
- 제조년월일 또는 수입년월일
- 유통기한
- 중량
- 용량 또는 개수
- 원료명 및 함량
- 반품 또는 보존기준
- 사용 또는 보존기준

기구 및 용기·포장은 업소명과 영업신고 번호 등을 표시한다.

(3) 영양성분표시

제품 내 함유된 특정영양소나 식품성분의 양을 표시하는 것을 말한다. 표시항목 중 열량, 탄수화물, 단백질, 지방, 나트륨은 그 명칭과 함량을 반드시 표시하여야 하고 비타민, 무기질, 식이섬유질, 당류, 지방산류 또는 콜레스테롤 등은 임의 표시할 수 있으나, 이 경우 반드시 그 명칭과 함량을 표시하여야 한다.

(4) 영양소 함량 강조 표시

제품 내 함유된 특정 영양소나 식품성분의 수준을 소비자에게 알릴 목적으로 고(high), 무(free), 저(low), 감소(reduced), 강화(fortified) 등의 용어로 특정 영양소나 식품성분 수준을 강조 표시하는 것으로 영양정보 표시를 반드시 하여야 하고, 강조 표시된 성분, 영양소의 종류와 그 함량도 함께 같은 단위로 표시하여야 한다.

5. 인쇄사항검사

인쇄방법은 내용식품의 특성이나 포장용기의 재질 및 특성에 따라 매우 다양하다.

- 오프셋인쇄
- 스크린인쇄

- 플렉소인쇄(플렉소그래피)
- 비지니스폼인쇄
- 전사인쇄
- 튜브인쇄
- 플라스틱필름인쇄
- 알루미늄박인쇄
- 셀로판인쇄
- 금속인쇄
- 나뭇결인쇄
- 라벨인쇄
- 앰풀인쇄
- 스테레오인쇄
- 패드인쇄
- 식모인쇄
- 돋움인쇄
- 융기인쇄
- 자기인쇄
- 카본인쇄
- 바코드인쇄
- 날염인쇄
- 향료인쇄

6. 바코드 표시

문자나 숫자를 흑과 백의 막대모양 기호로 조합한 것으로, 컴퓨터가 판독하기 쉽고 데이터를 빠르게 입력하기 위하여 쓰인다. 이것은 광학식 마크판독장치로 자동판독되어 입력된다. 세계상품코드(UPC : Universal Product Code)를 따르는 상품

의 종류를 나타내거나, 슈퍼마켓 등에서 매출정보의 관리(POS : point of sales system) 등에 이용된다. 가격은 별도로 표시되며 도서분류, 신분증명서 등에도 이용된다.

종래 바코드 판독에는 핸드 스캐너가 사용되었으나, 최근에는 레이저식이 주류를 이룬다. 레이저식에서는 판독장치 위에 바코드가 인쇄된 상품을 통과시킴으로써 코드가 자동판독되어 작업을 능률화할 수 있다. 공장자동화 분야에서는 가공대상물에 바코드 또는 자기카드를 부착시켜 로트(lot) 번호와 물품번호를 인식하여 작업상에 필요한 여러 사항을 파악하는 데 도움이 된다.

코드화 방법은 세계상품코드(UPC:universal product code), CODABAR, MSI, 코드 39, 한국공통상품코드(KAN), 일본공통상품코드(JAN) 등 몇 가지가 있다. 일반적으로 사용되는 바코드는 가로 3.73cm, 세로 2.7cm 크기를 표준으로 0.8~2배까지 축소, 확대할 수 있다.

7. 선호도 조사

1) 기호도 검사법(Hedonic test)

(1) 목 적

제품의 소비자 인지도를 기존 시장에서 판매되고 있는 경쟁사 제품과의 비교를 통하여 제품의 소비자 기호정도를 비교하고자 한다.

(2) 개 요

① **소비자 조사와 시장조사의 차이점** : 소비자 기호도 조사는 대부분 상표를 부치지 않은 상태로 코드 번호만을 사용하여 테스트를 하나 시장조사의 경우는 대부분 제품의 상표를 그대로 부착한 상태에서 테스트를 한다는 것이 큰 차이이다.

② **실험의 특징** : 가장 일반적인 기호도 테스트는 헤도닉 테스트(Hedonic test)이며 일반적으로 9점 크기를 주로 사용한다. 그 이유는 사용하기가 매우 간단하며 실험을 실시하기가 매우 용이하기 때문이다. 시료는 대개 한번에 한가지 시료씩이 제공되며 패널에게는 시료에 대한 좋아하는 반응 정도를 크기가 표시된 질문지에 표시하도록 한다. 항목은 가로 혹은 세로의 형태로 표시하며 각 점수 사이의 간격은 같은 간격을 갖도록 작성되어야 한다. 그 이유는 데이터 분석에서 **parametric statistics**을 사용하기 위해서 중요한 역할을 하기 때문이다.

③ **시료조제** : 세가지 각기 다른 회사에서 제조된 두 가지 다른 종류의 제품(총 6가지)

④ **실험방법** : 두 단계에 걸쳐 실험이 실시된다.

　㉠ 첫 번째 단계 : 쵸코볼 3가지 시료에 대한 실험에서 실험 준비조는 각 부스(booth)에 있는 패널을 3명씩 분담하며, 방법은 첫 번째 시료를 부스 투입구를 통하여 제시한 후 테스트가 끝나면 두 번째 시료를 투입하고 두 번째 시료의 테스트가 끝난 후 세 번째 시료를 투입하여 테스트를 완료한다.

　㉡ 두 번째 단계 : 그 후 해바라기씨의 실험을 쵸코볼 실험과 같은 방법으로 실시한다.

선호도조사 기호도 실험(Hedonic test) 질문지(예)

성명 :   조 :   일시 :

설명 : 우선 시료의 맛을 보기에 앞서 물로 입안을 헹구시오.

1) 먼저 색을 보고 색에 대한 귀하의 선호하는 정도를 가장 잘 나타내는 곳에 v로 표시하시오. 색에 대한 귀하의 견해를 표시한 후 입안에 시료를 넣고 귀하가 평소에 씹는 대로 어금니 사이에 시료를 넣은 후 이빨을 이용하여 깨뜨려 씹어 먹은 후 아래의 용어에 대한 귀하의 견해를 가장 잘 표현한 곳에 표시를 하시오.

2) 첫 번째 시료를 맛을 본 후 두 번째 시료를 부스를 담당하고 있는 담당자에게 요구한 후 같은 방법으로 맛을 본 후 체크하시오. 세 번째 시료까지도 같은 방법으로 실시한 후 종류가 다른 시료에 대한 귀하의 견해를 마지막에 자유롭게 평가하시오.

색깔

☐　　☐　　☐　　☐　　☐　　☐　　☐　　☐　　☐

지극히　　　　　　　　　　좋지도　　　　　　　　　　지극히
싫다　　　　　　　　　　싫지도 않다　　　　　　　　　　좋다

경도

☐　　☐　　☐　　☐　　☐　　☐　　☐　　☐　　☐

지극히　　　　　　　　　　좋지도　　　　　　　　　　지극히
싫다　　　　　　　　　　싫지도 않다　　　　　　　　　　좋다

씹힘성

☐　　☐　　☐　　☐　　☐　　☐　　☐　　☐　　☐

지극히　　　　　　　　　　좋지도　　　　　　　　　　지극히
싫다　　　　　　　　　　싫지도 않다　　　　　　　　　　좋다

이물감

☐　　☐　　☐　　☐　　☐　　☐　　☐　　☐　　☐

지극히　　　　　　　　　　좋지도　　　　　　　　　　지극히
싫다　　　　　　　　　　싫지도 않다　　　　　　　　　　좋다

전반적인 기호도

☐　　☐　　☐　　☐　　☐　　☐　　☐　　☐　　☐

지극히　　　　　　　　　　좋지도　　　　　　　　　　지극히
싫다　　　　　　　　　　싫지도 않다　　　　　　　　　　좋다

♣ 좋아하는 이유를 쓰시오. (싫어하면 싫어하는 이유를 쓰시오)

참
고
문
헌

■ 논문 및 저서

1. 하영선 외 1인 (1983) 식품포장공학 : 문운당
2. 박영호(1983) 식품포장학, 수학사
3. 박무현·이동선·이광호 공저 (1994) 식품포장학, 형설출판사
4. 하영선(1988) 농산물 포장상자. 대구대산업기술연구소/한국학술진흥재단
5. 한국디자인포장센터(1988) 해외농수산물 유통 및 포장실태조사 보고서
6. 하영선(1993) 식품포장의 현황과 전망. 포장기술, 산업디자인포장개발원
7. 농식품신유통연구회(2000) 농식품 수확 후 관리 및 물류혁신방안, 2000 신유통심포지엄
8. 하영선(2000) 농산물유통 및 포장의 현황과 발전방향, 대구대RRC/한국식품과학회 심포지엄
9. 농수산물유통공사(2001) 농산물 표준출하규격집. 농림부
10. 농수산물유통공사(2001) 국가별 무역정보. 농수산물 무역정보 (www.kati.net)
11. 농식품신유통연구회(2001) 농식품 수확 후 관리 정책심의회 보고서
12. 하영선(2001) 농식품포장의 현황과 혁신과제, 2001 신유통심포지엄 : 농식품신유통연구회
13. 하영선(2001) 청과물포장재의 현황과 개발전망, 농산물의 선별·포장기계기술 심포지엄 : 농업기계화연구소
14. 하영선 (2001) 소비자요구에 부응하는 농산물 포장전략, 2002년 영농교관교육교재 : 충청남도 농업기술원
15. 농림기술관리센터(1996~2002) 농림기술개발연구결과보고서
16. Hui, Y.H. : Encyclopedia of Food Science and Technology, Vol. 3. John Wiley & Sons, Inc., New York (1992)
17. Kader, A.A., Zagory, D and Kerber, E.L., : Modified atmosphere packaging of fruits and vegetables, CRC Crit. Rev. Food Sci. Nutr., 28, 1(1989)
18. Kader, A.A., and Morris, L.L., : Relative tolerance of fruits and

vegetables to elevated CO_2 and reduced O_2 levels. Michigan State Univ. Hort. Rep., 28, 260(1957)

19. Yam, K.L., Haggar, P.E. and Lee, D. S.: Modeling respiration of low tolerance produce using a closed system experiment. Foods Biotechnol. 2: 22(1993)

20. Karel, M, lssenberg, P., Ronsivalli, L. and Jurin, V.: Application of gas chromatography to measurement of gas permeability of packaging material. Food Technol. 17(3) : 91(1963)

21. Lee, J. J. and Lee, D, S. : Adynamic test for kinetic model of fresh produce respiration in modified atmosphere and its application to packaging of prepared vegetable. Foods and Biotechnol., 5, 343(1996)

22. Brown, W. E. : Plastics in Food Packaging. Marcel Dekker, New Yo가, U.S.A (1992)

23. Paine, F. A. : The Packaging User's Handbook. Blackie, Glasgow, England(1991)

■ 인터넷 사이트

1. http://www.packshop.co.kr

2. http://www.cargopack.net

3. http://packagingbiznet.com

4. http://www.foodindex.co.kr

■ 잡지

1. 한국포장협회 : 월간 포장계

2. 日本包裝技術協會 : 包裝技術

3. (주) 포장산업 : 월간 포장

■ 핸드북 및 편람

1. 한국디자인포장센터(1988) : 포장기술편람
2. 한국농산물저장유통학회(1999) : 농산물저장유통기술 핸드북
3. 21世紀包裝硏究協會(2000) 食品·醫藥品 包裝 ハンドブック, 幸書房
4. 日本包裝技術協會(1998) : 包裝技術便覽

- 아 -

- 자 -

자유체적　89
저온유통(chilled) 식품　12
저온유통식품　12
저온유통용 용기　99
저온유통체계　166
적정포장　172
적중적성　102
전수검사　317
전자range용 기능성 포장용기　215
전자공여성　78
전자수용성　78
접착캔　121
조달물류　242
주출구　96
중질지　23
중포장용지　28
진공포장　17

- 차 -

차단성플라스틱포장재　46
촉진수송모델　55
총량절감　13
추정식이섭취량　286
출발투과도　93
치수표준화　257

- 카 -

칼슘함유식품　12
캔투캔리사이클　132
코오디네이트 시스템　236
코팅필름　63

크라프트지　28

- 타 -

탄산가스투과도　60
탄산가스흡수제　56
탈산소제봉입포장　18
택배식품　39
테이프 첩합식　98
투과성필름　88
투명증착필름　63

- 파 -

파열강도　257
판매물류　242
패밀리 주스　100
평권 스트레이트 캔　109
폐기물류　242
포장계열치수　302
포장기법　12
포장시스템　12
포장식품　12
포장재료　12
포장표준화　255
표본검사　317
표준파렛트　270
품질　16
품질관리　16
핀홀　92

- 하 -

합성지　36
합장식　98

· 저자약력

하영선(河永鮮)

경북대학교 농화학과 졸업
경북대학교 대학원(농학박사)
대구대학교 산업기술연구소장
대구대학교 식품·생명·화학공학부 학부장
대구대학교 농산물저장·가공·산업화연구센터
 (한국과학재단설치) 운영위원
한국포장학회 부회장
한국식품과학회 이사·장기발전기획위원
농식품신유통연구회 고문
한국식품저장유통학회 감사·편집위원장
(현)대구대학교 식품·생명·화학공학부 식품공학전공 교수

· 주요저서
식품분석학(1977, 형설출판사)
식품포장공학(1983, 문운당)
농산물저장유통기술핸드북(1999, 한국식품저장유통학회)
포장기술핸드북(2002, 한국포장학회)

식품의 포장과 물류

2003년 1월 5일 초판 인쇄
2003년 1월 10일 초판 발행

저　　자 • 하 영 선
발 행 인 • 김 홍 용
펴 낸 곳 • **도서출판 효 일**
주　　소 • 서울특별시 동대문구 용두 2동 102-201
전　　화 • 02) 928 - 6644~5
팩　　스 • 02) 927 - 7703
홈페이지 • www.hyoilco.co.kr
등　　록 • 1987년 11월 18일 제 6-0045 호

무단복사 및 전제를 금합니다.

값 15,000원

ISBN 89 - 8489 - 052 - 9